浙江省普通高校“十三五”新形态教材

化学实验项目化课程系列教材

化学合成技术实验

（新形态版）

大学化学实验教材编写组　编著

化学工业出版社

·北京·

内容简介

为适应大学化学实验教学改革的发展需要，构建"基本操作—物质合成—测量与表征—综合与设计"为主线的化学实验教学体系，将大学化学实验课程体系、实验内容等整合为化学基本操作技术实验、化学合成技术实验、化学测量及表征技术实验、化学综合与设计技术实验4门实验课程；打破化学学科实验的边界，反映了化学实验内容的层次性，让学生直观理解化学实验体系的概貌；同时为实现现代信息技术与化学实验教学的深度融合，将实验视频资源以二维码的形式编入书中，形成化学实验新形态教材。本书为其中一个分册，全书共80个化学合成技术实验（其中共有18个实验视频资源），涉及各类化学合成方法，涵盖无机化学、有机化学、材料化学、高分子化学、化学综合五个部分实验内容。

本书适用于化学、应用化学、化学工程与工艺、制药工程、环境工程、生物工程、药学、高分子材料与工程、轻化工程等专业本科生作为实验教材，还可供化学与相关专业及从事化学合成与制药工作的科研人员和技术人员参考。

图书在版编目（CIP）数据

化学合成技术实验：新形态版/大学化学实验教材编写组编著. —北京：化学工业出版社，2022.11（2024.2重印）

ISBN 978-7-122-42149-4

Ⅰ.①化… Ⅱ.①大… Ⅲ.①化学合成-化学实验-高等学校-教材 Ⅳ.①O6-33

中国版本图书馆CIP数据核字（2022）第166095号

责任编辑：卢萌萌　陆雄鹰　　装帧设计：王晓宇
责任校对：李　爽

出版发行：化学工业出版社（北京市东城区青年湖南街13号　邮政编码100011）
印　　装：北京印刷集团有限责任公司
787mm×1092mm　1/16　印张12½　字数302千字　2024年2月北京第1版第2次印刷

购书咨询：010-64518888　　售后服务：010-64518899
网　　址：http://www.cip.com.cn
凡购买本书，如有缺损质量问题，本社销售中心负责调换。

定　　价：49.00元

《化学合成技术实验（新形态版）》编委会

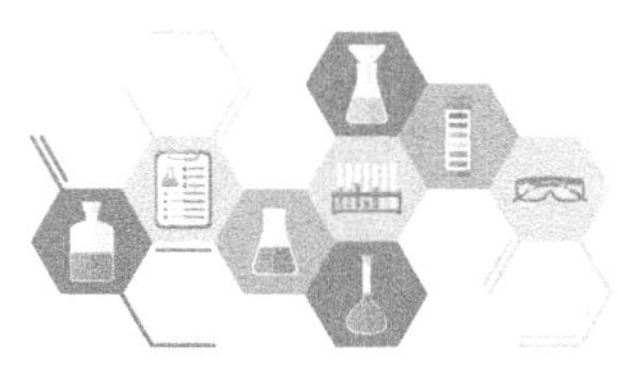

前言（新形态版）

《化学合成技术实验》一书自2015年第一版出版以来，经过多年在实验教学中的使用收到了较好效果，主要是由各类化学合成方法、技术、装置等基础知识，无机化学合成技术实验、有机化学合成技术实验、材料化学合成技术实验、高分子化学合成技术实验等实验内容整合而成的一门实验课程，本书构建了较为完整的大学化学合成实验技术知识和实践体系，是一本普适性、实践性和综合性较强的实验教材。

2018年全国本科教育大会以来，各高等学校深入推进“四新”建设，实施一流课程建设，打造理论、实践五类“金课”。随着高校人才培养模式改革、一流专业建设的深入推进，作为高校教学重要组成部分的实验教学改革越来越受到重视，大学化学实验是培养学生实践能力和创新能力的重要途径之一。

为适应现代教学信息技术与化学实验教学深度融合发展的要求，构建线上线下混合式化学实验教学和评价的应用场景，探索打造化学实验实践类“金课”的新模式，我们前期组织教师团队，协同“智慧树”专业团队，投入专项资金，制作了18个化学合成技术实验视频资源，并通过学生使用一段时间的反馈，取得了良好的实际应用效果。2019年《化学合成技术实验》教材获得浙江省新形态教材立项建设，为此，我们再次组织编写了《化学合成技术实验（新形态版）》教材，一是根据第一版实验教材多年的使用情况，优化了部分实验内容、实验方案，增加了部分综合与设计实验的内容，以期提高学生运用知识的综合能力，供高校相关专业师生选择；二是将实验视频资源通过二维码编入书中，学生可以通过手机端扫描二维码观看实验视频资源，便于学生预习实验内容和合成技术，同时便于教师线下带教指导、实验教学组织和实验教学评价。

参加视频资源录制的教师有：无机化学合成技术实验（钟伟副教授，郭海洋博士）、有机化学合成技术实验（杨义文副教授，邱观音生教授，姜秀娟副教授，曾祥华副教授，张洋老师，缪程平老师，宋熙熙老师）、材料化学合成技术实验（朱连文副教授，朱龙凤副教授，严政副教授）、高分子化学合成技术实验（王红梅教授，刘丹教授）。

钟伟副教授修改了本书中无机化学合成技术、化学综合合成技术实验部分，杨义文副教授修改了有机化学合成技术实验部分，朱连文副教授修改了材料化学合成技术实验部分，王红梅教授修改了高分子化学合成技术实验，李蕾教授对本书进行了校审。在本教材编写过程中，得到了曹雪波教授、郭隆华教授、周宏伟教授、刘小明教授等老师的关心和支持；本教材相关实验内容参考了国内有关高等院校编写的实验教材，在此一并表示衷心感谢。本教材中涉及许多相关知识、实验技术和实验视频资源，由于编者水平所限，书中不足和疏漏之处在所难免，敬请广大读者批评指正。

编委会

目录

第 1 章 无机化学合成技术 1

1.1 无机化学合成方法概述 1
1.2 无机化学合成中的若干问题 1
1.2.1 无机化学合成与反应规律问题 1
1.2.2 无机合成中的实验技术和方法问题 2
1.2.3 无机合成中的分离问题 2
1.2.4 无机合成中的结构鉴定和表征问题 3
1.3 无机化学合成技术与装置 3
1.3.1 水热与溶剂热合成法 3
1.3.2 固相合成法 4
1.3.3 化学气相沉积法（CVD） 5
1.3.4 电化学合成法 6
1.3.5 微波合成法 6
1.3.6 仿生合成法 8

第 2 章 有机化学合成技术 9

2.1 有机化学合成技术与装置 9
2.1.1 固相有机合成 9
2.1.2 微波合成反应 10
2.1.3 超声波合成 10
2.1.4 电化学合成 11
2.1.5 光化学合成 12
2.1.6 无水无氧合成 13
2.1.7 无溶剂合成 15
2.2 有机化合物的鉴定 15
2.2.1 有机化合物的化学鉴定 15
2.2.2 有机化合物的波谱鉴定 21
2.3 薄层色谱 38
2.3.1 薄层色谱（TLC）实验步骤 38
2.3.2 TLC 显色试剂的选择 39

第 3 章
材料化学合成技术 45

3.1 材料化学合成方法概述 45
3.2 材料化学合成技术与装置 45
3.2.1 液相法 45
3.2.2 固相法 46
3.2.3 气相法 47

第 4 章
高分子化学合成技术 48

4.1 高分子化学合成方法概述 48
4.2 高分子化学合成技术与装置 48
4.2.1 高分子化学合成技术 48
4.2.2 高分子化学合成装置 53

第 5 章
化学合成技术实验 56

5.1 无机化学合成技术实验 56
5.1.1 简单无机化合物的合成 56
▶实验 1 硫代硫酸钠的制备 56
▶实验 2 碱式碳酸铜的制备 58
▶实验 3 微波合成磷酸锌 59
5.1.2 无机复盐的合成 61
▶实验 4 硫酸亚铁铵的制备 61
▶实验 5 硫酸铝钾的制备 63
5.1.3 无机过氧化物的合成 64
▶实验 6 过氧化钙的制备及组成分析 64
▶实验 7 过碳酸钠的合成及活性氧含量测定 66

▶实验 8　电解法制备过二硫酸钾　69
5.1.4　配位化合物的合成　72
▶实验 9　硫酸四氨合铜（Ⅱ）的制备　72
▶实验 10　一种钴（Ⅲ）配合物的制备　74
▶实验 11　水合三草酸合铁(Ⅲ)酸钾的合成及结构分析　76
5.2　有机化学合成技术实验　79
5.2.1　烯烃的制备　79
▶实验 12　环己烯的制备　79
▶实验 13　魏梯烯的制备和反应——苄基三苯基膦氯化物的制备及 1, 4-二苯基-1, 3-丁二烯的制备　80
5.2.2　卤代烃的制备　81
▶实验 14　正溴丁烷的合成　81
▶实验 15　溴乙烷的合成　83
▶实验 16　二苯氯甲烷的合成　85
5.2.3　醇、酚的制备　86
▶实验 17　(±)-1, 2-二苯基-1, 2-乙二醇的合成　86
▶实验 18　二苯甲醇的合成　87
▶实验 19　双酚 A 的制备　88
▶实验 20　苯甲醛歧化反应制备苯甲醇　89
▶实验 21　呋喃甲醇和呋喃甲酸的制备　91
▶实验 22　三苯甲醇的合成　93
▶实验 23　2-甲基-2-己醇的合成　95
5.2.4　醚的制备　96
▶实验 24　正丁醚的制备　96
▶实验 25　苯乙醚的制备　98
▶实验 26　4-苄氧基-1-硝基苯的制备　99
5.2.5　醛、酮的制备　100
▶实验 27　环己酮的制备　100
▶实验 28　苯乙酮的制备　101
▶实验 29　苯甲醛的制备　103
5.2.6　羧酸、磺酸的制备　104
▶实验 30　对氨基苯磺酸的制备　104
▶实验 31　对甲基苯磺酸的制备　105
▶实验 32　2,4-二氯苯氧乙酸的制备　107
▶实验 33　己二酸的制备　109
▶实验 34　(±)-苯乙醇酸的合成及拆分　111
▶实验 35　肉桂酸的制备　113
▶实验 36　香豆素-3-羧酸的制备　116
5.2.7　酯、酰胺的制备　117
▶实验 37　乙酰乙酸乙酯的制备　117
▶实验 38　邻苯二甲酸二丁酯的制备　119

▶ 实验 39　乙酸乙酯的制备　120
▶ 实验 40　乙酸正丁酯的制备　121
▶ 实验 41　乙酰水杨酸（阿司匹林）的制备　123
▶ 实验 42　水杨酸甲酯(冬青油)的制备　125
▶ 实验 43　对氨基苯磺酰胺（磺胺）的制备　126
▶ 实验 44　对甲基苯磺酰胺的制备　127
▶ 实验 45　己内酰胺的制备　128
5. 2. 8　胺及偶氮化合物的制备　130
▶ 实验 46　苯胺的制备　130
▶ 实验 47　苯佐卡因的合成　132
▶ 实验 48　对硝基苯胺的制备　134
▶ 实验 49　4-苄氧基苯胺的制备　136
▶ 实验 50　甲基橙的制备　137
5. 2. 9　杂环化合物的制备　138
▶ 实验 51　2-氨基-4,6-二甲基嘧啶的制备　138
▶ 实验 52　3-氨基三氮唑-5-羧酸的制备　140
▶ 实验 53　2-亚氨基-4-噻唑酮的制备　140
▶ 实验 54　1,4-二氢-2,6-二甲基-吡啶-3,5-二甲酸二乙酯的合成　141
5. 2. 10　有机金属化合物的制备　142
▶ 实验 55　二茂铁的合成　142
▶ 实验 56　乙酰基二茂铁的合成　144
5. 2. 11　Diels-Alder 反应　145
▶ 实验 57　蒽与顺丁烯二酸酐的加成　145
▶ 实验 58　环戊二烯与马来酸酐的反应　147
5. 3　材料化学合成技术实验　147
▶ 实验 59　固相分解法制备 ZnO 纳米棒及其光催化性能研究　147
▶ 实验 60　溶剂热法制备 TiO_2 微球及其光催化性能研究　149
▶ 实验 61　室温条件下铜（Ⅱ）化合物与 NaOH 的固相反应　150
▶ 实验 62　热致变色材料的合成　152
▶ 实验 63　无机高分子絮凝剂的制备及其污水处理　153
▶ 实验 64　钼酸银纳米带的合成、组装与染料分离性能　155
▶ 实验 65　水热法合成 MFI 分子筛　157
▶ 实验 66　室温固相反应合成四氯合镍酸甲基铵　159
▶ 实验 67　金纳米颗粒的制备与光学性质表征　160
5. 4　高分子化学合成技术实验　161
▶ 实验 68　甲基丙烯酸甲酯的本体聚合　161
▶ 实验 69　醋酸乙烯酯的乳液聚合　163

▶ 实验 70　苯乙烯的悬浮聚合　164
▶ 实验 71　醋酸乙烯酯的溶液聚合　167
▶ 实验 72　热固性脲醛树脂的制备　168
▶ 实验 73　聚乙烯醇缩醛（维尼纶）的制备　169
▶ 实验 74　尼龙-66 的制备　170

第 6 章
化学综合合成技术实验　173

▶ 实验 75　多吡啶配体及其铁配合物的合成及表征　173
▶ 实验 76　乙酰丙酮钴（Ⅱ）配合物的合成及其在 CO_2 资源化中的应用　174
▶ 实验 77　单茂铁羰基化合物的合成及其表征　176
▶ 实验 78　2, 5-二苯基噻吩的设计合成与表征　177
▶ 实验 79　过氧化氢可视化传感器的制备与应用　178
▶ 实验 80　7, 4′-二甲氧基黄酮的合成　180

附录　184

附录 1　常见溶剂的氢谱化学位移（常见溶剂的 ^1H 在不同氘代溶剂中的化学位移值）　184
附录 2　常见溶剂的碳谱化学位移（常见溶剂的 ^{13}C 在不同氘代溶剂中的化学位移值）　185
附录 3　核磁共振 ^1H 化学位移图表　185
附录 4　常见官能团红外吸收特征频率表　186

参考文献　190

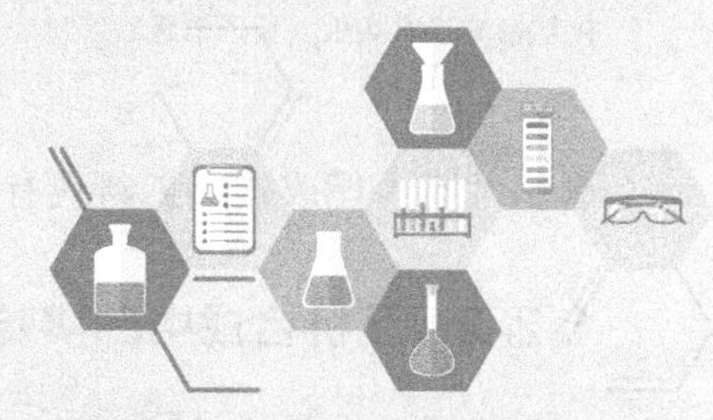

第1章 无机化学合成技术

1.1 无机化学合成方法概述

无机化学合成又称无机化合物制备，其主要任务是合成新的无机物，并发展新的合成方法。

无机化学合成的合成对象日益丰富，除了一般的无机物以外，还扩展到金属有机化合物、生物无机化合物、原子簇化合物、无机固体材料等方面。有关无机物的物理、化学性质及反应规律的知识及经验的积累和总结奠定了无机化学合成的基础，据此进行特定结构和性质的无机材料定向设计和合成是无机化学合成的发展方向。有代表性的无机合成技术有经典的水溶液化学法和高温固相反应、电解法、非水溶剂法、化学气相沉积法、电弧法、光化学法、水热法等。近年来又发展了高温、高压等极端条件下的化学合成，以及以溶胶-凝胶法为代表的在温和条件下进行的所谓“软化学”合成。

1.2 无机化学合成中的若干问题

1.2.1 无机化学合成与反应规律问题

由化学元素周期表中100多种元素组成的1300多万种化合物（其中很多并不在自然界中存在，而是通过人工方法合成的），其性质不尽相同，合成方法也因原料、产物性质、对产品性能的要求不同而异，同种化合物又有多种制备方法。因此，不可能逐一讨论每种化合物的合成方法，而应该在掌握无机元素化学及化学热力学、动力学等知识的基础上，归纳总结合成各类无机化合物的一般原理、反应规律，特别是对主要类型的无机化合物或无机材料如酸、碱、盐、氧化物、氢化物、精细陶瓷二元化合物（C、N、B、Si化合物）、经典配位化合物等的一般合成规律，了解其合成路线的基本模式，才有可能减少工作中的盲目性；才有可能设计合理或选择最优的路线合成出具有一定结构和性能的新型无机化合物或无机材料；才有可能改进或创新现有无机化合物或材料的合成方法。

1.2.2 无机合成中的实验技术和方法问题

无机化合物或材料种类繁多，其合成方法多种多样，大体包括以下六种方法。

(1) 电解合成法

如水溶液电解和熔融盐电解。

(2) 以强制弱法

包括氧化还原的强氧化剂、强还原剂制弱氧化剂、弱还原剂和强酸强碱制弱酸弱碱。

(3) 水溶液中的离子反应法

如气体的生成、酸碱中和、沉淀的生成与转化、配合物的生成与转化等。

(4) 非水溶剂合成法

(5) 高温热解法

(6) 光化学合成法

现代无机合成中，为了合成特殊结构或聚集态（如膜、超微粒、非晶态等）及具有特殊性能的无机功能化合物或材料，越来越广泛地应用各种特殊实验技术和方法，像高温和低温合成、水热溶剂热合成、高压和超高压合成、放电和光化学合成、电氧化还原合成、无氧无水实验技术、各类化学气相沉积（CVD）技术、溶胶-凝胶（sol-gel）技术、单晶的合成与晶体生长、放射性同位素的合成与制备以及各类重要的分离技术等。如大量由固相反应或界面反应合成的无机材料只能在高温或高温高压下进行；具有特种结构和性能的表面或界面的材料，如新型无机半导体超薄膜，具有特种表面结构的固体催化材料和电极材料等需要在超高真空下合成；大量低价态化合物和配合物只能在无水无氧条件下合成；晶态物质的造孔反应需要在中压水热合成条件下完成；大量非金属间化合物的合成和提纯需要在低温真空下进行等。

1.2.3 无机合成中的分离问题

产品的分离、提纯是合成化学的重要组成部分。合成过程中常伴有副反应发生，很多情况下合成一个化合物并不困难，困难的是从混合物中将产品分离出来。另一方面，通过化学反应制得的产物常含有杂质，纯度不符合要求，随着现代技术的发展，对无机材料纯度的要求越来越高，如超纯试剂、半导体材料、光学材料、磁性材料、用于航天航海的超纯金属等。因此，对合成产物必须进行分离提纯，以满足现代技术发展的需要。同时，合成和分离是两个紧密相连的问题，解决不好分离问题就无法获得满意的合成结果。无机材料既对组成（包括微量掺杂）又对结构有特定要求，因而，使用的分离方法会更多更复杂一些。

在无机合成中一方面要特别注重反应的定向性和原子经济性，尽力减少副产物与废料，使反应产物的组成、结构符合合成的要求；另一方面，要充分重视分离方法和技术的改进和建立，除去传统的重结晶、分级结晶和分级沉淀、升华、分馏、离子交换和色谱分离、萃取分离等方法之外，尚需采用一系列特殊的分离方法，如低温分馏、低温分级蒸发冷凝、低温吸附分离、高温区域熔炼、晶体生长中的分离技术、特殊的色谱分离、电化学分离、渗析、扩散分离、膜分离技术和超临界萃取分离技术等，以及利用性质的差异充分运用化学分离方法等。遇到特殊的分离问题时必须设计特殊的方法。

1.2.4　无机合成中的结构鉴定和表征问题

无机材料和化合物的合成对组成和结构有严格的要求，因而结构的鉴定和表征在无机合成中具有重要的指导作用。它既包括了对合成产物的结构确证，又包括特殊材料结构中非主要组分的结构状态和物化性能的测定。为了进一步指导合成反应的定向性和选择性，有时还需对合成反应过程的中间产物的结构进行检测，但由于无机反应的特殊性，这类问题的解决往往相当困难。目前，常用的结构鉴定和表征方法除各种常规的化学分析外，还需要使用一些结构分析仪器和实验技术，如X射线粉末衍射，差热、热重分析，各类光谱和波谱，如可见、紫外、红外、拉曼、顺磁、核磁等。

针对不同材料的要求，为检测其相应的性能常常还需应用一些特种的现代检测手段。如对新材料尤其是复合材料进行无损检测时常使用红外热波无损检测技术；当制备一定结构性能的固体表面或界面材料，如电极材料、特种催化材料、半导体材料等，为了检测其表面结构，包括其中个体的化学组成、电子状态以及在表面进行反应时的结构，需要使用能量散射谱（energy dispersed spectrum，EDS)、低能电子衍射（low energy electron diffraction，LEED)、俄歇电子能谱（augur electron spectrum，AES)、X射线光电子能谱（X-rays photoelectron spectrum，XPS)、离子散射光谱（ion scattering spectrum，ISS）等，且测定需要在超高真空下进行。此外，各种电子显微镜如透射电子显微镜（普通或高分辨，TEM、HRTEM)、扫描电子显微镜（SEM)、扫描隧道电子显微镜（STM）和原子力显微镜（AFM）等，也已广泛应用于物质结构的精细分析上，并且获得了很好的效果。

1.3　无机化学合成技术与装置

1.3.1　水热与溶剂热合成法

水热与溶剂热合成法最初是矿物学家在实验室用于研究超临界条件下矿物形成的过程，而后到沸石分子筛和其他晶体材料的合成，已经有一百多年的历史。在此过程中，化学家通过对水热和溶剂热合成方法的研究，已制备了很多无机化合物，包括微孔材料、人工水晶、纳米材料、固体功能材料、无机-有机杂化材料等。其中，水热合成是一种特殊条件下的化学传输反应，是以水为介质的多相反应。根据温度可分为低温水热合成（100℃以下)、中温水热合成（100～300℃）和高温水热合成（大于300℃)。随着水热与溶剂热合成技术在材料领域越来越广泛地应用，该方法已经成为无机化合物合成的一个重要手段。

水热与溶剂热合成是指在密闭体系中，以水或其他有机溶剂做介质，在一定温度（100～1000℃）和压强（1～100MPa）下，原始混合物进行反应合成新化合物的方法。在高温高压的水热或溶剂热条件下，物质在溶剂中的物理性质与化学反应性能如密度、介电常数、离子积等都会发生变化，如水的临界密度为0.32g/cm^3。与其他合成方法相比，水热与溶剂热合成有以下特点：a.反应在密闭体系中进行，易于调节环境气氛，有利于特殊价态化合物和均匀掺杂化合物的合成；b. 水热和溶剂热合成适用于在常温常压下不溶于各种溶剂或溶解后易分解、熔融前后易分解的化合物的形成，也有利于合成低熔点、高蒸气压的材料；c. 由于在水热与溶剂热条件下中间态、介稳态以及特殊物相易于生成，因此，能合成与开发一系列特种介稳结构、特种凝聚态的新化合物；d. 在水热和溶剂热条件下，溶液黏度下降，扩散和传质过程加快，而反应温度大大低于高温反应，水热和溶剂热合成可以代替某些高温固相反应；e. 由于等温、等压和溶液条件特殊，有利于生长缺陷少、取向好、完美的晶体，且合成产物结晶度高以及易于控制产物晶体的粒度。

水是水热合成中最常用和最传统的反应介质，在高温高压下，水的物理性质发生了很大的变化，其密度、黏度和表面张力大大降低，而蒸气压和离子积则显著上升。在 1000℃、15～20GPa 条件下，水的密度大约为 1.7～1.9g/cm^3，如果解离为 H_3O^+ 和 OH^-，则此时水已相当于熔融盐。而在 500℃、0.5GPa 条件下，水的黏度仅为正常条件下的 10%，分子和离子的扩散迁移速率大大加快。在超临界区域，水介电常数在 10～30 之间，此时，电解质在水溶液中完全电离，反应活性大大提高。温度的提高，可以使水的离子积急剧升高（5～10 个数量级），有利于水解反应的发生。

在以水做溶剂的基础上，以有机溶剂代替水，大大扩展了水热合成的范围。在非水体系中，反应物处于液态分子或胶体分子状态，反应活性高，因此可以替代某些固相反应，形成以前常规状态下无法得到的介稳产物。同时，非水溶剂本身的一些特性，如极性、配位性能、热稳定性等都极大地影响了反应物的溶解性，为从反应动力学、热力学的角度去研究化学反应的实质和晶体生长的特征提供了线索。近年来在非水溶剂中设计不同的反应途径合成无机化合物材料取得了一系列重大进展，也已越来越受到人们的重视。常用的热合成的溶剂有醇类、DMF、THF、乙腈和乙二胺等。

高压反应釜是进行水热反应的基本设备，高压容器一般用特种不锈钢制成，釜内衬有化学惰性材料，如 Pt、Au 等贵金属和聚四氟乙烯等耐酸碱材料。高压反应釜的类型可根据实验需要加以选择或特殊设计。常见的反应釜有自紧式反应釜、外紧式反应釜、内压式反应釜等，加热方式可采用釜外加热和釜内加热。如果温度、压力不太高，为方便实验过程的观察，也可部分采用或全部采用玻璃或石英设备。根据实验的要求，也可设计外加压方式的外压釜或能在反应过程中提取液相、固相研究反应过程的流动反应釜等。

图 1-1 是国内实验室常用于无机化合物合成的简易水热反应釜实物图。釜体和釜盖用不锈钢制造。因反应釜体积小（小于 100mL），可直接在釜体和釜盖设计丝扣直接相连，以达到较好的密封性能，其内衬材料通常是聚四氟乙烯。采用外加热方式，以烘箱或马弗炉为加热源。由于使用聚四氟乙烯，使用温度应低于聚四氟乙烯的软化温度（250℃）。釜内压力由加热介质产生，可通过介质填充度在一定范围内控制，室温开釜。

1.3.2 固相合成法

固相化学反应是人类最早使用的化学反应之一，我们的祖先早就掌握了制陶工艺，将制得的陶器做生活用品，如陶罐用作集水、储粮，将精美的瓷器用作装饰。因为它不使用溶剂，加之具有高选择性、高生产率、工艺过程简单等优点，已成为人们制备新型固相固体材料的重要手段之一。

根据固相化学反应发生的温度将固相化学反应分为三类，即反应温度低于 100℃的低温固相反应，反应温度介于 100～600℃之间的中热固相反应，以及反应温度高于 600℃的高温

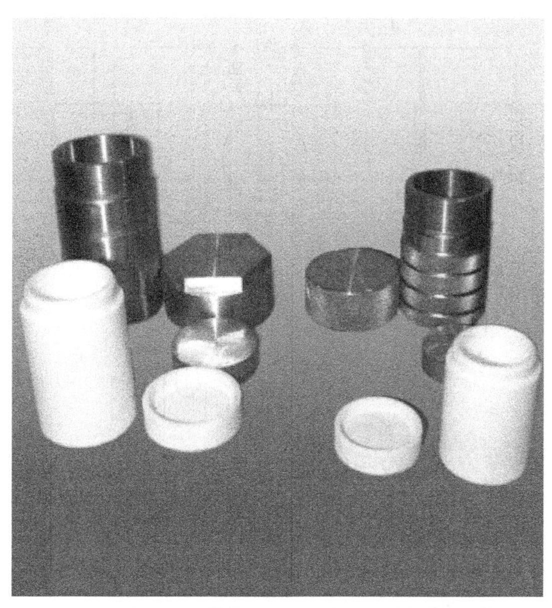

图 1-1 简易水热反应釜实物图

固相反应。虽然这仅是一种人为的分法，但每一类固相反应的特征各有不同，不可替代，在合成化学中必将充分发挥各自的优势。

1.3.3 化学气相沉积法（CVD）

化学气相沉积法（chemical vapor deposition，CVD）是利用气态或蒸气态的物质在气相或气固相界面上反应生成固态沉积物的技术。化学气相沉积法把含有构成薄膜元素的一种或几种化合物的单质气体供给基片，利用加热、等离子体、紫外线乃至激光等能源，借助气相作用或基片表面的化学反应生成要求的薄膜。这种化学制膜方法完全不同于磁控溅射和真空蒸发等物理气相沉积法（PVD），后者是利用蒸镀材料或溅射材料来制备薄膜。随着科学技术的发展，化学气相沉积法内容和手段不断更新，现代社会又赋予它新的内涵，即物理过程与化学过程的结合，出现了兼备化学气相沉积和物理气相沉积特性的薄膜制备方法，如等离子气相沉积法等。其最重要的应用是在半导体材料的生产中，如生产各种掺杂的半导体晶体外延薄膜、多晶硅薄膜、半绝缘的掺氧多晶硅薄膜；绝缘的二氧化硅、氮化硅、磷硅玻璃、硼硅玻璃薄膜以及金属钨薄膜等。化学气相沉积法从古时“炼丹术”时代开始，发展到今天已逐渐成了成熟的合成技术之一。图 1-2 为 CVD 装置示意图。

一般的化学气相沉积法技术是一种热化学气相沉积技术，沉积温度为 900～2000℃。这种技术已广泛应用于复合材料合成、机械制造、冶金等领域。化学气相沉积法进行材料合成具有以下特点：a. 在中温或高温下，通过气态的初始化合物之间的气相化学反应而沉积固体；b. 可以在大气压（常压）或者低于大气压（低压）进行沉积，一般来说低压效果要好一些；c. 采用等离子和激光辅助技术可以显著的促进化学反应，使沉积可在较低的温度下进行；d. 沉积层的化学成分可以改变，从而获得梯度沉积物或者得到混合沉积层；e. 可以控制沉积层的密度和纯度；f. 绕镀性好，可在复杂形状的基体上及颗粒材料上沉积；g. 气流条件通常是层流在基体表面形成厚的边缘层；h. 沉积层通常具有柱状晶结构，不耐弯曲，

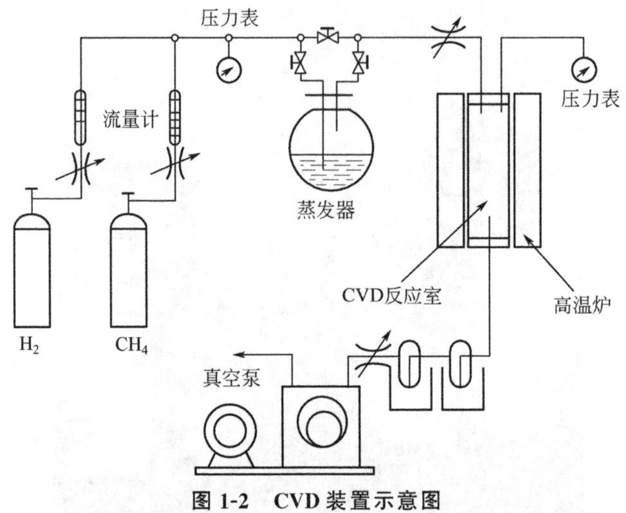

图 1-2　CVD 装置示意图

但通过各种技术对化学反应进行气相扰动，可以得到细晶粒的等轴沉积层；i. 可以形成多种金属、合金、陶瓷和化合物沉积层。

因此，化学气相沉积法除了装置简单、易于实现之外还具有以下优点：a. 可以控制材料的形态（包括单晶、多晶、无定形材料、管状、枝状、纤维和薄膜等），并且可以控制材料的晶体结构沿一定的结晶方向排列；b. 产物可在相对低的温度条件下进行固相合成，可在低于材料熔点的温度下合成材料；c. 容易控制产物的均匀程度和化学计量，可以调整两种以上元素构成的材料组成；d. 能实现掺杂剂浓度的控制及亚稳态的合成；e. 结构控制一般能够从微米级到亚微米级，在某些条件下能够达到原子级水平等。

1.3.4　电化学合成法

电化学合成法即利用电解手段合成化合物和材料的方法，主要发生在水溶液体系、熔融盐和非水体系中。电化学是从研究电能与化学能的相互转换开始形成的。1807 年，汉弗里·戴维就用电解法得到钠和钾，1870 年发明了发电机后，电解才获得实际应用，从此相继出现电解制备铝，电解制备氯气和氢氧化钠，电解水制取氢气和氧气。电解系统电路示意图如图 1-3 所示。

电解合成反应在无机合成中的作用和地位日益重要，是因为电氧化还原过程与传统的化学反应过程相比有下列优点：a. 在电解中能提供高电子转移的功能；b. 合成反应体系及其产物不会被还原剂（或氧化剂）及其相应的氧化产物（或还原产物）所污染；c. 由于能方便地控制电极电势和电极的材质，因而可选择性地进行氧化或还原，从而制备出许多特定价态的化合物；d. 由于电氧化还原的特殊性，因而能制备出其他方法不能制备的许多物质和聚集态。

电化学合成也存在一些缺陷，电化学合成的产率有待提高，由于影响因素多，导致反应中的变数较多。

1.3.5　微波合成法

20 世纪 30 年代初，微波技术主要用于军事方面。第二次世界大战后，发现微波具有热

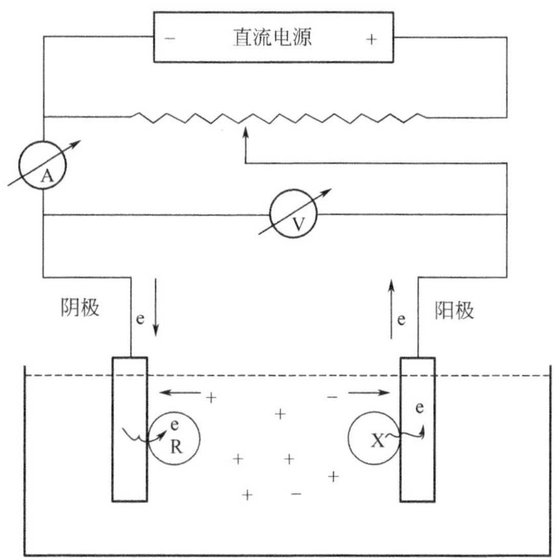

图 1-3　电解系统电路示意图

效应，才广泛应用于工业、农业、医疗及科学研究。实际应用中，一般波段的中波长，即 1～25cm 波段专门用于雷达，其余部分用于电讯传输。微波在化学中的应用最早的报道出现于 1952 年，当时 Broida 等用形成等离子体（MIP）的办法以原子发射光谱（AES）测定氢-氘混合气体中氘同位素含量。随后的几十年，微波技术广泛应用于无机、有机、分析、高分子等化学的各个领域中。微波技术在无机合成上的应用日益繁荣，已应用于纳米材料、沸石分子筛的合成和修饰、陶瓷材料、金属化合物的燃烧合成等方面。

固相物质制备目前使用的方法有高压法、水热法、溶胶-凝胶法、电弧法、化学气相沉积法等。这些方法中，有的需要高温和高压；有的难以得到均匀的产物；有的制备装置过于复杂，昂贵，反应条件苛刻，周期太长。而微波辐射法则不同，能里外同时加热，不需要传热过程；加热的热能利用率很高。通过调节微波的输出功率无惰性地改变加热情况，便于进行自动控制和连续操作；同时微波设备本身不辐射热量。可以避免环境高温，改善工作环境。微波水热平行合成仪如图 1-4 所示。

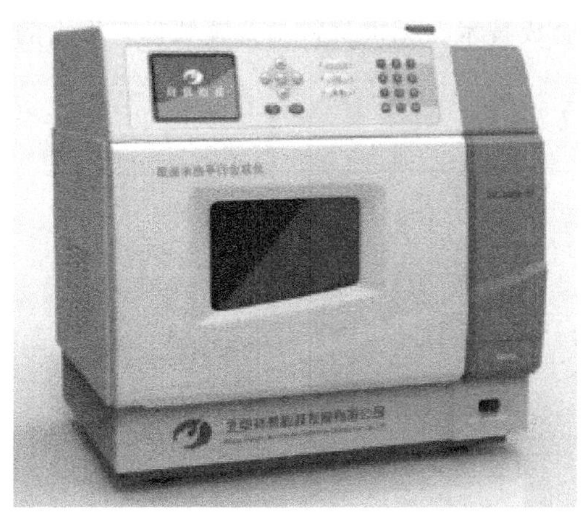

图 1-4　微波水热平行合成仪

与传统通过辐射、对流以及传导由表及里的加热方式相比，微波加热主要有 4 个特点：a. 加热均匀、温度梯度小，物质在电磁场中因本身介质损耗而引起的体积加热，可实现分子水平上的搅拌，因此有利于对温度梯度很敏感的反应，如高分子合成和固化反应的进行；b. 可对混合物料中的各个组分进行选择性加热，由于物质吸收微波能的能力取决于自身的介电特性，对于某些同时存在气固界面反应和气相反应的气固反应，气相反应有可能使选择性减小，而利用微波选择性加热的特性就可使气相温度不至于过高，从而提高反应的选择性；c. 无滞后效应，当关闭微波源后，再无微波能量传向物质，利用这一特性可进行温度控制要求很高的反应；d. 能量利用效率很高，物质升温非常迅速，运用得当可加快物料处理速度。但若控制不好，也会造成不利影响。

1.3.6 仿生合成法

虽然自然界中的生物矿化现象（牙床、骨骼、贝壳等）已经存在了几百年了，但直到 20 世纪 90 年代中期，当科学家们注意到生物矿化进程中分子识别、分子自组装和复制构成了五彩缤纷的自然界，并开始有意识地利用这一自然原理来指导特殊材料的合成时，仿生合成的概念才被提出。于是各种具有特殊性能的新型无机材料应运而生，化学合成材料由此进入了一个崭新的领域。

仿生合成（biomimetric synthesis）一般是指利用自然原理来指导特殊材料的合成，即受自然界生物的启示，模仿或利用生物体结构、生化功能和生化过程并应用到材料设计，以便获得接近或超过生物材料优异特性的新材料，或利用天然生物合成的方法获得所需材料。利用仿生合成所制备的材料通常具有独特显微结构特点和优异的物理、化学性能。

目前，仿生材料工程主要研究内容分为两方面，一方面是采用生物矿化的原理制备优异的材料，另一方面是采用其他方法制备类似生物矿物结构的材料。

仿生合成法为制备实用新型的无机材料提供了一种新的化学方法，使纳米材料的合成技术朝着分子设计和化学“裁剪”的方向发展，巧妙选择合适的无机物沉积模板，是仿生合成的关键。仿生合成法制备无机功能材料具有传统物理和化学方法无可比拟的优点：a. 可对晶体粒径、形态及结晶学定向等微观结构进行严格控制；b. 不需要后续热处理；c. 合成的薄膜膜厚均匀、多孔，基体不受限制，包括塑料及其他温度敏感材料；d. 在常温常压下形成，成本低。因此，仿生合成技术在无机材料制备领域具有很大的发展潜力。

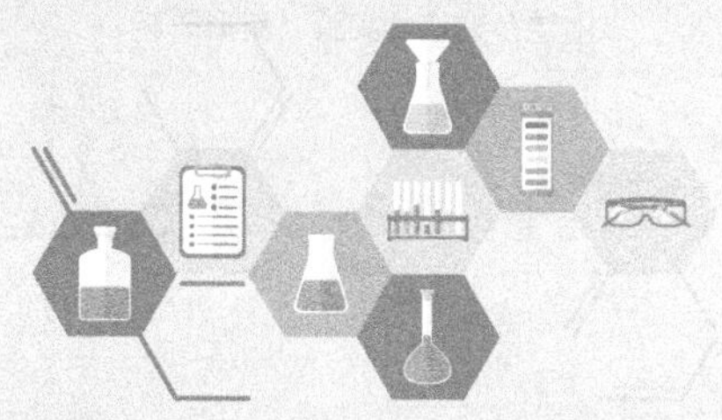

第2章 有机化学合成技术

2.1 有机化学合成技术与装置

有机合成技术是为了使有机化学合成选择性好、产率高、原子利用率高、反应速度快和反应条件温和等。本节将介绍一些实验室常用的合成技术，如固相合成、微波合成、超声波合成、电合成、光合成、无溶剂合成和无水无氧操作等原理、特点和装置。

2.1.1 固相有机合成

固相有机合成就是把反应物或催化剂键合在固相高分子载体上，生成的中间产物再与其他试剂进行单步或多步反应，生成的化合物连同载体过滤、淋洗，与试剂及副产物分离，这个过程能够多次重复，可以连接多个重复单元或不同单元，最终将目标产物通过解脱试剂从载体上解脱出来。其与常规合成方法比较有以下优点：a. 后处理简单，通过过滤、洗涤就可以将每一步反应的产物和其他组分分离；b. 易于实现自动化，固相树脂对于重复性反应步骤可以实现自动化，具有工业应用前景；c. 高转化率，可以通过增大液相或固相试剂的量来促进反应完成或加快反应速率，而不会带来分离操作的困难；d. 催化剂可回收和重复利用，稀有贵重材料（如稀有金属催化剂）可以连接到固相高分子上来达到回收和重复利用的目的；e. 控制反应的选择性，例如，利用高分子本身的侧链作为取代基团，或利用高分子孔径的结构和大小等，控制反应的立体和空间选择性。

固相合成中的组成要素为固相载体（polymer support）、目标化合物（product）和连接体（linker）。基本原理如图 2-1 所示。

固相有机合成反应总体上可以分为以下 3 类。

① 反应底物以共价键和高分子载体相连，溶液中的反应试剂和底物反应。反应后产物保留在载体上，通过过滤、洗涤与反应体系中的其他组分分离，最后将产物从载体上解离下来得到最终产物。

② 反应试剂与支持体连接形成固相合成试剂，反应底物溶解在溶液相中，反应后副产物连接在树脂上，而产物留在溶液中，通过过滤、洗涤、浓缩得到最终产物。

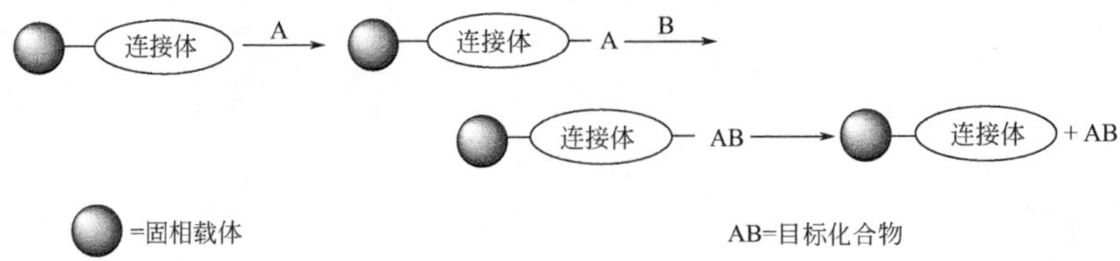

图 2-1　固相合成基本原理

③ 将催化剂连接在支持体上，得到固相高分子催化剂。使用这种催化剂可以在反应的任何阶段把催化剂分离出来，从而控制反应进程。

2.1.2　微波合成反应

微波合成反应即微波诱导催化有机化学反应。与传统加热合成相比，微波加热合成的优点包括：a. 微波的存在会活化反应物分子，使反应的诱导期缩短；b. 微波场的存在会对分子运动造成取向效应，使反应物分子在连心线上分运动相对加强，造成有效碰撞频率增加，反应速率加快。微波量子物理学告诉我们，微波可引起分子转动进入亚稳态，从而活化分子，使反应更容易进行；c. 微波加速有机反应与其对催化剂的作用有很大关系，催化剂在微波场中被加热速度比周围介质更快，造成温度更高，在表面形成“热点”，从而得到活化，造成反应速率和选择性的提高。

微波促进有机反应的原理为：a. “内加热”，微波靠介质的偶极子转向极化和界面极化在微波场中的介电耗损而引起的体内加热；b. “非热效应”，由于极性分子内电荷分布不平衡，在微波场中能迅速吸收电磁波的能量，通过分子偶极作用以每秒 4.9×10^{9} 次的超高速振动，提高了分子的平均能量，使反应温度与速度急剧提高。微波反应装置如图 2-2 所示。

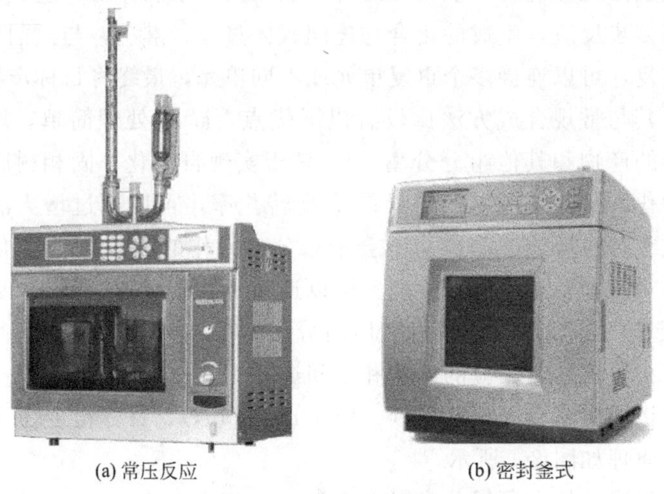

(a) 常压反应　　(b) 密封釜式

图 2-2　微波反应装置

2.1.3　超声波合成

超声化学（sonochemistry）是 20 世纪 80 年代中后期发展起来的一门新兴交叉学科，它是利用超声空化效应形成局部热点，可在 4000～6000K 及压力 100MPa、急剧冷却速率达

109K/s 的极端微环境中诱发化学反应。超声波促进化学反应的特点为：a. 空化泡爆裂可以产生促进化学反应的高能环境（高温和高压），使溶剂和反应试剂产生活性物种，如离子、自由基等；b. 超声辐射可以产生机械作用，如促进传质、传热、分散等作用；c. 对于许多有机反应，尤其是非均相反应，有显著的加速效应，并且可以提高反应产率，减少副产物；d. 可使反应在比较温和的条件下反应，减少甚至不用催化剂，简化实验操作；e. 对于金属参与的反应，超声波可以及时去除金属表面形成的产物、中间产物及杂质，使反应面清洁，促进反应的进行。

超声化学的基本原理：超声波在介质中的传播过程存在着一个正负压强的交变周期，当在正压相位时，超声波对介质分子挤压，改变了液体介质原来的密度，使其增大；而在负压相位时，使介质分子稀疏，进一步离散，介质的密度则减小。当用足够大振幅的超声波作用于液体介质时，会慢慢产生空化气泡，并且空化气泡在十分迅速的溃陷过程中瞬间产生几千开氏温度的高温、高压和冲击波，瞬间转化为热能，使泡内的介质加热分解，从而增加化学反应活性（增加分子间的碰撞）和使高分子降解。超声波仪器如图 2-3 所示。

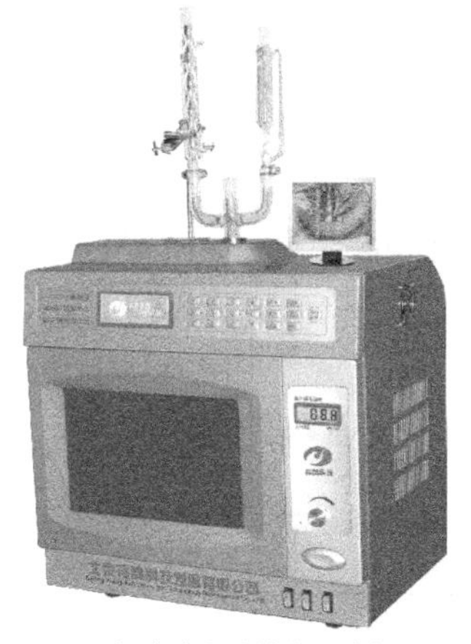

(a) 超声波光波催化合成仪

(b) 智能型低温超声波催化合成萃取仪

图 2-3 超声波仪器

2.1.4 电化学合成

以电化学方法合成有机化合物称为有机电合成，它是把电子作为试剂，通过电子得失来实现有机化合物合成的一种新技术，这是一门涉及电化学、有机合成及化学工程等学科的交叉学科。有机电合成与一般有机合成相比，有机电合成反应是通过反应物在电极上得失电子实现的，一般无须加入氧化还原试剂，可在常温常压下进行，通过调节电位、电流密度等来控制反应，便于自动控制。这样，简化了反应步骤，减少物耗和副反应的发生。可以说有机电合成完全符合“原子经济性”要求，而传统的合成催化剂和合成“媒介”是很难达到这种要求的。

从本质来说，有机电合成很有可能会消除传统有机合成产生环境污染的根源。

电解反应需从电极上获得电子来完成，因此有机电合成必须具备以下三个基本条件：a. 持续稳定供电的（直流）电源；b. 满足“电子转移”的电极；c. 可完成电子移动的介质。有机电合成中最重要的是电极，它是实施电子转移的场所。

电合成反应是由电化学过程、化学过程和物理过程等组合起来的。典型的电合成过程如下：a. 电解液中的反应物（R）通过扩散到达电极表面（物理过程）；b. R在双电层或电荷转移层通过脱溶剂、解离等化学反应而变成中间体（I）（化学过程），无溶剂、无缔合现象的不经过此过程；c. 在电极上吸附形成吸附中间体（I_{ad1}）（吸附活化过程）；d. I_{ad1} 在电极上放电发生电子转移而形成新的吸附中间体（I_{ad2}）（电子得失的电化学过程）；e. I_{ad2} 在电极表面发生反应而变成生成物（P_{ad}）吸附在电极表面；f. P_{ad} 脱附后再通过物理扩散成为生成物（P）。

电化学反应过程如图2-4所示，电解系统电路示意如图2-5所示。

阴极　$A+e^- \rightleftharpoons [Ae]^- \longrightarrow C$

阳极　$B-e^- \rightleftharpoons [B]^+ \longrightarrow D$

总反应　$A+B \longrightarrow C+D$

图 2-4　电化学反应过程

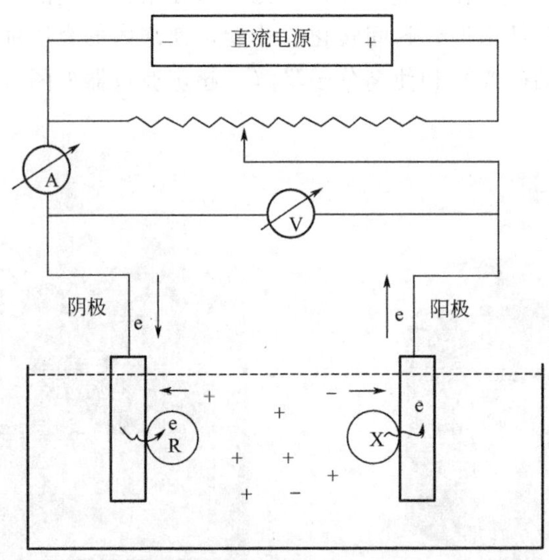

图 2-5　电解系统电路示意

2.1.5　光化学合成

有机合成光化学是研究用光化学方法容易或可在温和条件下便可合成的光化学反应。光催化具有高效、低能耗、洁净、无二次污染和反应速度快等优点。

半导体材料在紫外线及可见光照射下，将光能转化为化学能，并促进有机物的合成与分解，这一过程称为光催化。当光能等于或超过半导体材料的带隙能量时，电子从价带（VB）激发到导带（CB）形成光生载流子（电子-空穴对）。在缺乏合适的电子或空穴捕获剂时，吸收的光能因为载流子复合而以热的形式耗散。价带空穴是强氧化剂，而导带电子是强还原剂。

一般光化学反应机理，如图2-6所示。

$$D(S_0) \xrightarrow{h\nu(\text{光照})} D(S_1) \xrightarrow{\text{ISC(系间窜跃)}} D(T_1)$$

$$D(T_1) + \text{反应物 } A(S_0) \longrightarrow D(S_0) + \text{反应物 } A(T_1)$$

$$\text{反应物 } A(T_1) \longrightarrow \text{产物}(S_0)$$

图 2-6　光化学反应机理

经典的光化学反应器由光源、透镜、滤光片、石英反应池、恒温装置及功率计组成。如图2-7所示。

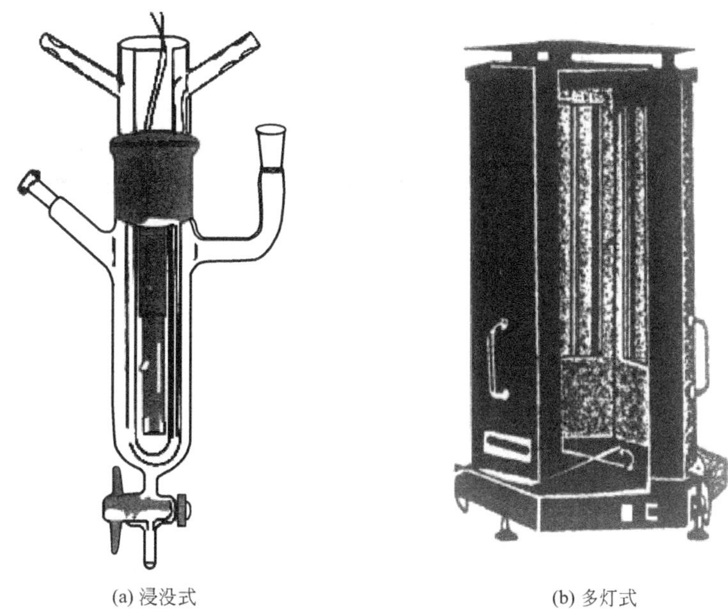
(a) 浸没式　　(b) 多灯式

图 2-7　光化学反应装置

2.1.6　无水无氧合成

实验研究工作中经常会遇到一些特殊的化合物，有许多是对空气敏感的物质——怕空气中的水和氧；为了研究这类化合物——合成、分离、纯化和分析鉴定，必须使用特殊的仪器和无水无氧操作技术。目前采用的无水无氧操作分三种：a. Schlenk 操作；b. 手套箱操作（glove-box）；c. 高真空线操作（vacuum-line）。

（1）Schlenk 操作

Schlenk 操作是指真空和惰性气体切换的技术，主要用于对空气和潮气敏感的反应，它

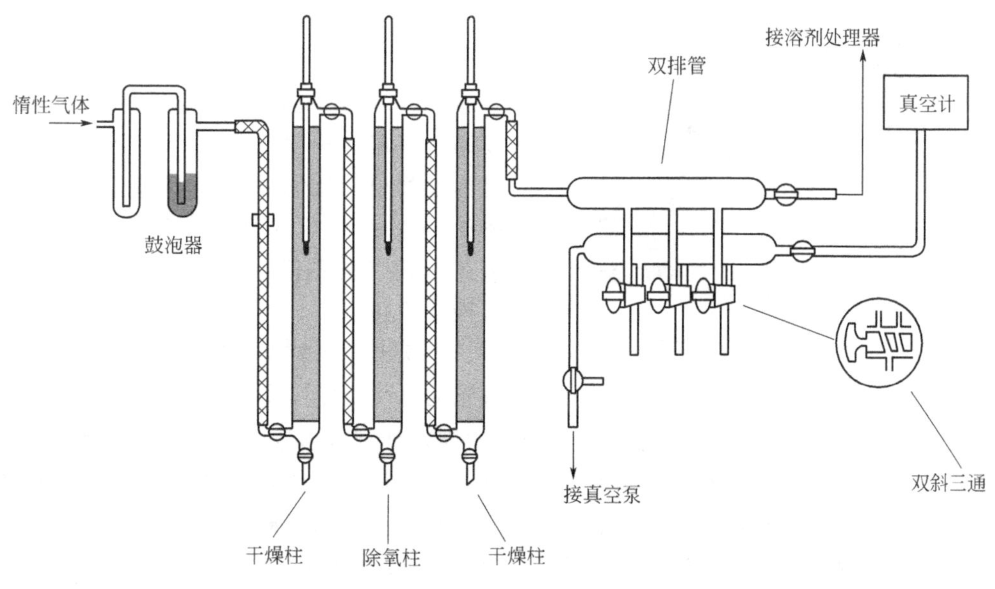

图 2-8　双排管操作示意

是把有机的常规实验统统在真空和惰性气体的切换下实现保护的反应手段。实现 Schlenk 技术最常见的是双排管方式，即为一条惰性气体线，一条真空线，通过特殊的活塞来切换。双排管操作的工作原理是：两根分别具有 5～8 个支管口的平行玻璃管，通过控制它们连接处的双斜三通活塞，对体系进行抽真空和充惰性气体两种互不影响的实验操作，从而使体系得到实验所需要的无水无氧的环境要求。双排管操作示意如图 2-8 所示，双排管实物如图 2-9 所示。

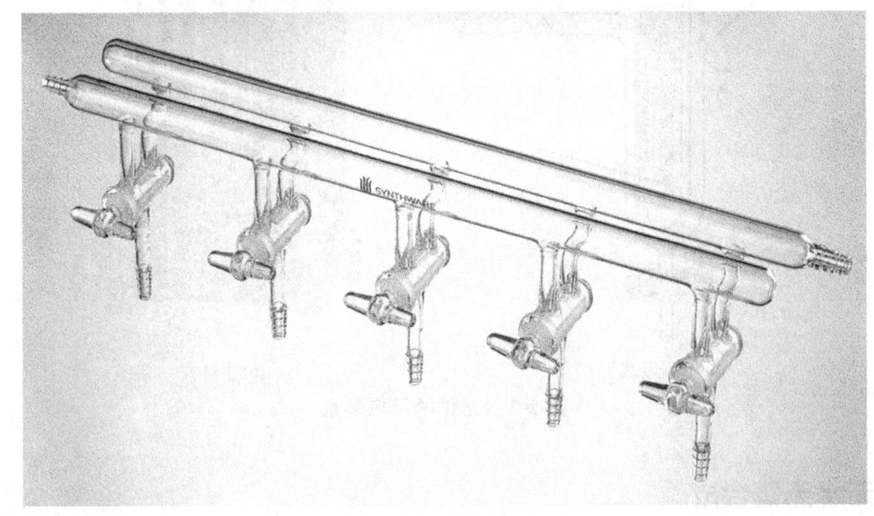

图 2-9　双排管实物

（2）手套箱操作

手套箱操作是将高纯惰性气体充入箱体内，并循环过滤掉其中的活性物质的实验室设备。主要功能在于对 O_2、H_2O、有机气体的清除，广泛应用于无水、无氧、无尘的超纯环境。手套箱仪器设备如图 2-10 所示。

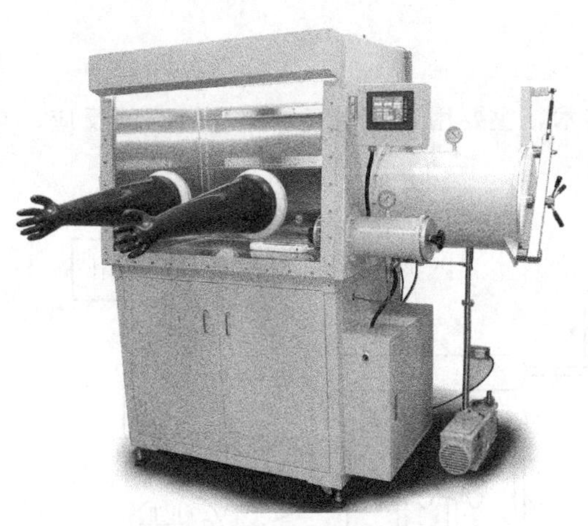

图 2-10　手套箱仪器设备

（3）高真空线操作

高真空线操作即对空气敏感物质的操作在事先抽真空的体系中进行。其特点是真空度高，极好地排除了空气。它适用于气体与易挥发物质的转移、贮存等操作。高真空线操作要求的真空度高（一般在 1～10kPa），因此对真空泵和仪器安装的要求极高，还要有液氮冷阱。

由于无水无氧操作技术主要对象是对空气敏感的物质，操作技术是成败的关键。因此对操作者要求特别严格：a. 实验前必须进行全盘的周密计划（由于无氧操作比一般常规操作机动灵活性小，因此实验前对每一步实验的具体操作、所用的仪器、加料次序、后处理的方法等都必须考虑好，所用的仪器事先必须洗净、烘干，所需的试剂、溶剂需先经无水无氧处理）；b. 在操作中必须严格认真、一丝不苟、动作迅速、操作正确；c. 由于许多反应的中间体不稳定，也有不少化合物在溶液中比固态时更不稳定，因此，无氧操作往往需要连续进行，直到得到较稳定的产物或把不稳定的产物贮存好为止。

2.1.7　无溶剂合成

无溶剂有机反应也称为固态有机反应，因为它研究的对象通常是低熔点有机物之间的反应。反应时，除反应物外不加溶剂，固体物直接接触发生反应。无溶剂合成的优点是：a. 低污染、低能耗、操作简单；b. 较高的选择性；c. 控制分子构型；d. 提高反应效率。无溶剂合成既包括经典的固-固反应，又包括气-固反应和液-固反应。

无溶剂有机合成反应的类型包括以下几种。

(1) 热反应

热反应包括：a. 氧化反应：如拜尔-维利格（Baeyer-Villiger）氧化反应；b. 还原反应：如用 $NaBH_4$ 使酮还原为醇；c. 坎尼扎罗（Cannizzaro）歧化反应：如将醛歧化为醇和酸；d. 加成反应：如卤素和卤化氢加成，迈克尔（Michael）加成；e. 消去反应：如醇消去变为烯；f. C-C 偶合反应：[2＋2][4＋2][6＋2]环加成反应，包括狄尔斯-阿尔德（Diels-Alder）加成反应、醛酮缩合反应、狄克曼（Dieckmann）缩合反应、格式试剂（Grignard）反应、雷夫马斯基（Reformasky）反应、魏梯烯（Wittig）反应、叶立德反应、克莱森（Claisen）反应、鲁滨逊（Robinson）缩环反应、频哪醇（Pinacol）偶合反应、酚之间的偶合反应、炔化合物的氧化偶合反应、C_{60} 的加成与偶合反应等；g. 取代反应：氨解、水解、酯交换、醚化；h. 聚合反应；i. 重排与异构：频哪醇（Pinacol）重排，如二苯乙二酮转位和邻二叔醇转位、贝克曼（Beckmann）重排、迈耶-舒斯特（Meyer-Schuster）重排、查普曼（Chappman）重排、异构化等。

(2) 光化反应

光化反应包括：a. 二聚和聚合；b. 环化；c. 重排与异构；d. 醚化；e. 去羰基化；f. 不同分子间的光化加成；g. 不对称选择性光化反应等。

2.2　有机化合物的鉴定

2.2.1　有机化合物的化学鉴定

近年来，由于现代仪器用于分离和分析，使有机化学的实验方法发生了很大的变化，但是化学分析仍然是每个化学工作者必须掌握的基本知识和操作技巧。在实验过程中，往往需要在很短的时间内用很少的样品做出鉴定，以保证实验很快顺利进行。化学分析鉴定在多数情况下可以得到一定的信息，选择化学分析还是光谱仪器分析取决于现有的实验条件和实验中哪些方法更为迅速、更为简便。

经典的有机化学定性系统分析，包括如下步骤。

① 物理化学性质的初步鉴定。

② 物理常数的测定。

③ 元素分析。

④ 溶解度实验，包括酸、碱反应。

⑤ 分类实验，包括各类官能团实验。

⑥ 衍生物制备。

要鉴定一个化合物的结构，除了由元素分析知道所含的元素及其质量分数外，官能团的鉴定也是一个很重要的方法。

有机化合物官能团的性质鉴定，其操作简便、反应迅速，对确定有机化合物的结构非常有用。官能团的定性鉴定是利用有机化合物中官能团所特有的不同特性，即能与某些试剂作用产生特殊的颜色或沉淀等现象，反应具有专一性，结果明显。

2.2.1.1 烯、炔烃的不饱和性质鉴定

(1) 溴的四氯化碳溶液实验

取两支干燥试管，分别在两个试管中放入 1mL 四氯化碳。在其中一试管中加入 2～3 滴环己烷样品，在另一试管中加入 2～3 滴环己烯样品，然后在两支试管中分别滴加 5%溴-四氯化碳溶液，并不时振荡，观察褪色情况，并做记录。

再取一支干燥试管，加 1mL 四氯化碳并滴入 3～5 滴 5%溴-四氯化碳溶液，通入乙炔气体，注意观察现象。

(2) 高锰酸钾溶液实验

取 2～3 滴环己烷与环己烯分别放在两支试管中，各加入 1mL 水，再分别逐滴加入 2%高锰酸钾溶液，并不断振荡。当加入 1mL 以上高锰酸钾溶液时，观察褪色情况，并做记录。

另取一试管，加入 1mL 2%高锰酸钾溶液，通入乙炔气体，注意观察现象。

(3) 鉴定炔类化合物实验

① 与硝酸银氨溶液的反应。取一支干燥试管，加入 2mL 2%硝酸银溶液，加 1 滴 10%氢氧化钠溶液，再逐滴加入 1mol/L 氨水直至沉淀刚好完全溶解。将乙炔通入此溶液，观察反应现象，所得产物应用 1∶1 硝酸处理。

② 与铜氨溶液的反应。取绿豆大小固体氯化亚铜，溶于 1mL 水中，再逐滴加入浓氨水至沉淀完全溶解，通入乙炔，观察反应现象。

2.2.1.2 卤代烃的性质实验

(1) 硝酸银实验

取 5 支洗净并用蒸馏水冲洗过的干燥试管，将试管编号，用滴管分别加入正氯丁烷、二级氯丁烷、三级氯丁烷、氯化苄、氯苯样品 4～5 滴，然后在每支试管中再分别加入 2mL 1%的硝酸银-乙醇溶液，仔细观察生成卤化银沉淀的时间并做记录。10min 后，将未产生沉淀的试管在 70℃水浴中加热 5min 左右，观察有无沉淀生成。根据试验结果请排列以上卤代烷反应活泼性次序，并说明原因。

(2) 碘化钠（钾）实验

在洁净干燥的 6 支编号试管中分别加入 1mL 15%碘化钠-丙酮溶液，分别加入正氯丁烷、二级氯丁烷、三级氯丁烷、正溴丁烷、二级溴丁烷、溴苯试样各 2～4 滴振荡，记录每一支试管生成沉淀所需要的时间。若 5min 内仍无沉淀生成，可将试管置于 50℃水浴中温

热，在 6min 末，将试管冷至室温，观察反应情况，记录结果。

2.2.1.3　醇的性质鉴定

现有正丁醇、仲丁醇、叔丁醇等样品，请进行以下实验，并仔细观察反应现象。

(1) 苯甲酰氯实验

取三支配有塞子的试管，分别加入三种样品各 0.5mL，再加 1mL 水和数滴苯甲酰氯，分两次加入 2mL 10%氢氧化钠溶液，每次加完后，把瓶塞塞紧，激烈摇动，使试管中溶液呈碱性，如果样品中含有羟基应得到有水果香味的酯。

(2) 硝酸铈铵实验

① 溶解于水的样品。取 0.5mL 硝酸铈铵溶液，放在试管中，用 1mL 水稀释，加 5 滴样品使之溶解，观察反应现象。

② 不溶于水的样品。取 0.5mL 硝酸铈铵溶液放在试管中，加 1mL 冰醋酸，如有沉淀，加 3～4 滴水使沉淀溶解，然后加 5 滴样品，摇荡后，观察反应，应有红色出现。

③ 卢卡斯实验。在 3 支干燥的试管中分别加入 5 滴正丁醇、二级丁醇、三级丁醇。再分别各加入 1mL 氯化锌-盐酸溶液，塞好塞子摇荡后，室温静置。观察反应物是否变混浊，有无分层现象，并记录浑浊和分层所需的时间。

④ 硝铬酸实验。取 3 支试管分别加入 1mL 7.5mol/L 硝酸，加入 5%重铬酸钾溶液 3～5 滴，再分别加入 3～4 滴三种醇的样品，摇动后观察反应现象并做记录。（哪一种醇无反应？为什么？）

2.2.1.4　酚的性质实验

(1) 酚的酸性

取少许苯酚放在一试管中，加入 5 滴水，振摇后得一乳浊液（苯酚难溶于水）；再滴入 5 滴氢氧化钠溶液至澄清（为什么？），然后再加入 2mol/L 盐酸至呈酸性，观察有何变化。

(2) 与溴水的反应

取一试管，加入 2 滴苯酚水溶液于 0.5mL 水中，用滴管逐滴加入饱和溴水，观察有无结晶析出和溴水褪色情况。

(3) 三氯化铁实验

取一试管加几滴苯酚水溶液于 2mL 水中，再加入 1～2 滴 1%三氯化铁溶液；另取一试管，再用纯水及几滴三氯化铁试剂进行空白试验，比较这两个溶液的颜色。

(4) 酚的氧化实验

在试管中加入 20mg 样品和 5 滴水，加热使其溶解。稍冷后，滴入 1 滴浓硫酸，振摇试管，而后沿试管壁滴入 5 滴饱和重铬酸钾溶液。静置几分钟，观察有无有色晶体生成。

2.2.1.5　醛、酮的性质鉴定

现有丙酮、乙醛等样品分别做以下几个实验，仔细观察反应情况，并做记录。

(1) 2,4-二硝基苯肼实验

于两支试管中分别加入 10 滴 2,4-二硝基苯肼试剂，10 滴 95%乙醇和 1～2 滴样品，振

荡，观察有无黄色、橙色或红色沉淀生成。

（2）Tollens 实验

在 2 支干净试管中，分别加入 1mL 5%硝酸银溶液、1 滴 5%氢氧化钠溶液，然后逐滴加入 1mol/L 氨水并不断摇动，直到生成的氧化银沉淀恰好溶解为止。

分别取 2 滴丙酮和乙醛加入上面 2 支试管溶液中，在室温放置几分钟。如果试管上没有银镜生成，在热水浴中温热几分钟（注意，加热时间不可太久），观察银镜生成。

（3）Fehling 实验

取两支试管分别取加 1mL Fehling Ⅰ与 1mL Fehling Ⅱ，配成混合溶液，再分别加入丙酮、乙醛各 2 滴，摇动后放入沸水浴中，观察反应现象，并做记录。

（4）次碘酸钠实验（碘仿反应）

取两支试管分别加入 4 滴丙酮、乙醛样品，再分别加入 1mL 碘-碘化钾溶液，慢慢滴加 3mol/L 氢氧化钠溶液，使碘的颜色褪去，观察有无黄色晶体析出。

（5）Benedict 实验

用 Benedict 试剂代替 Fehling 试剂重复以上实验，观察反应现象。

试剂配制的有关情况如下。

① 2,4-二硝基苯肼。将 3.0g 的 2,4-二硝基苯肼溶于 15mL 浓硫酸中，所得溶液在搅拌下缓缓加入 70mL 的 95%乙醇和 20mL 水的混合液中，过滤后即可使用。

② Fehling 试剂。Fehling Ⅰ：将 34.60g 硫酸铜（$CuSO_4 \cdot 5H_2O$）溶于 500mL 水中。Fehling Ⅱ：将 173.0g 酒石酸钾钠和 70g 氢氧化钠溶于 500mL 水中。

③ 碘-碘化钾溶液。将 20.0g 碘化钾溶于 80mL 水中，再加入 10.0g 碘，搅拌使其溶解。

④ Benedict 试剂。取 173.0g 柠檬酸钠和 100.0g 无水碳酸钠溶解于 800mL 水中。再取 17.30g 结晶硫酸铜溶解在 100mL 水中，将此溶液逐渐加到上述溶液中，最后用水稀释至 1L。如溶液不澄清，可过滤。

Benedict 试剂为 Fehling 试剂的改进试剂，其性质稳定，不要临时配制，还原糖类时尤其灵敏。

2.2.1.6 胺的性质鉴定

现有苯胺、*N*-甲基苯胺、*N*,*N*-二甲基苯胺几种样品，分别对其进行以下实验。

（1）苯胺的碱性

在试管中放入 2 滴苯胺和 1mL 水，摇荡观察苯胺是否溶解？再加入 4 滴 2mol/L 盐酸，观察结果，为什么？

（2）苯磺酰氯实验：区别一级胺、二级胺、三级胺

取 3 支试管配置好塞子，在试管中分别加入 3 种胺的样品各 0.5mL，再分别加入 2.5mL 10%氢氧化钠溶液和约 0.5mL 苯磺酰氯，塞好塞子，用力摇动。手触试管底部，哪支试管发热，为什么？用 pH 试纸检查 3 个试管内的溶液是否呈碱性，如果不呈碱性可再加几滴氢氧化钠溶液。反应结束后，观察下述 3 种情况，并判断哪支试管内是一级胺、二级胺、三级胺？

① 如果有固体生成，将固体分出，固体能溶于过量的 10%氢氧化钠溶液中，但加入盐

酸酸化后又析出沉淀，表明为一级胺。如最初不析出沉淀物，小心加2mol/L盐酸至溶液呈酸性，此时若生成沉淀，也表明为一级胺。

② 溶液中析出油状物或沉淀并且不溶于盐酸，表明为二级胺。

③ 实验时无反应发生，溶液中仍为油状物，加盐酸酸化后即溶解，表明为三级胺。

注意，苯磺酸氯水解不完全时，可与三级胺混在一起，而沉于试管底部。酸化时，虽三级胺已溶解，而苯磺酰氯仍以油状物存在，往往会得出错误结论。为此，在酸化之前应在水浴上微热（温度不能高，时间不可长，否则会产生深蓝色染料），使苯磺酸氯水解完全，此时三级胺全部浮在溶液上面，下部无油状物。

(3) 重氮苯的形成及反应

在试管中将10滴苯胺和5mL 2mol/L盐酸混合，置冰水浴中冷却到0～5℃。然后边振荡边滴加10%亚硝酸钠溶液，至溶液对碘化钾-淀粉试纸显蓝色。所得盐酸重氮苯溶液呈浅黄色透明状，保存在冰水浴中，供以下实验。

① 苯酚的生成。取2mL重氮盐溶液置于小试管中，在50～60℃水浴中加热，注意有气体N_2放出。冷却后，反应液中有苯酚的气味。在此反应液中加1mL饱和溴水，振荡并观察实验结果。

② 与β-萘酚的偶联。取1mL盐酸重氮盐溶液加入一支大试管中，放在冰水浴中冷却，加入数滴β-萘酚溶液（0.40g β-萘酚溶于4mL 5%氢氧化钠溶液中配制而成），注意观察有无橙红色沉淀生成。

2.2.1.7 羧酸及其衍生物的性质鉴定

(1) 羧酸的酸性

取两滴液体或少量（约30mg）固体羧酸（如苯甲酸），加入5～10滴水。振荡后，如溶解，用pH试纸试此水溶液的酸性；如不溶，则加入10%氢氧化钠溶液，观察其溶解情况，然后再加6mol/L盐酸至呈酸性，观察有何变化。

(2) 羧酸衍生物的水解

① 酰氯的水解。在盛有1mL蒸馏水的试管中，加3滴乙酰氯，略微摇动。此时乙酰氯与水剧烈作用，并放热。在冷水浴中使试管冷却，加入1～2滴2%硝酸银溶液，观察有何变化。

② 酯的水解。在3支试管中分别加入1mL乙酸乙酯和1mL水，然后再向第一支试管中加1mL 3mol/L硫酸，向第二支试管中加1mL 6mol/L氢氧化钠溶液。把3支试管同时放入70～80℃的水浴中，一边摇动，一边观察，比较3支试管中酯层消失的速率。

③ 酸酐的水解。在盛有1mL蒸馏水的试管中，加3滴乙酸酐。乙酸酐不溶于水，呈油珠状沉于管底，为了加速反应，把试管略微加热，这时乙酸酐油珠消失，同时嗅到醋酸的气味。

④ 酰胺的水解。酰胺的碱性水解是在试管中加入0.50g乙酰胺和3mL 6mol/L氢氧化钠溶液，煮沸，辨别有无氨的气味；酰胺的酸性水解是在试管中加入0.50g乙酰胺和3mL 3mol/L硫酸煮沸，辨别有无醋酸的气味。

请写出以上实验的反应式，并比较实验现象。

(3) 羧酸及其衍生物与醇的反应

① 酰氯的醇解。在试管中加入1mL乙醇，一边摇动，一边慢慢滴入1mL乙酰氯（反应十分剧烈，小心液体从试管中冲出）。将试管冷却，慢慢地加入2mL饱和碳酸钠溶液，同

时轻微地振荡。静止后，有乙酸乙酯浮到液面上并可嗅到酯的香味。

② 酸酐的醇解。在试管中加入 2mL 乙醇和 1mL 乙酸酐，混合后加 1 滴浓硫酸，振荡。这时反应混合物逐渐发热，以至于沸腾。冷却，慢慢地加入 2mL 饱和碳酸钠溶液，同时轻微地振荡，生成的乙酸乙酯即浮到液面上。

③ 羧酸与醇的反应（酯化反应）。在两支干燥的试管中，各加入 2mL 乙醇和 2mL 冰醋酸，混合均匀后，在一支试管中加入 5 滴浓硫酸。把两支试管同时放入 70～80℃的水浴中，边加热边摇荡，10min 后，取出试管，用冷水冷却，再各滴入 2mL 饱和碳酸钠溶液。静置，观察有无乙酸乙酯浮到液面上。

(4) 羟肟酸铁试验

首先对样品检测与三氯化铁有无起颜色反应的官能团，如有，则不能用此实验鉴别。

取 1 滴液体样品或几粒固体样品溶于 10mL 95%乙醇中，加 1mL 1mol/L 盐酸、1 滴 5%三氯化铁溶液，溶液应该是黄色，若有橙红色、红色、蓝色或紫色出现，不能进行本实验。

取一支试管，加入 1mL 羟胺盐酸盐乙醇溶液，再加入 1 滴液体样品或 5mg 固体样品，摇动后，加入 0.2mL 6mol/L 氢氧化钠溶液，将溶液煮沸；稍冷后加入 2mL 1mol/L 盐酸，如果溶液变浑，加 2mL 95%乙醇，再加 1 滴 5%三氯化铁溶液。如果生成的颜色很快消失，继续一滴一滴地加入，直至溶液不变色为止。出现紫红色，表示正反应。

注意，试剂配制有关情况如下。

羟胺盐酸盐乙醇溶液：加热溶解 18g 羟胺盐酸盐于 500mL 95%乙醇中。

2.2.1.8 糖的性质鉴定

现有葡萄糖、乳糖、果糖、阿拉伯糖、木糖、麦芽糖、蔗糖、淀粉水溶液，分别对其进行以下实验。

(1) 以生成糖醛及糖醛衍生物为基础的实验

① 糖的 Molish 实验。在 3 支试管中分别放入 0.5mL 5%葡萄糖、蔗糖、淀粉水溶液，滴入 2 滴 10% α-萘酚的乙醇溶液，混合均匀后，把试管倾斜 45°，沿管壁慢慢加入 1mL 浓硫酸，勿摇动，硫酸在下层，样品在上层，两层交界处出现紫色环，表示溶液中含有糖类化合物。

② 戊糖的 Bial 实验。在 3 支试管中，分别放入 0.5mL 5%木糖、阿拉伯糖、葡萄糖水溶液，向每支试管中加入 1mL 试剂（溶解 3.0g 地衣酚于 1mL 浓盐酸中，并加入 3mL 10%三氯化铁水溶液），混合均匀后，在燃气灯火焰上加热，直至混合物刚开始沸腾，注意并记录每一试管中产生的颜色。若颜色不显著，向试管中加入 2mL 1-戊醇，振摇后再观察。有色的缩合物会在 1-戊醇层中被浓缩。

③ 己糖的 Seniwanoff 实验。在 4 支试管中，分别放入 0.5mL 5%葡萄糖、乳糖、果糖和蔗糖水溶液，向每支试管中加入 2mL 试剂（溶解 0.50g 间苯二酚于 1L 4mol/L 盐酸中），将 4 支试管放入沸水浴中加热，60s 后取出试管，观察并记录结果。为完成实验的剩余部分，将其余试管放回沸水浴中，每隔 1min 观察并记录每一试管中的颜色。5min 后，蔗糖将会水解成果糖，后者发生反应，产物暗红色。

(2) Fehling 实验（或 Benedict 实验）

在 4 支试管中各放入 0.5mL Fehling 溶液Ⅰ和 0.5mL Fehling 溶液Ⅱ，混合均匀，在水浴上微热；分别再加入 5%葡萄糖、蔗糖、果糖、麦芽糖各 5 滴，振荡，加热，注意颜色变化及是否有沉淀生成。

用 Benedict 试剂代替 Fehling 试剂做以上试验。

（3）Tollens 实验

在 4 支洗净的试管中分别加入 1mL 5%硝酸银溶液，逐滴加入 1mol/L 氨水溶液，不断摇动，直到生成的氧化银沉淀恰好溶解，再分别加入 0.5mL 5%葡萄糖、果糖、麦芽糖、蔗糖溶液，在 50℃水浴中温热，观察有无银镜生成。

（4）成脎实验

在 4 支试管中分别加入 1mL 5%葡萄糖、果糖、蔗糖、麦芽糖样品，再加入 0.5mL 10%苯肼盐酸盐溶液和 0.5mL 15%醋酸钠溶液，在沸水浴中加热并不断振荡，比较成脎结晶的速率，记录成脎的时间，并在显微镜下观察脎的结晶形状。

（5）碘实验和淀粉的水解

① 胶状淀粉溶液的配制。用 15mL 冷水和 1.0g 淀粉充分搅拌均匀，勿使有块状物存在。然后将此悬浮物倒入 135mL 沸水中，继续加热几分钟即得胶状淀粉溶液。

② 碘实验。在盛有 1mL 淀粉溶液的试管中，加 1 滴碘溶液，观察其现象。

③ 淀粉的水解。在试管中加入 3mL 淀粉溶液，再加 0.5mL 稀硫酸，于沸水浴中加热 5min，冷却后用 10%氢氧化钠溶液中和至中性。取 2 滴与 Fehling 试剂作用，观察现象。

2.2.1.9　氨基酸、蛋白质的性质鉴定

（1）氨基酸与亚硝酸的反应

取 1mL 1%谷氨酸水溶液于试管中，加入 1 滴浓盐酸，再滴入 2 滴 10%亚硝酸钠溶液，振荡，观察现象。

（2）α-氨基酸与茚三酮的反应

取 1mL 1%谷氨酸水溶液于试管中，然后滴入 2 滴 0.1%茚三酮乙醇溶液，振荡，在沸水浴上加热 2min，观察现象。

（3）双缩脲反应

取 1mL 卵清蛋白溶液试管中，加入 1mL 1%氢氧化钠水溶液，再加入 2 滴 1%硫酸铜水溶液，观察现象。该反应要避免加入过多的硫酸铜，以防止硫酸铜在碱性溶液中形成氢氧化铜沉淀而掩盖了反应产生的颜色。

2.2.2　有机化合物的波谱鉴定

自 20 世纪中期以来，波谱方法已成为研究有机化合物结构问题的重要手段，其中，以红外光谱、核磁共振谱、紫外光谱和质谱应用最广。除质谱外，这些波谱方法都是利用不同波长的电磁波对有机分子的作用。本节将介绍红外光谱、核磁共振谱和质谱的基本原理及其仪器的构造、使用方法和特征峰。

2.2.2.1　红外光谱

红外光谱（infrared spectroscopy）简称 IR。根据红外光谱，可以定性地推断分子结构，

鉴别分子中所含有的基团，也可用红外光谱定量地鉴别组分的纯度和进行剖析工作。在有机化学理论研究上，红外光谱可用于推断分子中化学键的强度，测定键长和键角，也可推算出反应机理等，它具有迅速准确、样品用量少等优点，多用于定性分析。用于定量分析时，则灵敏度较差，准确度也不高。

(1) 基本原理

红外光线是一种波长大于可见光的电磁波。根据波长不同一般分为三个波长区。

① 近红外区：0.78～2.5μm（12820～4000cm^{-1}）。

② 中红外区：2.5～50μm（4000～200cm^{-1}）。

③ 远红外区：50～1000μm（200～10cm^{-1}）。

目前化学分析中常用的是中红外区。

当用波长为2.5～50μm（波数4000～200cm^{-1}）之间每一种单色红外光扫描照射某种物质时，物质会对不同波长的光产生特有的吸收，这样随着红外单色光波长的连续变化，吸收（透射比）不断变化，两者之间的曲线就叫该物质的红外吸收光谱。图2-11是苯甲酸的红外光谱。

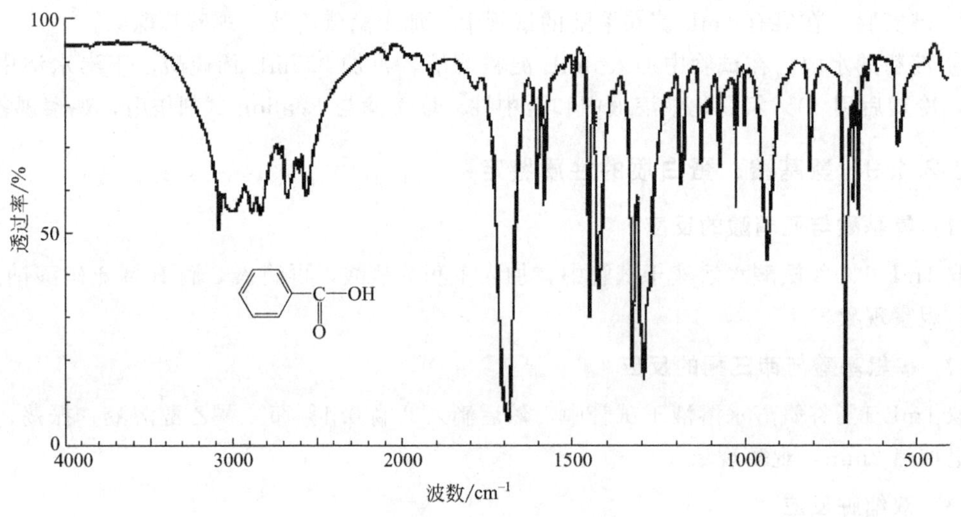

图 2-11　苯甲酸的红外光谱

红外光谱图中横坐标表示波长 λ（单位是μm，1μm＝10^{-6}m）或波数 $\bar{\nu}$（单位是cm^{-1}），两者为倒数关系 $\left(\bar{\nu}=\frac{1}{\lambda}\times 10^4\right)$。纵坐标表示透射比 T_0，它是透射光强 I 与入射光强 I_0 之比（I/I_0）。纵坐标还可以用吸光度做单位。

(2) 红外光谱与分子结构

化合物样品对红外线吸收而形成的红外光谱与化合物的分子结构有什么关系呢？

为了简便，以双原子分子为例说明。把分子内某两个原子设想成为两个小球，它们之间的化学键可设想为连接两个小球的弹簧，这两个原子在其平衡位置附近以很小的振幅做周期性振动。它们的振动频率决定于这两个小球的质量（原子质量）和弹簧的力常数即弹力（化学键等原子间力的大小）；反之，这两个条件固定，其振动频率也固定。双原子分子的振动频率可用波数表示。

$$\nu=\frac{2}{2\pi}\sqrt{K/\mu} \quad 或 \quad \bar{\nu}=\frac{1}{2\pi c}=\sqrt{K/\mu} \tag{2-1}$$

式中　ν——频率；

$\bar{\nu}$——波数，cm^{-1}；

c——光速，m/s；

K——化学键力常数；

μ——原子的折合质量$\left(\mu=\frac{m_1m_2}{m_1+m_2}\right)$，MeV。

由此可见，双原子分子的振动频率与化学键的力常数成正比，与原子的折合质量成反比。它的这种固有振动频率叫基频，这时的能量状态叫基态。

当分子吸收外界的能量时其振动频率就要发生改变，从基态跃迁到激发态能级上去。从量子力学的观点来看，它的能级是量子化的：

$$E=\left(V+\frac{1}{2}\right)h\nu \tag{2-2}$$

式中　V——振动量子数（0，1，2，3等）；

h——普朗克常数，6.626×10^{-34} J·s；

ν——振动频率，Hz。

因此，它发生能级跃迁所吸收的外界能量只能是两能级间能量之差，而且与其频率有关。

$$\Delta E=h\nu=\sqrt{K/\mu} \tag{2-3}$$

如果分子是由吸收外界的红外光线获得能量而发生能级跃迁的，那么从上文的分析可以看出：较强的键（力常数大）在较高的频率（波长较短）下有吸收；较弱的键在较低的频率（波长较长）下有吸收。具体见表2-1。

表2-1　键强、频率与吸收的关系

化学键	$K/(N\cdot cm^{-1})$	$\bar{\nu}/cm^{-1}$
C—C	4.5	约990
C═C	10.0	约1620
C≡C	15.6	约2100

因对应于较重的原子有较低的振动频率，所以它将会在较低的频率（波长较大）下被吸收。如HCl和DCl，两者力常数相同，折合质量DCl>HCl，则吸收频率HCl（$2885.9cm^{-1}$）>DCl（$2090.8cm^{-1}$）。

化合物分子中各种不同的基团是由不同的化学键和原子组成的，因此，它们对红外线的吸收频率必然不相同，这就是利用红外吸收光谱测定化合物结构的理论根据。

实际上化合物分子的运动方式是多种多样的，有整个分子的平动、转动、分子内原子的振动，但只有分子内原子的振动能级才对应于红外线的能量范围。因此，化合物的红外光谱主要是原子之间的振动产生的，有人也称之为振动光谱。因原子之间的振动与整个分子和其他部分的运动关系不大，所以不同分子中相同官能团的红外吸收频率基本上是相同的，这就是红外光谱得以广泛应用的主要原因。

多原子分子的振动形式很多，可分为以下几种方式。振动形式分类如图2-12所示。

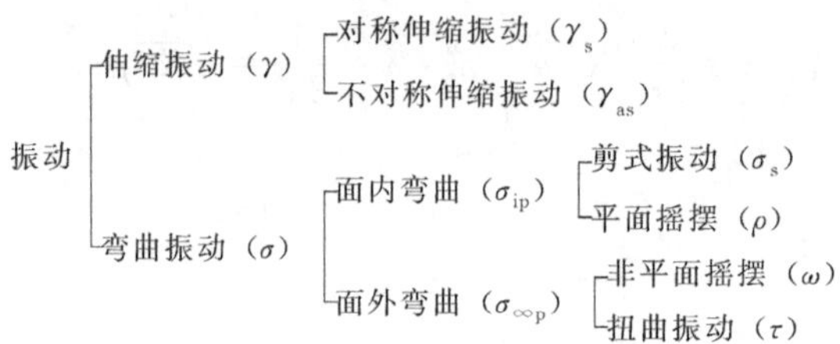

图 2-12　振动形式分类

这些振动方式按能量高低和频率顺序为：$\gamma_{as}>\gamma_s$。

多原子分子总的基本振动数（振动自由度）与其原子数目（N）有关：线性分子为（$3N-5$），非线性分子为（$3N-6$）。理论上，每个振动自由度在红外光谱区均将产生一个吸收峰带，但实际上由于种种原因峰数往往少于基本振动数目。

分子内各基团的振动不是孤立的，会受邻近基团及整个分子其他部分的影响，如诱导效应、共轭效应、空间效应、氢键效应等的影响，致使同一个基团的特征吸收不总是固定在同一频率上，会在一定范围内波动。

（3）样品的制备

在测定红外光谱的操作中，固体、液体、溶液和气体样品都可以做红外光谱的测定。

① 固体样品。

a. 液体石蜡研糊法。将固体样品 1～3mg 与 1 滴医用液体石蜡一起研磨约 2min，然后将此糊状物夹在两片盐板中间即可放入仪器测试。其中，液体石蜡本身有几个强吸收峰，识谱时需注意。

b. 熔融法。将熔点低于 150℃固体或胶状物直接夹在两片盐板之间熔融，然后测定其固体或熔融薄层的光谱。此方法有时会因晶型不同而影响吸收光谱。

c. 压片法。将 1mg 样品与 300mg KCl 或 KBr 混匀研细，在金属模中加压 5min，可得含有分散样品的透明卤化盐薄片，没有其他杂质的吸收光谱，但盐易吸水，需注意操作。

② 液体样品。液体状态的纯化合物，可将一滴样品夹在两片盐板之间以形成一极薄的膜，用于测定即可。

③ 溶液样品。溶剂一般用四氯化碳、二硫化碳或氯仿。应用双光束分光计，将纯溶剂做参考。

④ 气体样品。气体样品一般灌注入专门的抽空的气槽内进行测定。吸收峰的强度可通过调整气槽中样品的压力来达到。

不管哪种状态样品的测定都必须保证其纯度大于 98%，同时不能含有水分以避免起基峰的干扰和腐蚀样品池的盐板。

（4）红外光谱的解析

① 吸收峰的类型。

a. 基频峰。振动能级由基态跃迁到第一激发态时分子吸收一定频率的红外光所产生的吸收峰称为基频峰。

b. 泛频峰。倍频峰、合频峰与差频峰统称为泛频峰。由基态跃迁到第二激发态、第三激发态等所产生的吸收峰称为倍频峰。这种跃迁发生概率很小，峰强很弱。这两种跃迁的和差组合形成的吸收峰叫合频峰或差频峰，强度更弱，一般不易辨认。

c. 特征峰。凡是可用于鉴别官能团存在的吸收峰均称为特征峰。它们是大量实验的总结，并从理论上得到证明的。

d. 相关峰。一个基团常有数种振动形式，因而产生一组相互依存而又可相互佐证的吸收峰叫相关峰。

② 红外吸收光谱的初步划分。

a. 特征谱带区。红外光谱图上 2.5～7.5μm（4000～1333cm^{-1}）之间的高频区域，主要是由一些重键原子振动产生，受整个分子影响较小，叫作特征谱带区或官能团区。

b. 指纹区。红外光谱上 7.5～15μm（1333～660cm^{-1}）低频区域的吸收大多是由一些单键（如 C—C、C—N、C—O 等）的伸缩振动和各种弯曲振动产生的。这些键的强度差不多，在分子中又连在一起，互相影响，变动范围大，特征性差，称为指纹区。指纹区的特征性虽差，但对分子结构十分敏感。分子结构的微小变化就会引起指纹区光谱的明显改变，在确认化合物结构时也是很有用的。

c. 红外光谱中的 8 个重要区域，为了便于解析，一般先将红外光谱划分成下列 8 个区，具体见表 2-2。

表 2-2 红外光谱区域的划分

λ/μm	$\bar{\nu}/cm^{-1}$	产生吸收的键
2.7～3.3	3750～3000	O—H，N—H（伸展）
3.0～3.4	3300～2900	—C≡C—H，>C=C<H，Ar—H，$—CH_3$，$—CH_2—$，>C—H（C—H 伸展）
3.3～3.7	3000～2700	—C(=O)H（C—H 伸展）
4.2～4.9	2400～2100	C≡C，C≡N（伸展）
5.3～6.1	1900～1650	C=O（包括羧酸、醛、酮、酰胺、酯、酸酐中该官能团的伸展）
5.9～6.2	1675～1500	>C=C<，>C=N<（脂肪族和芳香族伸展）
6.9～7.7	1475～1300	>C—H（弯曲）
10.0～15.4	1000～650	>C=C<H，Ar—H（平面外弯曲）

如果在某一区域中没有吸收带，则表示没有相应的基团或结构。有吸收带，则需进一步

确认存在哪一种键或基团。

③ 图谱解析的一般步骤。解析图谱的具体步骤常根据经验的不同而异，这里提供一种方法仅供参考。

a. 确定有无不饱和键。如果已知化合物的分子式，则可先利用经验公式计算不饱和度 Ω，看有无不饱和键。

$$\Omega=\frac{2n_4+n_3-n_1+2}{2} \tag{2-4}$$

式中　n_4、n_3、n_1——分子中四价、三价、一价元素的原子个数。

如樟脑（$C_{10}H_{16}O$），其不饱和度为：

$$\Omega=(2\times10-16+2)/2=3$$

不饱和度与分子结构的经验关系见表 2-3。

表 2-3　不饱和度与分子结构的经验关系

不饱和度 Ω	分子结构	备　注
4	一个苯环	$\Omega\geqslant4$ 说明分子中含有六元或六元以上的芳香环
2	一个三键	
1	一个脂肪环	
0	链状化合物	

b. 根据红外光谱的 8 个主要区域，按以下顺序进行解析。先识别特征区中的第一强峰的起源（何种振动引起）和可能属于什么基团（可查主要基团的红外吸收特征峰表）；然后找到该基团主要的相关峰（查红外吸收相关图）；其次再一一解析特征区的第二、第三等强峰及其相关峰；之后，再依次解析指纹区的第一、第二等强峰及其相关峰。

根据经验可归纳为一句话："先特征后指纹，先强峰后弱峰；先粗查后细找，先否定后肯定。"一个化合物会有很多吸收带，即使是一个基团，由于振动方式的不同，也会产生几条吸收带，还有其他原因也会改变吸收带的数目、位置、强弱和形状。主要找到化合物的特征吸收频率及相关的吸收，不可能将红外图谱上的每一个谱带吸收峰都能给予解释。

2.2.2.2　核磁共振谱

(1) 基本原理

核磁共振谱（nuclear magnetic resonance spectroscopy），简称 NMR。其基本原理是一个氢核（即一个质子），为一个球形的带有正电荷的并绕轴旋转的单体，由于本身自转产生一个微小磁场，于是就产生了核磁偶极，其方向与核自旋轴一致，如果把它放到外磁场中时，它的自旋轴就开始改变成一种是趋向于外磁场方向（见图 2-13 中 E_1）的排列，另一种是与外磁场方向相反（见图 2-13 中 E_2）的排列。其中，趋于外磁场方向的代表一个稳定的体系，能量低。当 E_1 吸收一定能量，就会变成 E_2 产生跃迁，即发生所谓"共振"。从理论上讲，无论改变外界的磁场或者是改变辐射能的频率，都会达到核磁矩取向翻转的目的。能量的吸收可以用电的形式测量得到，并以峰谱的形式记录在图纸上，这种由于原子核吸收能量所引起的共振现象，称为核磁共振。氢核的旋转性质如图 2-13 所示。

① 核自旋和核磁矩。原子核也有自旋运动，因而具有相应的核磁矩。用自旋量子数 I 来描述这种量子化的核自旋运动。

$$I=0,1/2,1,3/2,\cdots\text{（为整数或半整数）} \tag{2-5}$$

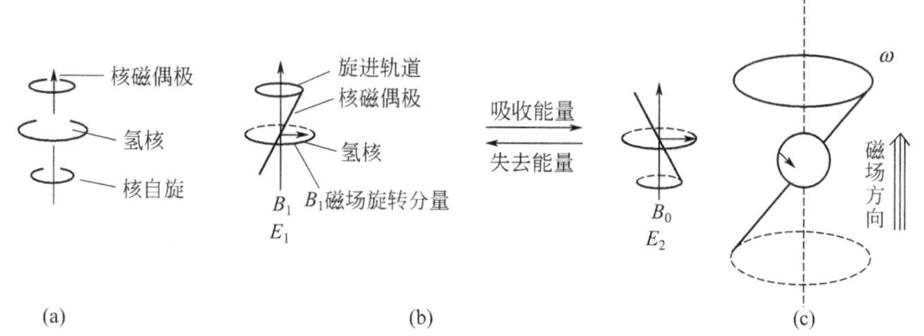

图 2-13　氢核的旋转性质

各种元素根据 I 的值可分为三类，具体见表 2-4。

表 2-4　元素分类

质量数	原子序数	自旋量子数	举　例
奇数	奇数或偶数	1/2,3/2,5/2,…	^{1}H,^{18}F,^{13}C,^{35}Cl,^{79}Br
偶数	偶数	0	^{12}C,^{16}O,…
偶数	奇数	1,2,3,…	^{2}H,^{14}N,^{10}B,…

核自旋就有自旋角动量和对应的核磁矩：

$$\mu_N = \gamma M = \gamma \sqrt{I(I+1)}\frac{h}{2\pi} \tag{2-6}$$

式中　μ_N——核磁矩；

M——自旋角动量，rad/(s·T)；

γ——旋磁比，J·s；

h——普朗克常数。

在磁场中核磁矩的方向是量子化的，可有（$2I+1$）种不同的取向。用磁量子数 m 描述，核磁矩在磁场方向的分量为：

$$\mu_H = \gamma m \frac{h}{2\pi}$$

$$m = I,(I-1),\cdots,-I \tag{2-7}$$

② 核磁能级和核磁共振。核磁矩在磁场中取向不同，和磁场的相互作用就不同，能量不同。

$$E = -\mu_N \cdot B = -\mu_H \cdot B_o = -\gamma m B_o \frac{h}{2\pi} \tag{2-8}$$

式中　E——能量，J；

B——磁场强度，T；

B_o——外加磁场强度，T。

由于核磁矩有（$2I+1$）种不同的取向，因此有（$2I+1$）种不同的能量状态，称为核磁能级。其相邻的能级间隔为：

$$\Delta E = \gamma B_o \frac{h}{2\pi} \tag{2-9}$$

当外加电磁波的频率 ν 正好与此能级间隔 ΔE 相当，即当 $\Delta E = h\nu$ 时，低能级的核就会吸收电磁波跃迁到高能级，这就是核磁共振。同一种核在不同的化学环境中会产生不同的核磁共振吸收，因此可利用它来分析分子的结构。

③ 核磁共振仪工作原理。核磁共振仪的示意如图 2-14 所示，射频发生器发出一定频率的电磁波作用于样品，样品在均匀磁场中转动，扫描发生器变化发射线圈的电流，使磁场不断变化，当磁场变到使核磁能级差正好和入射电磁波频率相当时，便产生核磁共振吸收信号，经射频接收器放大后由记录仪记录下来即得核磁共振谱图。

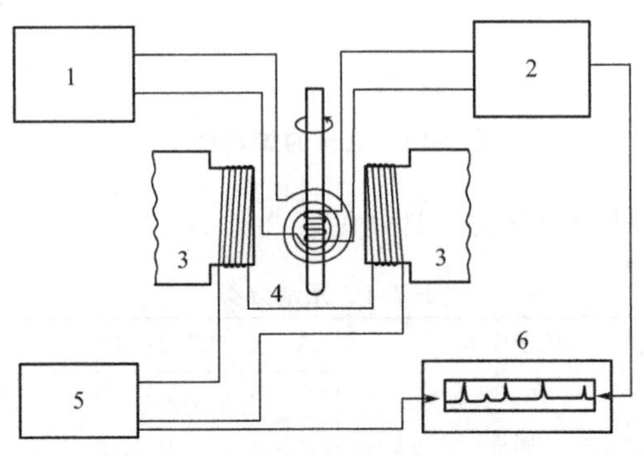

图 2-14　核磁共振仪的示意

1—振荡器；2—接收器；3—电磁铁；4—样品管；5—扫描发生器；6—记录仪

目前，射频为 60MHz 和 100MHz 的较多。研究和应用最多的是氢质子和^{13}C的核磁共振谱。

④ 化学位移。同一种核由于在分子中的环境不同，核磁共振吸收峰的位置有所变化，这就叫化学位移。它起源于核周围的电子对外加磁场的屏蔽作用。

$$B_{有效}=B_o-\sigma B_o=(1-\sigma)B_o \tag{2-10}$$

式中　$B_{有效}$——作用于核的有效磁场，T；

B_o——外加磁场，T；

σ——屏蔽系数。

同一种核在分子中不同环境下有不同的 σ，感受到的 $B_{有效}$ 不同，因而产生核磁共振吸收峰位置不同，就是化学位移，由它可以了解分子的结构。

化学位移一般只能相对比较，通常选择适当物质做标准，其他质子的吸收峰与标准物质的吸收峰的位置之间的差距作为化学位移值。

$$\nu_{样}-\nu_{标}=\frac{2\mu}{h}(\sigma_{标}-\sigma_{样})B_o \tag{2-11}$$

为了表示出化学环境对核屏蔽的影响，通常定义一个无量纲的量 δ 来表示。

$$\delta=\frac{B_{样}-B_{标}}{B_{标}}\times10^6=\frac{\nu_{样}-\nu_{标}}{\nu_{标}}\times10^6=\frac{\sigma_{标}-\sigma_{样}}{1-\sigma_{样}}\times10^6\approx(\sigma_{标}-\sigma_{样})\times10^6 \tag{2-12}$$

经常使用的标准物是四甲基硅烷 $(CH_3)_4Si$，简记为 TMS，并人为规定 TMS 的 $\delta=0$。早期的文献中也用 τ 来标度化学位移，规定 TMS 的 $\tau=10.00$，τ 和 δ 的关系为：

$$\tau=10.00-\delta \tag{2-13}$$

有机化合物各种氢的化学位移值取决于它们的电子环境。如果外磁场对质子的作用受到周围电子云的屏蔽，质子的共振信号就出现在高场（谱图的右面）。如果与质子相邻的是一个吸电子的基团。这时质子受到去屏蔽作用，它的信号就出现在低场（谱图的左面）。

各种类型氢核的化学位移值见表 2-5 所示。

表 2-5　接于各类官能团上氢的典型化学位移

氢的类型	化学位移		氢的类型	化学位移	
	τ	δ		τ	δ
环丙烷	9.6～10.0	0.0～0.4	O_2NCH	5.4～5.8	4.2～4.6
RCH_3	9.1	0.9	ICH	6～8	2～4
R_2CH_2	8.7	1.3	OCH(醚、醇)	6～6.7	3.3～4
R_3CH	8.5	1.5	OCH(酯)	4.7	5.3
C═CH	4.1～5.4	4.6～5.9	RO_2CCH	5.9～6.3	3.7～4.1
CCH	7～8	2～3	ROH	7.4～8	2～2.6
ArH	1.5～4	6～8.5	ArOH	7.3～8	2～2.7
ArCH	7～7.8	2.2～3	RCOOH	0～1	9～10
$C{=}CCH_3$	8.3	1.7	RNH_2	4.5～9	1～5.5
$C{\equiv}CCH_3$	8.2	1.8	＞CH	−2～6	4～12
FCH	5～5.6	4～4.5	RC(═O)H	−2～−0.5	10.5～12
ClCH	6～7	3～4			
Cl_2CH	4.2	5.8	RC(═O)CH	5～9	1～5
BrCH	6～7.5	2.5～4			

⑤ 自旋耦合。在高分辨率核磁共振谱中，一定化学位移的质子峰往往分裂为不止一个的小峰。这种谱“分裂”称为自旋-自旋分裂。它来源于核自旋之间的相互作用，称为自旋耦合。谱线分裂的间隔大小反映两种核自旋之间相互作用的大小，称为耦合常数 J。J 的数值不随外磁场 B_0 变化而改变。质子间的耦合只发生在邻近质子之间，相隔 3 个链以上的质子间相互耦合可以忽略。

当 J 无穷小于 δv 时，自旋分裂图谱有如下简单规律：a. 一组等同的核内部相互作用不引起峰的分裂；b. 核受相邻一组 n 个核的作用时，该核的吸收峰分裂成 $(n+1)$ 个间隔相等的一组峰，间隔就是耦合常数 J；c. 分裂峰的面积之比，为二项式 $(x+1)^n$ 展开式中各项系数之比；d. 一种核同时受相邻的 n 个和 n' 个两组核的作用时，此核的峰分裂成 $(n+1)(n'+1)$ 个峰，但有些峰可重叠而分辨不出来。

(2) 核磁共振图谱的解析

以上所述，说明核磁共振谱的解析可以提供有关分子结构的丰富资料。测定每一组峰的化学位移可以推测与产生吸收峰的氢核相连的官能团的类型；自旋分裂的形状提供了邻近的氢的数目；而峰的面积可算出分子中存在的每种类型氢的相对数目。

在解析未知化合物的核磁共振谱时，一般步骤如下。

① 首先区别有几组峰，从而确定未知物中有几种不等性质子（即电子环境不同，在图谱上化学位移不同的质子）。

② 计算峰面积比，确定各种不等性质子的相对数目。

③ 确定各组峰的化学位移值，再查阅有关数表，确定分子中间可能存在的官能团（见表 2-5）。

④ 识别各组峰自旋裂分情况和耦合常数值，从而确定各不等性质子的周围情况。

⑤ 总结以上几方面的信息资料，提出未知物的一个或几个与图谱相符的结构或部分结构。

⑥ 最后参考未知物其他的资料，如红外光谱、沸点、熔点、折射率等，确定未知物的结构。

2.2.2.3 质谱

质谱法（mass spectrometry，MS）是将样品离子化，变为气态离子混合物，并按质荷比（M/Z）分离的分析技术；质谱仪是实现上述分离分析技术，从而测定物质的质量与含量及其结构的仪器。质谱分析法是一种快速有效的分析方法，利用质谱仪可进行同位素分析、化合物分析、气体成分分析以及金属和非金属固体样品的超纯痕量分析。在有机混合物的分析研究中证明了质谱分析法比化学分析法和光学分析法具有更加卓越的优越性，其中，有机化合物质谱分析在质谱学中占最大的比重，全世界几乎有 3/4 仪器用于有机分析，现在的有机质谱法，不仅可以进行小分子的分析，而且可以直接分析糖、核酸、蛋白质等生物大分子，在生物化学和生物医学上的研究成为当前的热点，生物质谱学的时代已经到来，当代研究有机化合物已经离不开质谱仪。

(1) 仪器概述

① 基本结构。质谱仪由以下几部分组成。质谱仪组成如图 2-15 所示。

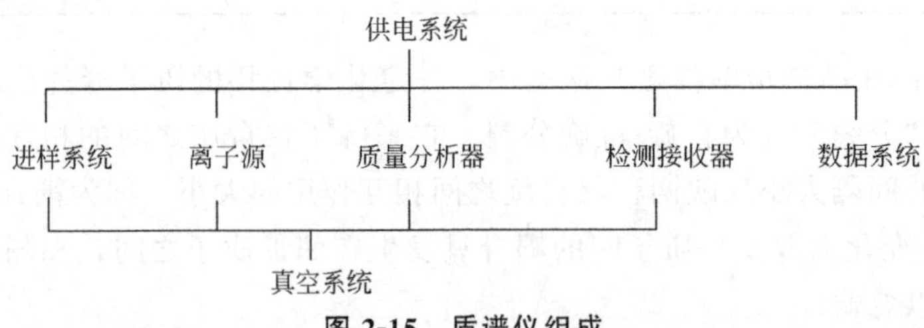

图 2-15 质谱仪组成

a. 进样系统：把分析样品导入离子源的装置，包括直接进样、GC、LC 及接口、加热进样、参考物进样等。

b. 离子源：使被分析样品的原子或分子离化为带电粒子（离子）的装置，并对离子进行加速使其进入分析器，根据离子化方式的不同，有机常用的有如下几种，其中，EI、FAB 最常用。

EI（electron impact ionization）即电子轰击电离——最经典常规的方式，其他均属软电离，EI 使用面广、峰重现性好、碎片离子多。缺点是不适合极性大、热不稳定性化合物，且可测定分子量有限，一般≤1000。

CI（chemical ionization）即化学电离——核心是质子转移，与 EI 相比，在 EI 法中不易产生分子离子的化合物，在 CI 中易形成较高丰度的 $[M+H]^+$ 或 $[M-H]^+$ 等“准”分子离子。得到碎片少，谱图简单，但结构信息少一些。与 EI 法一样，样品需要汽化，对难挥发性的化合物不太适合。

原理　$R+e^- \longrightarrow R^{+\cdot}+2e^-$　（电子电离）

$R^{+\cdot}+R \longrightarrow RH^++(R-H)\cdot$

R 为含 H 的反应气体分子，例如异丁烷、甲烷、氮气、甲醇气等

M 为样品分子　　$RH^{+}+M \longrightarrow R+(M+H)^{+}$　（质子转移）

R 浓度≫M 浓度　$R^{+\cdot}+M \longrightarrow R+M^{+\cdot}$　（电荷交换）

$R^{+\cdot}+M \longrightarrow (R+M)^{+\cdot}$　（加合离子）

FD（field desorption）即场解吸——大部分只有一根峰，适用于难挥发极性化合物，例如糖，应用较困难，目前基本被 FAB 取代。

FAB（fast atom bombardment）即快原子轰击——利用氩与氙，20 世纪 80 年代初发明，或者铯离子枪（LSIMS，液体二次离子质谱），高速中性原子或离子对溶解在基质中的样品溶液进行轰击，在产生"爆发性"汽化的同时，发生离子-分子反应，从而引发质子转移，最终实现样品离子化。适用于热不稳定以及极性化合物等。FAB 法的关键之一是选择适当的（基质）底物，从而可以进行从较低极性到高极性的范围较广的有机化合物测定，是目前应用比较广泛的电离技术。不但得到分子量还能提供大量碎片信息。产生的谱介于 EI 与 ESI 之间，接近硬电离技术。生成的"准"分子离子，一般常见 $[M+H]^{+}$ 和 $[M+$底物$]^{+}$。另外，还有根据底物脱氢以及分解反应产生的 $[M-H]^{+}$。

容易提供电子的芳烃化合物产生 M^{+}。

甾类化合物、氨基霉素等还产生 $[M+NH_4]^{+}$。

糖甙、聚醚等一般可（产生）观察到 $[M+Na]^{+}$。

由底物与粒子轰击（碰撞）诱导发生还原反应来产生 $[M+nH]^{+}$（$n>1$），二量体（双分子）$[M+H+M]^{+}$ 及 $[M+H+B]^{+}$ 等。

因此，进行谱图解析时，要考虑底物和化合物的性质，盐类的混入等进行综合判断。

ESI（electrospray ionization）即电喷雾电离——与 LC，毛细管电泳联用最好，亦可直接进样，属最软的电离方式，混合物直接进样可得到各组分的分子量。

APCI（atmospheric pressure chemical ionization）即大气压化学电离——同上，更适宜做小分子测试。

MALDI（matrix assisted laser desorption ionization）即基体辅助激光解吸基质辅助激光解吸电离——一种用于大分子离子化的方法，利用对使用的激光波长范围具有吸收并能提供质子的基质（一般常用小分子液体或结晶化合物），将样品与其混合溶解并形成混合体，在真空下用激光照射该混合体，基体吸收激光能量，并传递给样品，从而使样品解吸电离。MALDI 的特点是准分子离子峰很强。通常将 MALDI 用于飞行时间质谱和 FT-MS，特别适合分析蛋白质和 DNA 等大分子。

c. 质量分析器。是质谱仪中将离子按质荷比分开的部分，离子通过分析器后，按不同质荷比（M/Z）分开，将相同的 M/Z 离子聚焦在一起，组成质谱。

d. 检测接收器。接收离子束流的装置，有二次电子倍增器、光电倍增管、微通道板。

e. 数据系统。将接收来的电信号放大、处理并给出分析结果。包括外围部分，例如，终端显示器、打印机等。现代计算机接口，还可反过来控制质谱仪各部分工作。

f. 真空系统。由机械真空泵（前极低真空泵）、扩散泵或分子泵（高真空泵）组成真空机组，抽取离子源和分析器部分的真空。只有在足够高的真空下，离子才能从离子源到达接收器，真空度不够则灵敏度低。

g. 供电系统。包括整个仪器各部分的电器控制部件，从几伏低压到几千伏高压。

② 分类。

常见质谱仪包括下列几种。

a. 双聚焦扇形磁场-电场串联仪器（sector）。

b. 四极质谱仪（Q）。

c. 离子阱质谱仪（TRAP）。

d. 飞行时间质谱仪（TOF）。

e. 傅里叶变换-离子回旋共振质谱仪（FT-ICRMS）。

f. 串列式多级质谱仪（MS/MS）。包括混合型如四极＋TOF，磁式＋TRAP等；三重四极；TOF＋TOF。

③ 分析原理。

磁质谱基本公式如下：

$$M/Z=H^2R^2/2V \tag{2-14}$$

式中 M——质量；

Z——电荷；

V——加速电压；

R——磁场半径；

H——磁场强度。

磁质谱经典，可高分辨，质量范围相对宽；缺点是体积大、造价高，现在越来越少。

四极分析器（quadrupole）是一种被广泛使用的质谱仪分析器。由两组对称的电极组成。电极上加有直流电压和射频电压（$U+V\cos t$）。相对的两个电极电压相同，相邻的两个电极上电压大小相等，极性相反。带电粒子射入高频电场中，在场半径限定的空间内振荡。在一定的电压和频率下，只有一种质荷比的离子可以通过四极杆达到检测器，其余离子则因振幅不断增大，撞在电极上而被“过滤”掉，因此四极分析器又叫四极滤质器。利用电压或频率扫描，可以检测不同质荷比的离子。优点是扫描速度快，比磁式质谱价格便宜，体积小，常作为台式进入常规实验室，缺点是质量范围及分辨率有限。

飞行时间质谱仪。利用相同能量的带电粒子，由于质量的差异而具有不同速度的原理，不同质量的离子以不同时间通过相同的漂移距离到达接收器。优点是扫描速度快、灵敏度高、不受质量范围限制以及结构简单、造价低廉等。

公式

$$M/Z=2E/v^2$$

将 $v=d/t$ 代入

$$M/Z=2Et^2/d^2=Kt^2 \tag{2-15}$$

式中 E——离子动能；

v——离子速率；

d——飞行距离；

t——飞行时间；

K——常数，$K=2E/d^2$。

FT-MS。在射频电场和正交横磁场作用下，离子做螺旋回转运动，回旋半径越转越大，当离子回旋运动的频率与补电场射频频率相等时，产生回旋共振现象，测量产生回旋共振的离子流强度，经傅里叶变换计算，最后得到质谱图。是较新的技术，对于高质量数，高分辨率及多重离子分析，很有前途，但使用超导磁铁需要液氦，不能接GC，动态范围稍窄，目前还不太作为常规仪器使用。

离子阱（ion trap）通常由一个双曲面截面的环形电极和上下一对双曲面端电极构成。从离子源产生的离子进入离子阱内后，在一定的电压和频率下，所有离子均被阱集。改变射频电压，可使感兴趣的离子处于不稳定状态，运动幅度增大而被抛出阱外被接收、检测。用离子阱作为质量分析器，不但可以分析离子源产生的离子，而且可以把离子阱当成碰撞室，使阱内的离子碰撞活化解离，分析其碎片离子，得到子离子谱。离子阱不但体积很小，而且具有多级质谱的功能，即做到多级质谱（MSn），但动态范围窄，低质量区 1/3 缺失，不太适合混合物定量。

多级质谱联用仪。现在，几乎所有的商品质谱仪上均配有 GC-MS，但对难挥发、强极性和大分子量混合物，GC-MS 无能为力，为了弥补 GC-MS 的不足，经过 20 多年的探索，通过开发上述几种软电离技术，特别是 ESI 和 APCI 等，解决了 LC 与离子源接口问题（1987 年完成），从而实现了 LC-MS 联用，是分析化学的一次重大进展，而串联质谱仪更具有许多优点。

串联质谱仪（MS/MS 或 Tamdem）。

离子源⟶第一分析器⟶碰撞室⟶第二分析室⟶接收器

MS_1　　　　　　　MS_2

进行 MS/MS 的仪器从原理上可分为两类。第一类仪器利用质谱在空间中的顺序，是由两台质谱仪串联组装而成。即前面列出的串列式多级质谱仪。第二类利用了一个质谱仪时间顺序上的离子贮存能力，由具有存储离子的分析器组成，如离子回旋共振仪（ICR）和离子阱质谱仪。这类仪器通过喷射出其他离子而对特定的离子进行选择。在一个选择时间段这些被选择的离子被激活，发生裂解，从而在质谱图中观测到碎片离子。这一个过程可以反复观测几代碎片的碎片。时间型质谱便于进行多级子离子实验，但另一方面不能进行母离子扫描或中性丢失。

一般采用 ESI、CI 或 FAB 等软离子化方法，以利于多产生分子离子，通过 MS_1 的离子源使样品离子化后，混合离子通过第一分析器，可选择一定质量的离子作为母体离子，进入碰撞室，室内充有靶子反应气体（碰撞气体：He、Ar、Xe、CH_4 等）对所选离子进行碰撞，发生离子-分子碰撞反应，从而产生“子离子”，再经 MS_2 的分析器及接收器得到子离子（扫描）质谱（product ion spectrun），一般称作 MS/MS-CID 谱，或者简称为 CID（collision-induced dissociation）谱，碰撞诱导裂解谱及 MS/MS 谱。另外，也有母体离子找子离子的 MS/MS 谱（MS/MS spreursor ion spectrum），研究 MS/MS 谱（一般指子离子质谱，与在源内裂解产生的正常碎片质谱类似，但有区别，现不能检索）可以了解到被分析样品的混合物性质和成分，对一些混合物，目前，多用最软电离的 ESI 或 APCI 的 MS/MS，不必进行色谱分离可直接分析，与色谱法相比，有很快的响应速度，省时省样品省费用，具有高灵敏度和高效率的优点。另外一个特点是通过子-母及母-子 MS/MS 谱可以掌握一定的结构信息，作为目前有力的结构解析手段。因此，现在利用串联质谱仪进行药物研究越来越得到重视，特别是在药物代谢以及混合物的微量成分分析和结构测定等方面正在起到越来越重要的作用。比较常用的三级四极型 MS/MS，联用 LC-MS/MS 使用方便，操作简单，适合于定量等常规解析，大型的 MS/MS 更适合结构解析。

④ 仪器性能指标。

a. 质量范围：表明一台仪器所允许测量的质荷比，从最小值到最大值的变化范围。一般最小为 2，实际 10 以下已经无用，最大可达数万，利用多电荷离子，实际能达上百万。

b. 分辨率（R）：是判断质谱仪的一个重要指标，低分辨仪器一般只能测出整数分子量，高分辨率仪器可测出分子量小数点后第四位，因此，可算出分子式，不需要进行元素分析，更精确。

$R=M/\Delta M$，M 为相邻两峰之一的质量数，ΔM 为质量差。例如，500 与 501 两个峰刚好分开，则 $R=500/1=500$，若 $R=50000$，则可区别开 500 与 500.01。对于四极杆仪器，通常做到单位分辨，高低质量区 R 数值不同。

c. 灵敏度：有多种定义方法，粗略地说是表示所能检查出的最小量，一般可达到 $10^{-12}\sim10^{-9}$g 甚至更低，实际还应看信噪比。

（2）质谱的表示法及解析

谱图法：横坐标代表质量数，纵坐标代表峰强度，是该质量离子的多寡的表示，常用、直观，但不太细致。还分为连续谱和棒状图两种，一般 EI 棒图多，ESI 连续谱多。

列表法：质量数，相对丰度等。具体见表 2-6。

高分辨表示法：列表，元素组成。

表 2-6　质量数与相对丰度

实测质量数	理论质量数	C　H　O　N	误差($\times10^{-6}$)	相对丰度/%
322.1094	322.1079	19　16　4　1	−4.6	100
	322.1106	22　14　1　2	3.7	
309.1358	309.1365	19　19　3　1	2.2	80

① 几个术语。

a. 质荷比 M/Z：大部分离子的 Z 为 1，故其 M/Z 的值等于分子离子的质量数；少部分离子带多个电荷，$Z>1$。在质谱中，使用各原子的质量数计算分子离子的质量数，而不使用各元素的平均原子量。因为在质谱图中，只在各同位素对应位置能找到对应的峰。例如氯元素的两种同位素的质量数为 35、37，则在质谱图中，仅在 $M/Z=112$ 和 114 位置上能找到一氯苯的峰，在 113 位置上是没有峰的。

b. 相对丰度：以质谱中最强峰为 100%（称基峰），其他碎片峰与之相比的百分数。

c. 总离子流（TIC）：即一次扫描得到的所有离子强度之和，若某一质谱图总离子流很低，说明电离不充分，不能作为一张标准质谱图。

d. 动态范围：即最强峰与最弱峰高之比，早期仪器窄，现代计算机接收宽。若太窄，会造成有多个强峰出头，都成为基峰，而该要的（常为分子峰）却记录不出来。这样的图也是不标准的，检索、解析起来都很困难。

e. 本底：未进样时，扫描得到的质谱图，空气成分，仪器泵油，FAB 底物，ESI 缓冲液，色谱联用柱流失及吸附在离子源中的其他样品。

因有总离子流、动态范围和本底，故要控制进样量及放大器放大倍数，还要扣除本底，以得到一张标准的质谱图。

质量色谱图（mass chromatogram）和质量色谱法（MC，mass chromatography）又叫提取离子色谱图（extract ion chromatography），是质谱法处理数据的一种方式。在 GC/MS 或 LC/MS 中，选定一定的质量扫描范围，按一定的时间间隔测定质谱数据并将其保存在计算机中。然后可以用各种办法调出质谱数据。如果要观察特定质量与时间的关系，可以指定这个质量，计算机将以指定离子的强度为纵坐标，以时间作为横坐标，表示质量与时间的关系。这种方法叫作质量色谱法。得到的图叫作质量色谱图或提取离子色谱图。

② 离子的种类。

a. 分子离子 $M^{+\cdot}$，也有用 $M^{+}\cdot$ 表示的。中性分子丢失一个电子时，就显示一个正电荷，故用 $M^{+\cdot}$ 表示。

在 EI 中，继续生成碎片离子，在 CI、FD、FAB 等电离方法中，往往生成质量大于分子量的离子，如 M+1、M+15、M+43、M+23、M+39、M+92 等称为准分子离子，解析中准分子离子与分子离子有同样重要的作用。

b. 碎片离子。电离后，有过剩内能的分子离子，会以多种方式裂解，生成碎片离子，其本身还会进一步裂解生成质量更小的碎片离子，此外，还会生成重排离子。碎片峰的数目及其丰度则与分子结构有关，数目多表示该分子较容易断裂，丰度高的碎片峰表示该离子较稳定，也表示分子比较容易断裂生成该离子。如果将质谱中的主要碎片识别出来，则能帮助判断该分子的结构。

c. 多电荷离子。指带有 2 个或更多电荷的离子，有机小分子质谱中，单电荷离子是绝大多数，只有那些不容易碎裂的基团或分子结构，如共轭体系结构，才会形成多电荷离子，它的存在说明样品是较稳定的，对于蛋白质等生物大分子，采用电喷雾的离子化技术，可产生带很多电荷的离子，最后经计算机自动换算成单质/荷比离子。

d. 同位素离子。各种元素的同位素，基本上按照其在自然界的丰度比出现在质谱中，这有利于采用质谱确定化合物及碎片的元素组成，前文 M/Z 提到过，如氯 35 和氯 37，后面还要讲，还可利用稳定同位素合成标记化合物，如氘等标记化合物，再用质谱法检出这些化合物，在质谱图外貌上无变化，只是质量数的位移，从而说明化合物结构和反应历程等。

e. 负离子。通常碱性化合物适合正离子，酸性化合物适合负离子，某些化合物负离子谱灵敏度很高，可提供很有用的信息。

③ 由质谱推断化合物结构。

质谱是一种语言，但需要翻译，与其他类型谱图比较，学习如何由质谱图识别一个简单分子要容易得多。质谱图直接给出分子及其碎片的质量，因此，化学家不需要学习任何新的知识。与解数学难题相似，例如，水的质谱图（见图 2-16），一看便知。但并不是随意拼凑质量数，是有规律可循的。

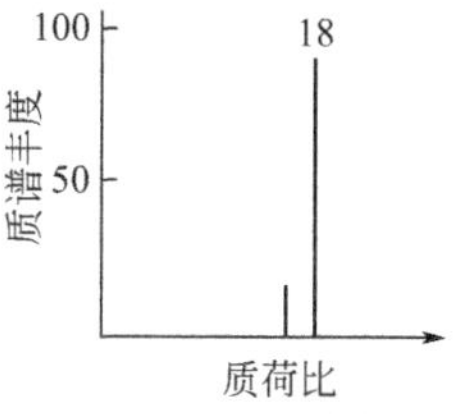

图 2-16 水的质谱图

a. 确定分子离子，即确定分子量。

氮规则：含偶数个氮原子的离子，其质量数是偶数；含奇数个氮原子的离子，其质量数是奇数。

与高质量碎片离子有合理的质量差，凡质量差在 3～14 和 21、25 之间均不可能，则说明是碎片或杂质。

b. 确定元素组成，即确定分子式或碎片化学式。

低分辨，利用元素的同位素丰度，元素按同位素丰度可分三大类，A、A+1、A+2。A+2 元素是容易识别的，参见元素的同位素丰度表。计算时注意以下几点。

ⓐ 用最高质量数，如果太弱则用强的不受其他峰干扰的碎片峰。

ⓑ 元素原子个数多于 1 的，由同位素丰度计算出各种元素的原子数，具体如图 2-17 所示。

ⓒ 若同时含 A+1 和 A+2 元素，则 A+2 元素的 A−1 峰会对 A+1 元素峰有贡献，应扣除。

ⓓ 一定质量范围内，元素组成是有限的，不是任意组合的。例如，碳氢之比，最高为

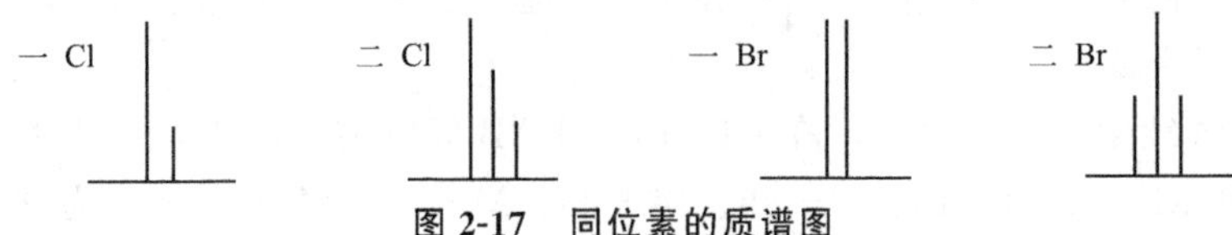

图 2-17　同位素的质谱图

n ∶ ($2n$＋2)，最低通常为 1 ∶ $2n$，除甲酸 CH_2O_2、草酸 $C_2H_2O_4$、极个别小分子，O 一般与 C 数相等。

如果有了高分辨数据，更方便，但也会有误差，通常允许误差在 10×10^{-6}，故前边的规则也是有用的。

c. 峰强度与结构的关系。

丰度大表示离子结构稳定，在元素周期表中自上而下，自右至左，杂原子外层未成键电子越易被电离，容纳正电荷能力越强，S＞N＞O，n＞π＞σ，含支链的地方易断，这同有机化学基本一致，总是在分子最薄弱的地方断裂。

d. 各类有机物的裂解方式（略）。

不同类型有机物有不同的裂解方式，相同类型有机物有相同的裂解方式，只是质量数的差异，经验记忆很有帮助。这里的裂解规律，均是 EI 谱经验总结，质谱解析的一般步骤，也由 EI 谱归纳而来，并非绝对。

④ 质谱解析的一般步骤（适于低分辨小分子谱图，若已经高分辨得到元素组成更好）。

a. 核对获得的谱图，扣除本底等因素引起的失真，考虑操作条件是否适当，是哪种离子化法的谱图，是否有基质的峰存在，是否有二聚体峰等。样品编号避免 1、2、3 等过于简单，最好用英文字母和阿拉伯数字组合，以防混淆出错。

b. 综合样品其他知识，例如，熔点、沸点、溶解性等理化性质，样品来源，光谱，波谱数据等。多数情况下可给出明确的指导方向。所以送样时要将已知数据写清。

c. 尽可能判断出分子离子。

d. 假设和排列可能的结构归属。

高质量离子所显示的，在裂解中失去的中性碎片，如 M－1、M－15、M－18、M－20、M－31 等，意味着失去 H、CH_3、H_2O、HF、CH_3 等。

e. 假设一个分子结构，与已知参考谱图对照，或取类似的化合物，并做出它的质谱图进行对比。目前计算机自动检索还不完善，尤其是 ESI 等谱图，因操作条件很难完全一致，不是绝对准确，还要看是否符合化合物生源等其他特征，而且许多天然产物，合成的新化合物谱库中没有。

(3) 有机质谱的特点与应用

① 优点。

a. 定分子量准确，其他技术无法比。

b. 灵敏度高，常规 $10^{-8}\sim10^{-7}$g，单离子检测可达 10^{-12}g。

c. 快速，几分甚至几秒。

d. 便于混合物分析，GC/MS、LC/MS、MS/MS 对于难分离的混合物特别有效，如药物代谢产物，中草药中微量有效成分的鉴定等，其他技术无法胜任。

e. 多功能，广泛适用于各类化合物。X 射线要求样品有好的结晶，核磁共振（NMR）要溶解于溶剂。

② 局限性。

a. 异构体，立体化学方面区分能力差。

b. 重复性稍差，要严格控制操作条件。所以不能像低场 NMR、IR 等自己测试，需专人操作。

c. 有离子源产生的记忆效应，污染等问题。

d. 价格昂贵，操作复杂。所以与其他分析方法配合，能发挥更大作用，可以先做一下质谱，提供指导信息，如结构类型、纯度等。

③ 应用。

a. 有机化工。

ⓐ 合成中原料及产品杂质分析——LC/MS。

ⓑ 中间步骤监测。

ⓒ 反应机理的研究。

b. 石油。

c. 环保，样品还需进行前处理，并非全都能直接进入质谱仪。

ⓐ 农药残毒检测。

ⓑ 大气污染。

ⓒ 水分析。

ⓓ 特定成分定量测定，单离子和多离子检测，灵敏度可达 10^{-12}g，借助于内标或标定曲线，可定量，在痕量分析中非常有用。

d. 食品、香料。

ⓐ 酒：判断真酒假酒，有无害处，GC/MS 是唯一客观准确的方法。

ⓑ 化妆品中除基料外，香料起关键性作用，可通过 MS 找出天然产物中有效成分后合成。

e. 生化、医药。

ⓐ 蛋白质，多肽研究，前沿生命科学，FAB，ESI 等，可测几十万分子量的生物大分子，定氨基酸序列，十几个肽，比氨基酸分析仪快且准。

ⓑ 天然产物，这也是最重要的内容之一，例如，生物合成研究室拿到一个样品，据 NMR 推出的结构与 MS 图不符，元素分析也对不上，从 MS 上看到有 S 元素，而元素分析未检测到 S，故不对，NMR 可能存在其他干扰，所以 H 数也不对，碳谱少一个 C。后来根据 MS 图谱结果，重新换了 NMR 的溶剂，才使 C 数吻合，用计算机检索标准 MS 谱库，得到正确的结构式。还有一个例子，植物化学研究室提取出一种新化合物，质谱上有很强的 72 信号峰，表示含有氮甲基，而从核磁上看不到，只根据 NMR 得出了错误的结构，后来因为质谱显示出的有力的证据，将此化合物重新进行碱化处理，再做 NMR，才与质谱吻合，定出了正确的结构。

f. 法医、毒化。

体液，代谢物等，兴奋剂检测，质谱图是必要的证据之一。

色谱是快速灵敏分离有机物的有效手段，各种检测器中，除了应用最广泛的 FID（GC）和 UV（LC）外，质谱（MS）尽管价格较昂贵，但是其选择性、灵敏度、分子量及结构信息等优势，已被公认为高级的通用型检测器，将它与各种分离手段联用，将定性、定量结果有机地结合在一起，一直是人们研究的目标。

GC/MS 在我国已有 30 多年的应用历史，随着台式小型仪器迅速增长，在色谱研究中已经成为重要的手段，气相色谱质谱技术成熟运用至今，人们越来越不满足仅仅分析那些具有挥发性和低分子量的化合物，面对日益增加的大分子量（特别是蛋白、多肽等）和不挥发化合物的分析任务，迫切需要用液相色谱/质谱联用解决实际问题。与气相色谱相比，液相色谱的分离能力有着不可比拟的优势，液相色谱/质谱联用技术为人们认识和改造自然提供了强有力的工具。高效液相色谱法（HPLC）可以直接分离难挥发、大分子、强极性及热稳定性差的化合物，LC/MS联机曾长期为分析界所期待，由于LC流动相与MS传统电离源的高真空难以相容，还要在温和的条件下使样品带上电荷而样品本身不分解，大量的样品不得不采取脱机方式，MS鉴定或制成衍生物，用GC/MS分析。经过努力相继出现了多种液相色谱/质谱联用接口，实现了液相色谱/质谱的联用。特别是大气压电离质谱（APIMS）的实现为LC/MS的兼容创造了机会，商品化的小型LC/MS作为成熟的常规分析仪器在20世纪90年代已经在生物医药实验室发挥着重要的作用。

2.3 薄层色谱

薄层色谱（TLC）是一种非常有用的跟踪反应的手段，还可以用于柱色谱分离中合适溶剂的选择。薄层色谱常用的固定相有氧化铝或硅胶，它们是极性很大（标准）或者是非极性的（反相）。流动相则是一种极性待选的溶剂。在大多数实验室实验中，使用标准薄层色谱硅胶板（将薄层色谱用硅胶调配适当黏结剂涂铺于玻璃基板上而成，简称“薄板”）。将溶液中的反应混合物点在薄板上，然后利用毛细作用使溶剂（或混合溶剂）沿板向上移动进行展开。根据混合物中组分的极性，不同化合物将会在薄板上移动不同的距离。极性强的化合物会“粘”在极性的硅胶上，在薄板上移动的距离比较短。而非极性的物质将会在流动的溶剂相中保留较长的时间从而在板上移动较大的距离。化合物移动的距离大小用 R_f 值来表达。这是一个位于0～1之间的数值，它用是化合物距离基线（最先点样时已经确定）的距离除以溶剂前锋距离基线的距离而得到的。

2.3.1 薄层色谱（TLC）实验步骤

① 切割薄板。

通常，买来的商品薄板都是方形的，必须用钻石头玻璃刀按照模板的形状进行切割。在切割玻璃之前，用尺子和铅笔在薄板的硅胶面上轻轻地标出基线的位置（注意不要损坏硅胶面）。借助锋利的玻璃切割刀和一把引导尺，你便可方便地进行玻璃切割。当整块玻璃被切割后，就可以进一步将其分成若干独立的小块。（开始的时候，也许会感到有一些难度，但经过一些训练以后，便可熟练地掌握该项技术。）

② 选取合适的溶剂体系。

化合物在薄板上移动距离的多少取决于所选取的溶剂不同。在戊烷和己烷等非极性溶剂中，大多数极性物质不会移动，但是非极性化合物会在薄板上移动一定距离。相反，极性溶剂通常会将非极性的化合物推到溶剂的前段而将极性化合物推离基线。一个好的溶剂体系应该使混合物中所有的化合物都离开基线，但并不使所有化合物都到达溶剂前端，R_f 值最好在0.15～0.85之间。虽然这个条件不一定都能满足，但这应该作为薄层色谱分析的目标

（在柱色谱中，合适的溶剂应该满足 R_f 在 0.2～0.3 之间）。那么，应该选取哪些溶剂呢？一些标准溶剂和它们的相对极性（从 LLP 中摘录）如下。

a. 强极性溶剂：甲醇＞乙醇＞异丙醇。

b. 中等极性溶剂：乙氰＞乙酸乙酯＞氯仿＞二氯甲烷＞乙醚＞甲苯。

c. 非极性溶剂：环己烷，石油醚，己烷，戊烷。

常用混合溶剂情况如下。

a. 乙酸乙酯/己烷：常用浓度 0%～30%。但有时较难在旋转蒸发仪上完全除去溶剂。

b. 乙醚/戊烷体系：浓度为 0%～40%比较常用。在旋转蒸发器上非常容易除去。

c. 乙醇/己烷或戊烷：对强极性化合物，浓度为 5%～30%比较合适。

d. 二氯甲烷/己烷或戊烷：浓度为 5%～30%，当其他混合溶剂失败时可以考虑使用。

③ 将 1～2mL 选定的溶剂体系倒入展开池中，在展开池中放置一大块滤纸。

④ 将化合物在标记过的基线处进行点样。

我们用的点样器是买来的，此外，点样器也可从加热过的 Pasteur 吸管上拔下（可以参照 UROP）。在跟踪反应进行时，一定要点上起始反应物、反应混合物以及两者的混合物。

⑤ 展开。让溶剂向上展开约 90%的薄板长度。

⑥ 从展开池中取出薄板并且马上用铅笔标注出溶剂到达的前沿位置。根据这个计算 R_f 的数值。

⑦ 让薄板上的溶剂挥发掉。

⑧ 用非破坏性技术观察薄板。

最好的非破坏性方法就是用紫外灯进行观察。将薄板放在紫外灯下，用铅笔标出所有有紫外活性的点。也可以采用另一常用的无损方法——用碘染色法。

⑨ 用破坏性方式观测薄板。

当化合物没有紫外活性的时候，只能采用这种方法并使用染色剂。使用染色剂时，将干燥的薄板用镊子夹起并放入染色剂中，确保从基线到溶剂前沿都被浸没。用纸巾擦干薄板的背面。将薄板放在加热板上观察斑点的变化。在斑点变得可见而且背景颜色未能遮盖住斑点之前，将薄板从加热板上取下。

⑩ 根据初始薄层色谱结果修改溶剂体系的选择。

如果想让 R_f 变得更大一些，可使溶剂体系极性更强些；如果想让 R_f 变小，就应该使溶剂体系的极性减小些。如果在薄板上点样变成了条纹状而不是一个圆圈状，那么说明样品浓度可能太高了。稀释样品后再进行一次薄板色谱分离，如果还是不能奏效，就应该考虑换一种溶剂体系。

⑪ 做好 TLC 标记，计算每个斑点的 R_f 值，并且在笔记本中画出图样。

2.3.2 TLC 显色试剂的选择

显色试剂可以分成两大类，一类是检查一般有机化合物的通用显色剂；另一类是根据化合物分类或特殊官能团设计的专属性显色剂。显色剂种类繁多，列举一些常用的显色剂。

（1）通用显色剂

① 硫酸常用的有四种溶液，硫酸-水（1∶1）溶液；硫酸-甲醇或乙醇（1∶1）溶液；1.5mol/L 硫酸溶液与 0.5～1.5mol/L 硫酸铵溶液，喷后 110℃烤 15min，不同有机化合物

显示不同颜色。

② 0.5%碘的氯仿溶液。对很多化合物显黄棕色。

③ 中性 0.05%高锰酸钾溶液。易还原性化合物在淡红背景上显黄色。

④ 碱性高锰酸钾试剂。还原性化合物在淡红色背景上显黄色。溶液Ⅰ为1%高锰酸钾溶液；溶液Ⅱ为5%碳酸钠溶液；溶液Ⅰ和溶液Ⅱ等量混合应用。

⑤ 酸性高锰酸钾试剂。喷 1.6%高锰酸钾浓硫酸溶液（溶解时注意防止爆炸），喷后薄层于 180℃加热 15～20min。

⑥ 酸性重铬酸钾试剂。喷 5%重铬酸钾浓硫酸溶液，必要时 150℃烤薄层。

⑦ 5%磷钼酸乙醇溶液。喷后 120℃烘烤，还原性化合物显蓝色，再用氨气熏，则背景变为无色。

⑧ 铁氰化钾-三氯化铁试剂。还原性物质显蓝色，再喷 2mol/L 盐酸溶液，则蓝色加深。溶液Ⅰ为1%铁氰化钾溶液；溶液Ⅱ为2%三氯化铁溶液；临用前将溶液Ⅰ和溶液Ⅱ等量混合。

（2）专属性显色剂

由于化合物种类繁多，因此专属性显色剂也是很多的，现将在各类化合物中最常用的显色剂列举如下。

① 烃类。

a. 硝酸银/过氧化氢。检出物：卤代烃类。溶液：0.1g 硝酸银溶于 1mL 水，加 2-苯氧基乙醇 100mL，用丙酮稀释至 200mL，再加 30%过氧化氢 1 滴。方法：喷后置未过滤的紫外光下照射；结果：斑点呈暗黑色。

b. 荧光素/溴。检出物：不饱和烃。溶液：溶液Ⅰ为 0.1g 荧光素溶于 100mL 乙醇；溶液Ⅱ为5%溴的四氯化碳溶液。方法：先喷溶液Ⅰ，然后置于含溴蒸气容器内，荧光素转变为四溴荧光素（曙红），荧光消失，不饱和烃斑点由于溴的加成，阻止生成曙红而保留荧光，多数不饱和烃在粉红色背景上呈黄色。

c. 四氯邻苯二甲酸酐。检出物：芳香烃。溶液：2%四氯邻苯二甲酸酐的丙酮与氯代苯（10∶1）的溶液。方法：喷后置紫外光下观察。

d. 甲醛/硫酸。检出物：多环芳烃。溶液：37%甲醛溶液 0.2mL 溶于 10mL 浓硫酸。

② 醇类。

a. 3,5-二硝基苯酰氯。检出物：醇类。溶液：溶液Ⅰ为 2%本品甲苯溶液；溶液Ⅱ为0.5%氢氧化钠溶液；溶液Ⅲ为 0.002%罗丹明溶液。方法：先喷溶液Ⅰ，在空气中干燥过夜，用蒸气熏 2min，将纸或薄层通过溶液Ⅱ30s，喷水洗，趁湿通过溶液Ⅲ15s，空气干燥，紫外灯下观察。

b. 硝酸铈铵。检出物：醇类。溶液：溶液Ⅰ为1%硝酸铈铵的 0.2mol/L 硝酸溶液；溶液Ⅱ为 *N*,*N*-二甲基对苯二胺盐酸盐 1.5g 溶于甲醇、水与乙酸（128mL＋25mL＋1.5mL）混合液中，用前将溶液Ⅰ与溶液Ⅱ等量混合。方法：喷板后于 105℃加热 5min。

c. 香草醛/硫酸。检出物：高级醇、酚、甾类及精油。溶液：1g 香草醛溶于 100mL 硫酸。方法：喷后于 120℃加热至呈色最深。

d. 1,1-二苯基-2-苦基肼。检出物：醇类、萜烯、羰基、酯与醚类。溶液：本品 15mg 溶于 25mL 氯仿中。方法：喷后于 110℃加热 5～10min。结果：紫色背景呈黄色斑点。

③ 醛酮类。

a. 品红/亚硫酸。检出物：醛基化合物。溶液：溶液Ⅰ为0.01%品红溶液，通入二氧化硫直至无色；溶液Ⅱ为0.05mol/L氯化汞溶液；溶液Ⅲ为0.05mol/L硫酸溶液。方法：将溶液Ⅰ、溶液Ⅱ、溶液Ⅲ以1∶1∶10混合，用水稀释至100mL。

b. 邻联茴香胺。检出物：醛类、酮类。溶液：本品乙酸饱和溶液。

c. 2,4-二硝基苯肼。检出物：醛基、酮基及酮糖。溶液：溶液Ⅰ为0.4%本品的2mol/L盐酸溶液；溶液Ⅱ为本品0.1g溶于100mL乙醇中，加1mL浓盐酸。方法：喷溶液Ⅰ或溶液Ⅱ后，立即喷铁氰化钾的2mol/L盐酸溶液。结果：饱和酮立即呈蓝色；饱和醛反应慢，呈橄榄绿色；不饱和羰基化合物不显色。

d. 绕丹宁。检出物：类胡萝卜素醛类。溶液：溶液Ⅰ为1%～5%绕丹宁乙醇溶液；溶液Ⅱ为25%氢氧化铵或27%氢氧化钠溶液。方法：先喷溶液Ⅰ，再喷溶液Ⅱ，干燥。

④ 有机酸类。

a. 溴甲酚绿。检出物：有机酸类。溶液：0.1g溴甲酚绿溶于500mL乙醇和5mL 0.1mol/L氢氧化钠溶液。方法：浸板。结果：蓝色背景产生黄色斑点。

b. 高锰酸钾/硫酸。检出物：脂肪酸衍生物。溶液：见通用显色剂酸性高锰酸钾。

c. 过氧化氢。检出物：芳香酸。溶液：0.3%过氧化氢溶液。方法：喷后置于紫外光（365nm）下观察。结果：呈强蓝色荧光。

d. 2,6-二氯苯酚-靛酚钠。检出物：有机酸与酮酸。溶液：0.1%本品的乙醇溶液。方法：喷后微温。结果：蓝色背景呈红色。

⑤ 酚类。

a. Emerson试剂［4-氨基安替比林/铁氰化钾（Ⅲ）］。检出物：酚类、芳香胺类及挥发油。溶液：溶液Ⅰ为1g 4-氨基安替比林溶于100mL乙醇；溶液Ⅱ为4g铁氰化钾（Ⅲ）溶于50mL水。用乙醇稀释至100mL。方法：先喷溶液Ⅰ，在热空气中干燥5min，再喷溶液Ⅱ，再于热空气中干燥5min，然后将板置于含有氨蒸气（25%氨溶液）的密闭容器中。结果：斑点呈橙-淡红色。挥发油在亮黄色背景下呈红色斑点。

b. Boute反应。检出物：酚类、氯、溴、烷基代酚。方法：将薄层板置于有NO_2蒸气（含浓硝酸）的容器中3～10min，再用NH_3蒸气（浓氨液）处理。

c. 氯醌（四氯代对苯醌）。检出物：酚类。溶液：1%本品的甲苯溶液。

d. DDQ（二氯二氰基苯醌）试剂。检出物：酚类。溶液：2%本品的甲苯溶液。

e. TCNE（四氰基乙烯）试剂。检出物：酚类、芳香碳氢化物、杂环类、芳香胺类。溶液：0.5%～1%本品的甲苯溶液。

f. Gibbs（2,6-二溴苯醌氯亚胺）试剂。检出物：酚类。溶液：2%本品的甲醇溶液。

g. 氯化铁。检出物：酚类、羟酰胺酸。溶液：1%～5%氯化铁的0.5mol/L盐酸溶液。结果：酚类呈蓝色、羟酰胺酸呈红色。

⑥ 含氮化合物。

a. FCNP（硝普钠/铁氰化物）试剂。检出物：脂肪族含氮化物，如氨基氰、胍、脲与硫脲及其衍生物、肌酸及肌酐。溶液：10%氢氧化钠溶液、10%硝普钠溶液、10%铁氰化钾溶液与水按1∶1∶1∶3混合，在室温至少放置20min，冰箱保存数周，用前将混合液与丙酮等体积混合。

b. Dragendorff（碘化铋钾试剂）试剂。检出物：芳香族含氮化合物，如生物碱类、抗心律不齐药物。溶液：溶液Ⅰ为0.85g碱式硝酸铋溶于10mL冰醋酸及40mL水中；溶液Ⅱ

为 8g 碘化钾溶于 20mL 水中。方法：将上述溶液Ⅰ及溶液Ⅱ等量混合，置于棕色瓶中作为储备液，用前取储备液 1mL、冰醋酸 2mL 与水 10mL 混合。结果：呈橘红色斑点。

c. 4-甲基伞形酮。检出物：含氮杂环化合物。溶液：本品 0.02g 溶于 35mL 乙醇，加水至 100mL。方法：喷板后置 25%氨水蒸气的容器中，取出后于紫外灯（365nm）下观察。

d. 碘铂酸钾。检出物：生物碱类及有机含氮化物。溶液：10%六氯铂酸溶液 3mL 与 97mL 水混合，加 6%碘化钾溶液，混匀。临用前配制。

e. 硫酸高铈铵/硫酸。检出物：生物碱及含碘有机化物。溶液：1g 硫酸铈混悬于 4mL 水中，加 1g 三氯乙酸，煮沸，逐滴加入浓硫酸直至混浊消失。方法：喷后薄层于 110℃加热数分钟。结果：阿扑吗啡、士的宁、秋水仙碱、罂粟碱、毒扁豆碱与有机碘化物均能检出。

f. Ehrlich（对二甲氨基苯甲醛/盐酸）试剂。检出物：吲哚衍生物及胺类。溶液：1%本品的浓盐酸溶液与甲醇 1∶1 混合。方法：喷后板于 50℃加热 20min。结果：呈不同颜色的斑点。

⑦ 胺类。

a. 硝酸/乙醇。检出物：脂肪族胺类。溶液：50 滴 65%硝酸于 100mL 乙醇中。方法：需要时 120℃加热。

b. 2,6-二氯苯醌氯亚胺。检出物：抗氧剂，酰胺（辣椒素），伯、仲脂肪胺，仲、叔芳香胺，芳香碳氢化物，药物，苯氧基乙酸除草剂等。溶液：新鲜制备的 0.5%～2%本品乙醇溶液。方法：喷后薄层于 110℃加热 10min，再用氨蒸气处理。

c. 茜素。检出物：胺类。溶液：0.1%本品的乙醇溶液。

d. 丁二酮单肟/氯化镍。检出物：胺类。溶液：溶液Ⅰ为 1.2g 丁二酮单肟溶于 35mL 热水中，加氯化镍 0.95g，冷却后加浓氨水 2mL；溶液Ⅱ为 0.12g 盐酸羟胺溶于 200mL 水中。方法：将溶液Ⅰ及溶液Ⅱ混合，放置 1d，过滤。

e. Pauly（对氨基苯磺酸）试剂。检出物：酚类、胺类和能偶合的杂环化合物。溶液：4.5g 磺酸溶于温热的 45mL 12mol/L 盐酸中，用水稀释至 500mL，取 10mL 于冰中冷却，加 4.5%亚硝酸钠冷溶液 10mL，于 0℃放置 15min。用前加等体积 10%碳酸钠溶液。

f. 硫氰酸钴（Ⅱ）。检出物：生物碱，伯、仲、叔胺类。溶液：3g 硫氰酸铵与 1g 氯化钴溶于 20mL 水。结果：白色至粉红色背景上呈蓝色斑点，2h 后颜色消退。若将薄层喷水或放入饱和水蒸气容器内，可重现色点。

g. 1,2-萘醌-4-磺酸钠。检出物：芳香胺类。溶液：本品 0.5g 溶于 95mL 水，加乙酸 5mL，滤去不溶物即得。方法：喷后反应 30min 显色。

h. 葡萄糖/磷酸。检出物：芳香胺类。溶液：2g 葡萄糖溶于 10mL 85%磷酸与 40mL 水混合液中，再加乙醇与正丁醇各 30mL。方法：喷后于 115℃加热 10min。

⑧ 硝基及亚硝基化合物。

a. α-萘胺。检出物：3,5-二硝基苯甲酸酯、二硝基苯甲酰胺。溶液：溶液Ⅰ为 0.5% α-萘胺乙醇溶液；溶液Ⅱ为 10%氢氧化钾甲醇溶液。方法：先喷溶液Ⅰ，再喷溶液Ⅱ。结果：呈红褐色斑点。

b. 二苯胺/氯化钯。检出物：亚硝胺类。溶液：1.5%二苯胺乙醇溶液与 0.1g 氯化钯的 0.2%氯化钠溶液 100mL，按 5∶1 混合。方法：喷后置紫外光（254nm）下观察。结果：显紫色斑点。

⑨ 氨基酸及肽类。

a. 茚三酮。检出物：氨基酸、胺与氨基糖类。溶液：本品 0.2g 溶于 100mL 乙醇中。方法：喷后于 110℃加热。结果：呈红紫色斑点。

b. 茚三酮/乙酸镉。检出物：氨基酸及杂环胺类。溶液：1g 茚三酮及 2.5g 乙酸镉溶于 10mL 冰醋酸中，用乙醇稀释至 500mL。方法：喷后于 120℃加热 20min。

c. 1,2-萘醌-4-磺酸钠。检出物：氨基酸。溶液：临用前将本品 0.02g 溶于 5%碳酸钠 100mL 中。方法：喷后室温干燥。结果：不同氨基酸呈不同色点。

d. 靛红/乙酸锌。检出物：氨基酸与某些肽类。溶液：1g 靛红与 1g 乙酸锌溶于 100mL 95%异丙醇中，加热至 80℃，冷却后加乙酸 1mL，冰箱保存。方法：喷后于 80～85℃加热 30min。

e. 茚三酮/冰醋酸。检出物：二肽及三肽。溶液：1%茚三酮吡啶溶液与冰醋酸按 5∶1 混合。方法：喷后于 100℃加热 5min。

f. 香草醛。检出物：氨基酸及胺类。溶液：溶液Ⅰ为本品 1g 溶于 50mL 丙醇中；溶液Ⅱ为 1mol/L 氢氧化钾溶液 1mL，用乙醇稀释至 100mL。方法：先喷溶液Ⅰ后于 110℃干燥 10min，再喷溶液Ⅱ，于 110℃再干燥 10min，于紫外光（365nm）下观察。

⑩ 甾类。

a. 香草醛/硫酸。检出物：甾体激素。溶液：1%香草醛浓硫酸溶液。方法：喷后于 105℃加热 5min。

b. 氯化锰。检出物：雌激素类。溶液：0.2g 氯化锰溶于含硫酸 2mL 的 60mL 甲醇中。方法：喷后置紫外光（365nm）下观察。

c. 高氯酸。检出物：甾体激素。溶液：5%高氯酸甲醇溶液。方法：喷后于 110℃加热 5min，置紫外光（365nm）下观察。

d. 三氯化锑/乙酸。检出物：甾类与二萜类。溶液：20g 三氯化锑溶于 20mL 乙酸与 60mL 氯仿混合液中。方法：喷后于 100℃加热 5min，紫外光长波下观察。结果：二萜类斑点呈红黄-蓝紫色。

e. 对甲苯磺酸。检出物：甾族化合物、黄酮类与儿茶酸类。溶液：20%本品的氯仿溶液。方法：喷后于 100℃加热数分钟，紫外光长波下观察。结果：斑点呈荧光。

f. 氯磺酸/乙酸。检出物：三萜、甾醇与甾族化合物。溶液：5mL 氯磺酸在冷却下加 10mL 乙酸溶解。方法：喷后于 130℃加热 5～10min，置紫外光长波下观察。结果：斑点显荧光。

⑪ 糖类。

a. 茴香胺、邻苯二酸试剂。检出物：烃类化合物。溶液：1.23g 茴香胺及 1.66g 邻苯二酸于 100mL 95%乙醇中的溶液。方法：喷雾或浸渍。结果：己糖呈绿色、甲基戊糖呈黄绿色、戊糖呈紫色、糖醛酸呈棕色。

b. 四乙酸铅/2,7-二氯荧光素。检出物：苷类、酚类、糖酸类。溶液：溶液Ⅰ为 2%四乙酸铅的冰醋酸溶液；溶液Ⅱ为 1% 2,7-二氯荧光素乙醇溶液。方法：取溶液Ⅰ、溶液Ⅱ各 5mL 混匀，用干燥的苯或甲苯稀释至 200mL，试剂溶液只能稳定 2h。方法：浸板。

c. 邻氨基联苯/磷酸。检出物：糖类。溶液：0.3g 邻氨基联苯加 5mL 85%磷酸与 95mL 乙醇。方法：喷板后 110℃加热 15～20min。结果：斑点呈褐色。

d. 苯胺/二苯胺/磷酸。检出物：还原糖。溶液：4g 二苯胺、4mL 苯胺与 20mL 85%磷酸共溶于 200mL 丙酮中。方法：喷后于 85℃加热 10min。结果：产生各种颜色。1,4-己醛糖、低聚糖呈蓝色。

e. 双甲酮/磷酸。检出物：酮糖。溶液：10.3g 双甲酮（5,5-二甲基环己烷-1,3-二酮）溶于 90mL 乙醇与 10mL 85%磷酸中。方法：喷板后于 110℃加热 15～20min。结果：日光下观察，白色背景上呈黄色斑点，紫外光长波下呈蓝色荧光。

f. 联苯胺/三氯乙酸。检出物：糖类。溶液：0.5g 联苯胺溶于 10mL 乙酸，再加 10mL 40%三氯乙酸水溶液，用乙醇稀释至 100mL。方法：喷后置紫外光下照射 15min。结果：斑点呈灰棕-红褐色。

g. 对二甲氨基苯甲醛/乙酰丙酮。检出物：氨基糖类。溶液：溶液Ⅰ为 5mL 50%氢氧化钾溶液与 20mL 乙醇混匀，取此溶液 0.5mL，加乙酰丙酮 0.5mL 与 50mL 正丁醇的混合液 10mL，此两种溶液均需新鲜配制，临用前混合；溶液Ⅱ为 1g 对二甲氨基苯甲醛溶于 30mL 乙醇中，再加 30mL 浓盐酸，需要时此溶液可用正丁醇 180mL 稀释。方法：先喷溶液Ⅰ后于 105℃加热 5min，再喷溶液Ⅱ，然后于 90℃干燥 5min。结果：斑点呈红色。

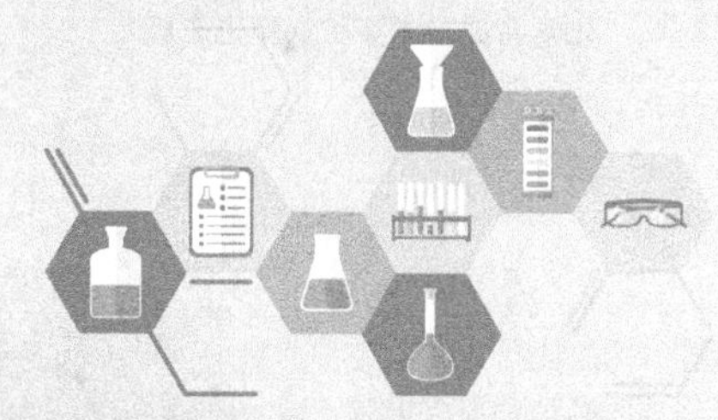

第3章 材料化学合成技术

3.1 材料化学合成方法概述

材料的合成方法是材料科学发展的基础，也是调控材料性能的关键。目前材料合成方法众多，按物料状态可分为液相法、固相法和气相法三类。

3.2 材料化学合成技术与装置

3.2.1 液相法

液相法是以均相溶液为反应介质，通过控制反应条件使溶质与溶剂分离，形成一定形貌和尺寸的颗粒，可以在分子尺度上实现产物的均匀度，是应用最为广泛的材料合成技术。液相法具有反应温度低、容易操作、设备简单、成本低等优点。该法主要包括沉淀法、水热/溶剂热法、溶胶-凝胶法、溶剂蒸发热解法、微乳液法等。

沉淀法通常是在均相溶液状态下，将反应物混合均匀，通过控制反应条件使沉淀析出，从而获得功能材料的方法。沉淀法主要包括直接沉淀法、均匀沉淀法和共沉淀法。其中，直接沉淀法是在可溶性盐溶液中直接加入沉淀剂，使目标材料形成沉淀并从溶液中析出；均匀沉淀法通过控制沉淀的生成速率，使沉淀均匀析出，从而减少晶粒凝聚，该方法可制备高纯度的功能材料；共沉淀法是把沉淀剂加入金属盐混合溶液中，促使各组分同时均匀沉淀，从而形成复合材料。

水热/溶剂热法是指在高压反应釜中，采用水或者有机溶剂作为反应介质，通过对密闭反应体系加热，创造一个相对高温高压的反应环境，使通常难溶或不溶的物质溶解并发生反应，从而实现无机材料的制备。该法操作简单，成本低，所得材料纯度高，分散性好，结晶度高，并且尺寸形貌可控，尤其广泛应用于微纳材料的制备领域。液相法合成装置如图 3-1 所示。

溶胶-凝胶法是指金属醇盐或无机盐溶液发生水解反应，生成纳米粒子并形成溶胶，溶

(a) 水热反应釜

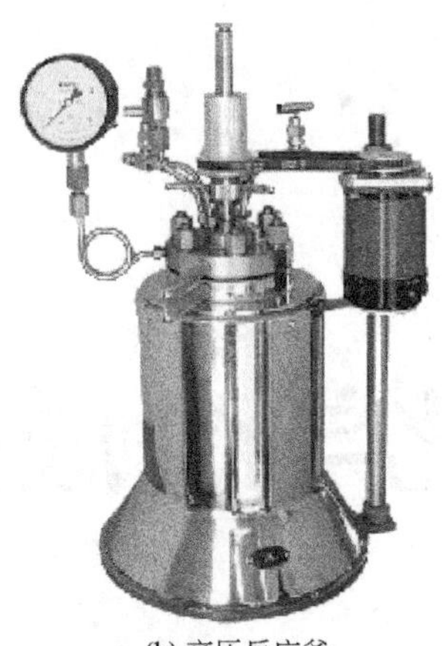

(b) 高压反应釜

图 3-1　液相法合成装置

胶经蒸发干燥转变为凝胶，再将凝胶干燥、焙烧，最后得到目标产物。溶胶-凝胶法允许掺杂大量的无机物和有机物，可在低温条件下制备高纯度、高均匀度、高活性的纯净物或混合物，尤其适用于非晶态材料的制备。

溶剂蒸发热解法以可溶性盐或在酸的作用下能完全溶解的化合物为原料，在水或有机溶剂中混合形成均匀的溶液，通过加热蒸发、喷雾干燥、火焰干燥或冷冻干燥使溶剂蒸发，然后通过热分解得到功能材料。

微乳液法是新兴的功能材料合成技术。微乳液是由表面活性剂、助表面活性剂、油和水组成的，各相同性的热力学稳定体系，可分为 O/W 型微乳液和 W/O 型微乳液。微乳液的基本组成单元是大小均匀、彼此分离的液滴，这些液滴可以看作是一个“微型反应器”，其大小可以控制在几十到几百纳米之间，是制备微纳材料的理想反应介质。微乳液法具有设备简单、无须加热、易操作、粒子可控等优点，缺点是运用了大量的有机溶剂，易造成环境污染，成本较高。

3.2.2　固相法

固相法是通过从固相到固相的变化来制备功能材料，避免了溶剂的使用，操作简单，产量高。包括固相分解法、固相反应法、高能球磨法等。固相法合成装置如图 3-2 所示。

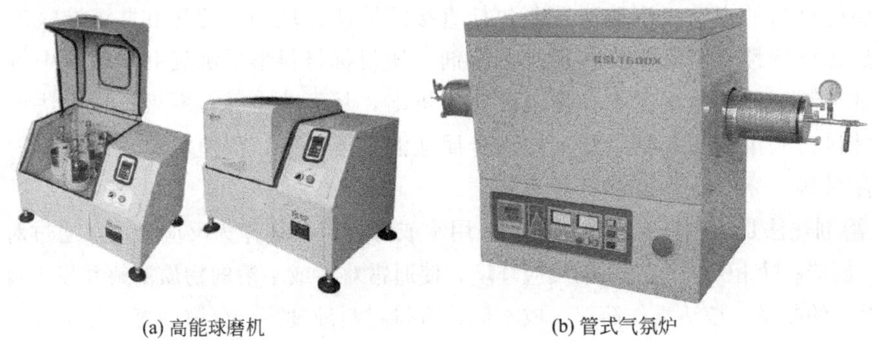

(a) 高能球磨机　　(b) 管式气氛炉

图 3-2　固相法合成装置

固相分解法是基于碳酸盐、草酸盐、硝酸盐、有机酸盐、金属氢氧化物、金属络合物等物质的热分解反应制备无机功能材料。该方法制备工艺比较简单，但热分解反应不易控制，生成的粉体容易团聚，产物尺寸不可控，并且分解过程中易产生有毒气体，造成环境污染，成本较高。

固相反应法是把金属盐或金属氧化物按比例充分混合研磨后，通过原料间的固相反应制备功能材料的方法。该法具有产量大、制备工艺简单、不需要溶剂、污染小等优点，但易引入杂质，能耗较高。

高能球磨法是近年来在机械粉碎法基础上发展起来的一种自上而下的材料合成技术。高能球磨法是利用球磨机的转动或振动，使硬球对原料进行强烈的撞击、研磨和搅拌，把原料粉碎为微纳颗粒的方法。高能球磨法工艺简单，效率高，可制备高熔点纳米金属或合金材料。其缺点是能耗大、产物尺寸大、粒径分布不均匀、杂质含量多。

3.2.3　气相法

气相法是指反应物在气态状态下发生物理或者化学变化，最后在冷却过程中凝聚长大形成功能材料的方法。该法可以制造出高纯度、形貌均一、粒径分布窄而细的微纳材料。尤其适用于制备其他方法难以制备的金属碳化物、硼化物等非氧化物材料。气相法主要包括气体蒸发法、化学气相沉积法（CVD）、溅射法等。

气体蒸发法是指在气体环境中使金属、合金或陶瓷蒸发气化，然后与惰性气体冲突，冷却、凝结（或与活泼性气体反应后再冷却凝结）而形成功能材料。气相蒸发法制备的材料具有表面清洁、粒度整齐、粒径分布窄等优点。

化学气相沉积法（CVD）是利用气态的先驱反应物，通过原子、分子间化学反应，使得气态前驱体分解生成所需要的化合物，在保护气体环境下快速冷凝，从而制备各类功能材料。用气相沉积法制备纳米微粒具有很多优点，如颗粒均匀、纯度高、粒度小、分散性好、化学反应活性高等。

溅射法的原理是在惰性气氛或活性气氛下在阳极或阴极蒸发材料间加上几百伏的直流电压，使之产生辉光放电，放电中的离子撞击蒸发材料靶，靶材的原子就会由表面蒸发出来，蒸发原子被惰性气体冷却而凝结或与活性气体反应而形成功能材料。用溅射法可制备多种纳米金属，包括高熔点和低熔点金属；也可制备多组元的化合物。气相法合成装置如图 3-3 所示。

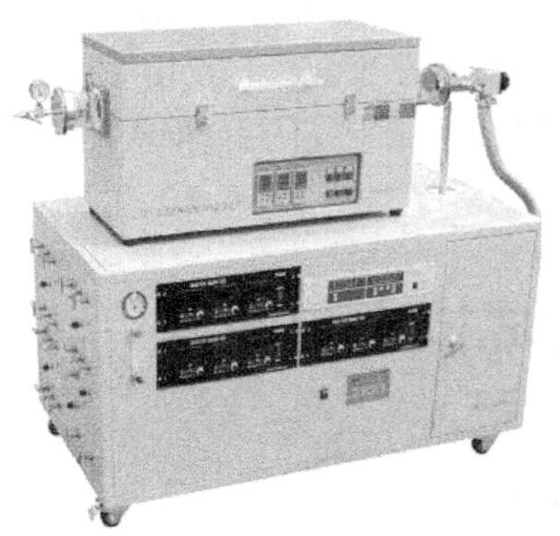

图 3-3　气相法合成装置

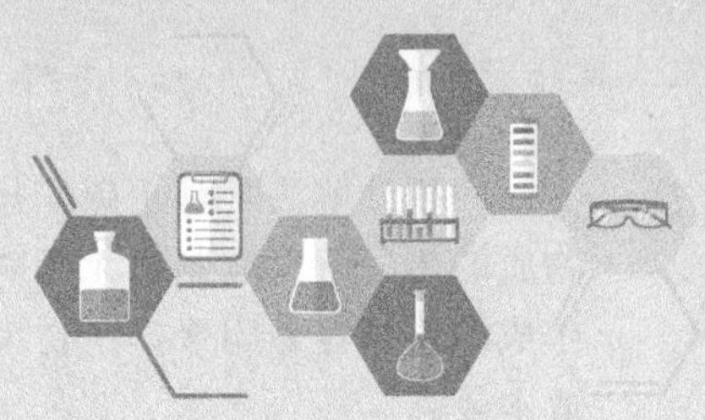

第4章 高分子化学合成技术

4.1 高分子化学合成方法概述

按聚合机理或动力学，聚合反应分为连锁聚合和逐步聚合两大类。

(1) 连锁聚合

其特征为整个聚合过程由链引发、链增长、链终止等几步基元反应组成，体系始终由单体、高分子量聚合物和微量引发剂组成，没有分子量递增的中间产物。随聚合时间延长，聚合物的生成量（转化率）逐渐增加，而单体则随时间而减少。根据反应的活性中心不同，可以将连锁聚合反应分成自由基聚合、阳离子聚合、阴离子聚合和配位聚合。烯类单体的加聚反应大部分属于连锁聚合反应。

(2) 逐步聚合

其特征为反应是逐步进行的。反应早期，大部分单体很快聚合成二聚体、三聚体、四聚体等低聚物（连锁聚合反应则是单体在极短的时间形成高聚物，短期内转化率很高）。随后低聚物间继续反应，直至转化率很高（>98%）时，分子量才逐渐增加到较高的数值。绝大多数缩聚反应属于逐步聚合反应。

连锁聚合反应采用的合成方法主要有本体聚合、悬浮聚合、乳液聚合和溶液聚合。自由基聚合可以采用这四种方法中的任何一种，离子聚合通常采用溶液聚合的方法，配位聚合可以采用本体聚合和溶液聚合。逐步聚合采用的合成方法主要有熔融缩聚、溶液缩聚、界面缩聚和固相缩聚。

4.2 高分子化学合成技术与装置

4.2.1 高分子化学合成技术

4.2.1.1 单体的纯化与贮存

所有合成高分子化合物都是由单体通过聚合反应生成的，在聚合反应过程中，所用原料的纯度对聚合反应影响很大，特别是单体，即使单体中仅含质量百分比为0.0001%～0.01%的杂质也常常会对聚合反应产生严重的影响。单体中1%的对苯二酚或4-叔丁基邻苯二酚就足以起到阻聚作用。在聚合反应前需除去阻聚剂。大多数经提纯后的单体可在避光及低温条件下短时间贮存，如放置在冰箱中；若需贮存较长时间，则除避光低温外还需除氧及氮气保护。实验室的通常做法是将提纯后的单体在氮气保护下封管再避光低温贮存。

4.2.1.2 常见引发剂（催化剂）的提纯

为使聚合反应顺利进行以及获得真实准确的聚合反应实验数据，对引发剂（催化剂）进行提纯处理是非常必要的，以下是一些常见引发剂（催化剂）的提纯。

（1）过氧化二苯甲酰（BPO）

过氧化二苯甲酰常采用重结晶的方法提纯，但为防止发生爆炸，重结晶操作应在室温下进行。将待提纯的BPO溶于三氯甲烷，再加等体积的甲醇或石油醚使BPO结晶析出。也可用丙酮加2体积的蒸馏水重结晶。如将5g的BPO在室温下溶于20mL的$CHCl_3$，过滤除去不溶性杂质，滤液滴入等体积的甲醇中结晶，过滤，晶体用冷甲醇洗涤，室温下真空干燥，贮于干燥器中避光保存。必要时可进行多次重结晶。

（2）过氧化二异丙苯

用95%乙醇溶解，活性炭脱色后，冷却结晶。室温下真空干燥，避光保存。

（3）过硫酸钾（KPS）或过硫酸铵（APS）

过硫酸钾（铵）中的杂质主要为硫酸氢钾（铵）和硫酸钾（铵），可用水重结晶除去。如将过硫酸盐用40℃的水溶解（10mL/g），过滤，滤液冷却结晶。50℃真空干燥。置于干燥器中避光保存。

（4）偶氮二异丁腈（AIBN）

可用丙酮、三氯甲烷或甲醇重结晶，室温下真空干燥，避光贮于冰箱中。如将50mL 95%的乙醇加热至接近沸腾，迅速加入5g AIBN溶解，趁热过滤，滤液冷却结晶。

4.2.1.3 聚合物的合成方法

连锁聚合反应采用的合成方法主要有本体聚合、悬浮聚合、乳液聚合和溶液聚合。

（1）本体聚合

不加其他介质，只有单体、引发剂或催化剂参加的聚合反应过程称本体聚合。本体聚合的特点是不需要溶剂回收和精制工序，后处理简单，产品纯净，适合于制作板材、型材等透明制品。自由基聚合、配位聚合、离子聚合都可选用本体聚合。进行本体聚合时，由于反应热瞬间大量地释放，且随聚合进行体系黏度大大增加，致使散热变得更加困难，易产生局部过热，产品变色，甚至爆聚。如何及时排除反应热，是生产中的关键问题，解决的办法各异。

已工业化的本体聚合方法有苯乙烯液相均相本体聚合（自由基聚合）、乙烯高压气相非均相本体聚合（自由基聚合）、乙烯低压气相非均相本体聚合（配位聚合）、丙烯液相淤浆本体聚合（配位聚合）、甲基丙烯酸甲酯液相均相本体浇铸聚合（自由基聚合）、氯乙烯液相非均相本体聚合（自由基聚合）等。

（2）悬浮聚合

悬浮聚合又称珠状聚合，是指在分散剂存在下，经机械搅拌使液态单体以微小液滴状分散于悬浮介质中，在油溶性引发剂引发下，进行的聚合反应。悬浮介质通常是水，进行悬浮聚合的单体应呈液态或加压下呈液态且不溶于水（悬浮介质）。悬浮聚合产物可以是透明的小圆珠，也可以是无规则的固体粉末。当聚合物与单体互溶时，聚合产物就呈珠状，如苯乙烯、甲基丙烯酸甲酯的聚合产物。当聚合物与单体不互溶时，聚合产物就是无规则的固体粉末，如氯乙烯的聚合产物。

① 单体的分散过程。悬浮聚合过程中选择适当的分散剂及机械搅拌是非常重要的，直接影响悬浮聚合反应能否进行（分散剂选择不当将产生聚合物结块、聚合热无法及时排除等生产事故）及产物的性能，如疏松程度、粒径分布等。

悬浮聚合过程中单体的分散-凝聚示意如图 4-1 所示。即大块单体先在机械搅拌下破碎成小的条带状、最后变成小的单体液滴（液滴的直径一般为 50～2000μm）（过程①②）；小的单体液滴可以重新聚并起来形成大液滴（过程③④⑤）。未完全聚并起来的单体液滴也可以在搅拌下分散成小的单体液滴，即过程③的逆过程。分散剂的作用是将分散的单体小液滴保护起来，不使其重新聚并，从而使聚合发生在单体液滴内。因此，悬浮聚合可以看成是发生在单体液滴中的本体聚合。

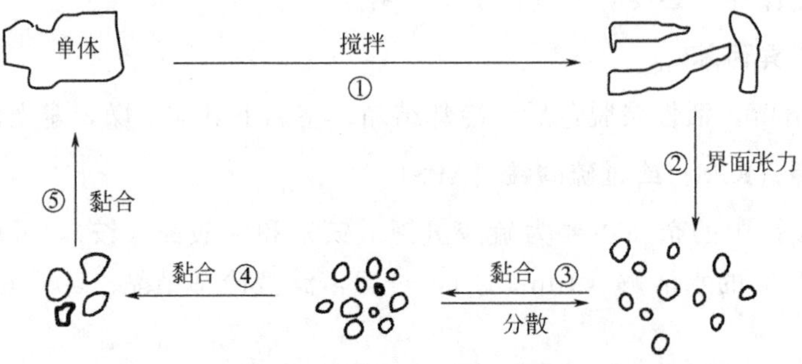

图 4-1　悬浮聚合过程中单体分散-凝聚模型图

② 分散剂和分散作用。分散剂有两种主要类型，水溶性有机高分子物质和高分散无机固体粉末。水溶性有机高分子物质通常是部分水解的聚乙烯醇、聚丙烯酸和聚甲基丙烯酸或其共聚物的盐类、马来酸酐-苯乙烯共聚物等合成高分子；甲基纤维素、羟丙基纤维素等纤维素衍生物明胶、海藻盐等天然高分子。高分散无机固体粉末通常是碳酸镁、碳酸钙、羟基磷酸钙、磷酸钙等。

水溶性有机高分子物质可以在单体液滴表面形成保护膜，阻止液滴的重新聚并，高分散无机固体粉末则是吸附在液滴表面，将液滴之间隔离起来，阻止液滴的重新聚并。

（3）乳液聚合

单体在乳化剂作用下，在水中分散形成乳状液，然后进行的聚合称为乳液聚合。分散成乳状液的单体，其液滴的直径仅在 1～10μm 范围，比悬浮聚合的单体液滴小很多。单体聚合后形成的聚合物则以乳胶粒的状态存在。乳液体系比悬浮体系稳定得多，因此，乳液聚合后需进行破乳，才能将聚合产物与水分离，而悬浮聚合仅需简单过滤即可将聚合产物与水分离。

① 乳化剂和乳化作用。乳化剂是乳液聚合的重要组成部分。乳化剂多为表面活性剂，分子中既含有亲水的基团又含有亲油的基团，超过一定浓度（称为临界胶束浓度）的表面活性剂可以在水中形成胶束，单体可以溶解在胶束中（称为增溶胶束）而形成乳液。由于增溶胶束中的单体被乳化剂分子覆盖，所以增溶胶束中的单体微小液滴能够稳定存在。胶束、增

溶胶束示意如图4-2所示。

图4-2中，“○”为乳化剂的亲水基团（称为头）、“—”为乳化剂的亲油基团（称为尾）。亲油的尾部与油性的单体的相溶性使得不溶于水的单体能够进入到胶束中。

4～5nm
胶束
6～10nm
增溶胶束

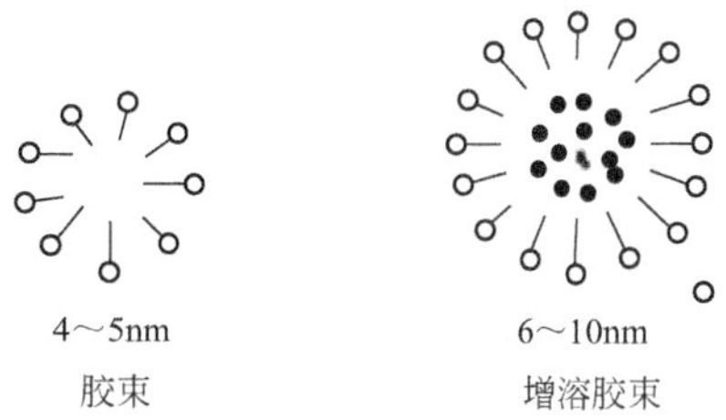

图4-2 胶束、增溶胶束示意图

常用乳化剂包括阴离子型、阳离子型和非离子型。

② 乳液聚合机理。乳液聚合体系中存在各种组分：a. 胶束，平均每毫升乳液有 10^{17}～10^{18} 个胶束，单体存在胶束中（增溶胶束）。b. 存在于水中的水溶性引发剂分子。c. 单体液滴，平均每毫升乳液有 10^{10}～10^{12} 个单体液滴，直径＞1000nm。d. 溶解于水中的单体分子、游离的乳化剂分子。

若聚合发生在单体液滴中，称为液滴成核；若聚合发生在增溶胶束中，则称为胶束成核；若聚合发生在溶解于水中的单体分子处，则称为水相成核。乳液聚合机理认为聚合场所与单体的水溶性有关，若单体有强的疏水性，则聚合主要发生在增溶胶束中，即为胶束成核。若单体在水中有一定的溶解度，则可能以水相成核为主。

(4) 溶液聚合

单体溶解在溶剂中进行的聚合称为溶液聚合。聚合产物能溶解在溶剂中时称为均相溶液聚合，聚合产物不能溶解在溶剂中时称为非均相溶液聚合。由于溶剂的存在，溶液聚合的反应热能够及时地排除，减少了局部过热现象，反应易控制。溶液聚合尤其适用于离子聚合与配位聚合，因为用于离子聚合与配位聚合的催化剂通常要在特定的溶剂中才有催化活性。溶液聚合最大的弊端是增加了溶剂的分离、回收工序，增加了聚合操作的不安全性（溶剂毒性造成）、增大了生产成本。

逐步聚合采用的合成方法主要有熔融缩聚、溶液缩聚、界面缩聚和固相缩聚。简单介绍如下。

① 熔融缩聚。熔融缩聚生产工艺过程简单，生产成本较低。可用连续法生产直接纺丝，聚合设备的生产能力高。反应温度高，要求单体和缩聚物在反应温度下不分解，单体配比要求严格，反应物料黏度高，小分子不易脱除。局部过热可能产生副反应，对聚合设备密封性要求高。

② 溶液缩聚。溶液缩聚由于反应体系中溶剂的存在，可降低反应温度避免单体和产物分解，反应平稳易控制。可与产生的小分子共沸或与之反应而脱除。聚合物溶液可直接用作产品。原料需充分混合，要求达到一定细度，反应速度低，小分子不易扩散脱除。

③ 界面缩聚。界面缩聚反应条件缓和，反应是不可逆的。对两种单体的配比要求不严格。反应温度低于熔融。溶剂可能有毒，易燃，提高了成本。增加了缩聚物分离、精制、溶剂回收等工序，生产高分子量产品时需将溶剂蒸出后进行熔融缩聚。

④ 固相缩聚。固相缩聚的反应条件比较缓和，但必须使用高活性单体，如酰氯，产品不易精制。

4.2.1.4 聚合物的分离与提纯

在聚合反应完成后，是否需要对聚合物进行分离后处理取决于聚合体系的组成及聚合物的最终用途。如本体聚合和熔融缩聚，由于聚合体系中除单体外只有微量甚至没有外加的催化剂，因此，聚合体系中所含的杂质很少，并不需要分离后处理程序。有些聚合物在聚合反应完成后便可直接以溶液或乳液形式成为商品，因此，也不需要进行分离后处理，如有些胶黏剂和涂料等的合成。其他的聚合反应一般都需要把聚合物从聚合体系中分离出来才能应用。此外，为了对聚合产物进行准确的分析表征，在聚合反应完成后不仅需要对聚合物进行分离，还需要进行必要的提纯。而且分离提纯还有利于提高聚合物的各种性能，特别是一些具有特殊用途的聚合物，如光、电功能高分子材料和医用高分子材料等，对聚合物的纯度要求都相当高，对于这类高分子而言，分离提纯是必不可少的。

(1) 聚合物的分离

聚合物的分离方法取决于聚合物在反应体系中的存在形式，聚合物在反应体系中的存在形式大致可分为以下几种。

① 沉淀形式。如沉淀聚合、悬浮聚合、界面缩聚等，聚合反应完成后，聚合物以沉淀形式存在于反应体系中，这类聚合反应的产物分离比较简单，可用过滤或离心方法进行分离。

② 溶液形式。如果聚合物以溶液形式存在于反应体系中，聚合物的分离可有两种方法，一种方法是用减压蒸馏法除去溶剂、残余的单体以及其他的挥发性成分，但该方法由于难以彻底除去引发剂残渣及聚合物包埋的单体与溶剂，在实验室中一般很少使用。但由于可进行大量处理，因而在工业生产中多被采用。另一种方法是加入沉淀剂，使聚合物沉淀后再分离，该方法常用于实验室少量聚合物的处理。由于需大量沉淀剂，工业生产较少用。

使用沉淀法时，对沉淀剂有一定的要求。首先，沉淀剂必须对单体、聚合反应溶剂、残余引发剂及聚合反应副产物（包括不需要的低聚物）等具有良好的溶解性，但不溶解聚合物，最好能使聚合物以片状而不是油状或团状沉淀出来。其次，沉淀剂应是低沸点的，且难以被聚合物吸附或包藏，以便于沉淀聚合物的干燥。

沉淀时通常将聚合物溶液在强烈搅拌下滴加到4～10倍量的沉淀剂中，为使聚合物沉淀为片状，聚合物溶液的浓度一般以不超过10%为宜。有时为了避免聚合物沉淀为胶体状，需在较低温度下操作或在滴加完后加以冷冻，也可以在沉淀剂中加入少量的电解质，如氯化钠或硫酸铝溶液、稀盐酸、氨水等。此外，长时间的搅拌也有利于聚合物凝聚。

如果聚合物对溶剂的吸附性较强或易在沉淀过程中结团，用滴加的方法通常难以将聚合物很好地分离，而需将聚合物溶液以细雾状喷射到沉淀剂中沉淀。

③ 乳液形式。要把聚合物从乳液中分离出来，首先必须对乳液进行破乳，即破坏乳液的稳定性，使聚合物沉淀。破乳方法取决于乳化剂的性质，对于阴离子型乳化剂，可用电解质［如 $NaCl$、$AlCl_3$、$KAl(SO_4)_2$ 等］的水溶液作为破乳剂，其中，尤以高价金属盐的破乳效果最好。如果酸对聚合物没有损伤的话，稀酸（如稀盐酸等）也是非常不错的破乳剂。所加破乳剂应容易除去。

通常的破乳操作程序是在搅拌下将破乳剂溶液滴加到乳液中直至出现相分离，必要时事先应将乳液稀释，破乳后可加热（60～90℃）一段时间，使聚合物沉淀完全，再冷却至室温，过滤、洗涤、干燥。

(2) 聚合物的提纯

聚合物的提纯不仅对准确的结构分析表征是必要的，而且也是提高聚合物性能（如力学性能、电学性能、光学性能等）的有力手段。

最常用的聚合物提纯方法是多次沉淀法。将聚合物配成浓度小于5%的溶液，再在强烈搅拌下将聚合物溶液倾入过量（通常为4～10倍量）沉淀剂中沉淀，多次重复操作，可将聚合物包含的可溶于沉淀剂的杂质除去。但如果聚合物中包含的杂质是不溶性的，且颗粒非常小，一般的过滤难以将其除去，如有些金属盐类催化剂等，在这种情形下可考虑先将配好的聚合物溶液用装有一定量硅藻土的玻璃砂芯漏斗过滤，使不溶性的杂质被硅藻土吸附后，再将滤液进行多次沉淀；有时甚至可采用柱色谱方法来提纯。

经多次沉淀法提纯的聚合物还需经干燥除去聚合物包藏或吸附的溶剂、沉淀剂等挥发性杂质。要取得好的干燥效果，必须把聚合物尽可能地弄碎，这就要求在沉淀时要小心地选择沉淀剂及其用量，以使聚合物尽可能地以细片状沉淀，因此，使用喷射沉淀法对聚合物的干燥是非常有利的。若聚合物无法沉淀成碎片状，则可采用冷冻干燥技术，如将聚合物溶液用干冰—丙酮浴或液氮冷冻成固体，再抽真空使溶剂升华而得到蜂窝状或粉末状的聚合物。

4.2.2　高分子化学合成装置

在实验室中，大多数的聚合反应可在磨口三颈瓶或四颈瓶中进行，常见的反应装置如图 4-3 所示，一般带有搅拌器、冷凝管和温度计，若需滴加液体反应物，则需配上恒压滴液漏斗。

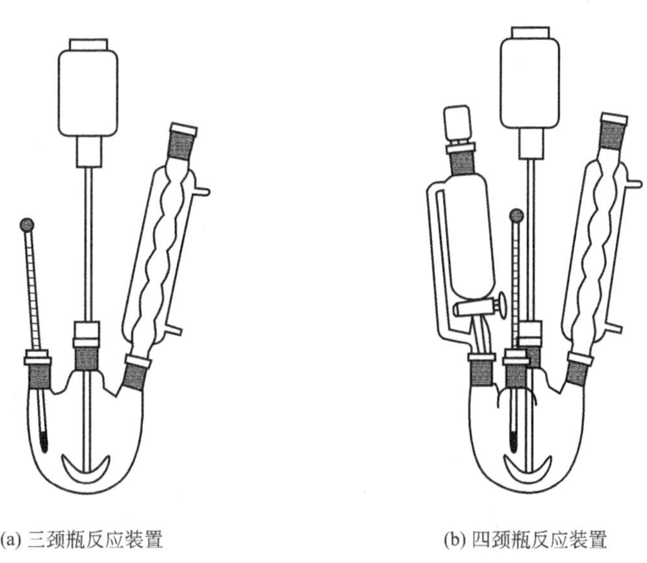

(a) 三颈瓶反应装置　　(b) 四颈瓶反应装置

图 4-3　常见的三颈瓶与四颈瓶反应装置

为防止反应物特别是挥发性反应物的逸出，搅拌器与瓶口之间应有良好的密封。如图 4-4(a) 所示的聚四氟乙烯（PTFE）搅拌器为常用的搅拌器，由搅拌棒和高耐腐蚀性的标准口聚四氟乙烯搅拌头组成。搅拌头包括两部分，两者之间常配有橡胶密封圈，该密封圈也可用聚四氟乙烯膜缠绕搅拌棒压成饼状来代替。由于聚四氟乙烯具有良好的自润滑性能和密封性能，因此，既能保证搅拌顺利进行，也能起到很好的密封作用；搅拌棒是带活动聚四氟乙烯搅拌桨的金属棒，该活动搅拌桨通过其开合，不仅能非常方便地进出反应瓶，而且还能以不同的打开角度来适应实际需要（如虚线所示）。为了得到更好的搅拌效果，也可根据需要用玻璃棒烧制各种特殊形状的搅拌棒（桨），如图 4-4(b) 所示。

以上的反应装置适合于不需要氮气保护的聚合反应场合，若需氮气保护的聚合反应则需

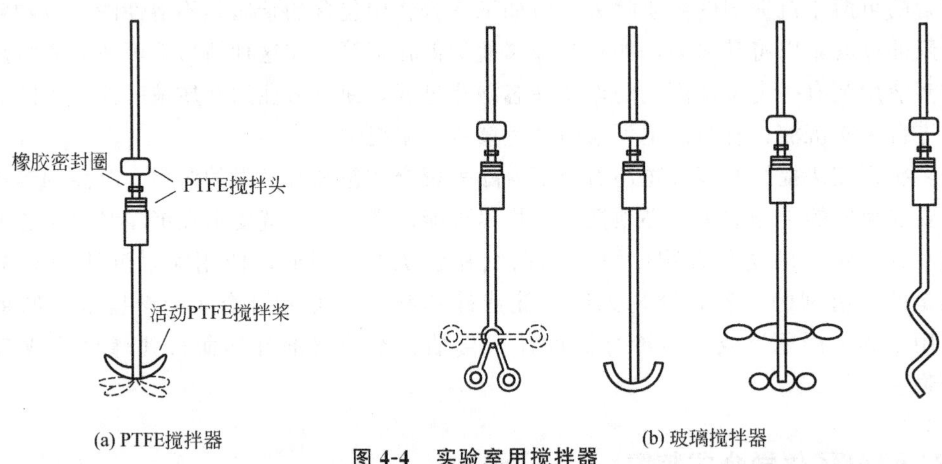

(a) PTFE搅拌器　　(b) 玻璃搅拌器

图 4-4　实验室用搅拌器

相应地添加通氮装置。为保证良好的保护效果，单单只向体系中通氮气常常是不够的。通常需先对反应体系进行除氧处理，而且在反应过程中，为防止氧气和湿气从反应装置的各接口处渗入，必须使反应体系保持一定的氮气正压。常用氮气保护反应装置如图 4-5 所示。其中，图 4-5(a) 适合于除氧要求不是十分严格的聚合反应。若反应是在回流条件下进行，则在开始回流后，由于体系本身的蒸气可起到隔离空气的作用，因此可停止通氮。图 4-5(b) 适合于对除氧除湿相对较严格的聚合体系。在反应开始前，可先加入固体反应物（也可将固体反应物配成溶液后，以液体反应物形式加入），然后调节三通活塞，抽真空数分钟后，再调节三通活塞充入氮气，如此反复数次，使反应体系中的空气完全被氮气置换。之后再在氮气保护下，用注射器把液体反应物由三通活塞加入反应体系，并在反应过程中始终保持一定的氮气正压。

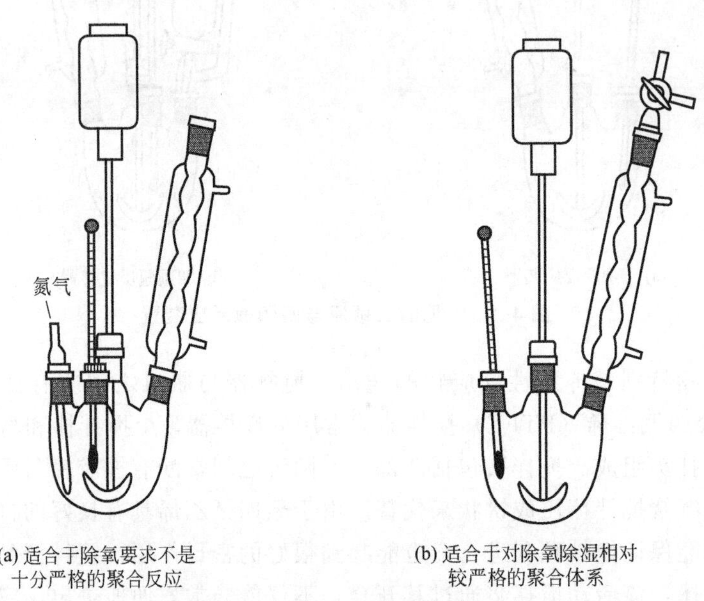

(a) 适合于除氧要求不是十分严格的聚合反应　　(b) 适合于对除氧除湿相对较严格的聚合体系

图 4-5　氮气保护反应装置

对于体系黏度不大的溶液聚合体系也可以使用磁力搅拌器，特别是对除氧除湿要求较严的聚合反应（如离子聚合）。使用磁力搅拌器可提供更好的体系密闭性，典型的聚合反应装置如图 4-6(a) 所示。其中的温度计若非必需，可用磨口玻璃塞代替，如图 4-6(b) 所示。其除氧操作如图 4-5(b) 所示。

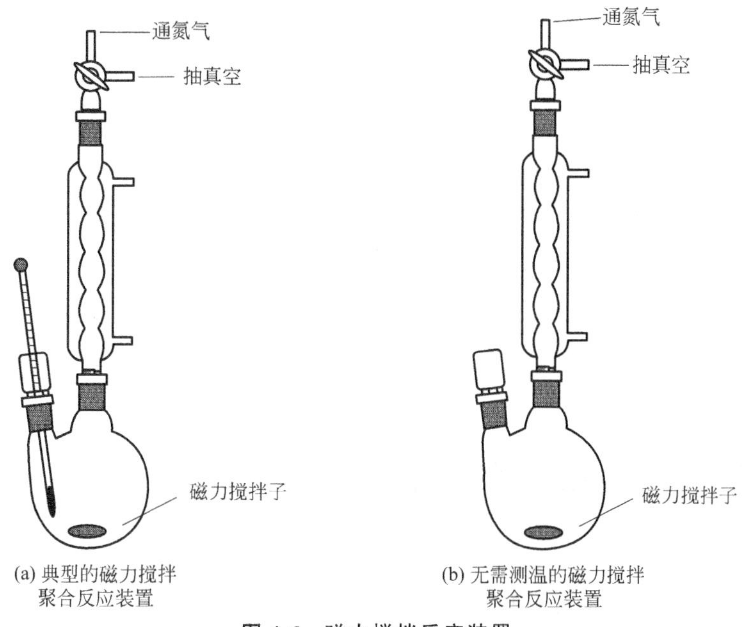

图 4-6　磁力搅拌反应装置

对于一些聚合产物非常黏稠的聚合反应，则不适合使用以上的一般反应容器。如熔融缩聚随着反应程度的提高，聚合产物分子量的增大，聚合产物黏度非常大，使用一般的三颈烧瓶，由于瓶口小、出料困难，不便于产物的后处理；再如一些非线形逐步聚合反应，如果条件控制不当，可能形成不熔不溶的交联产物，使用一般的三颈烧瓶会给产物的清理带来极大的困难，易对反应器造成损伤。对于这样的聚合反应，宜使用如图 4-7 所示的“树脂反应釜”，树脂反应釜分为底座和釜盖两部分，反应完成后，将盖子揭开，黏稠的物料易倾出，反应器也易清理。

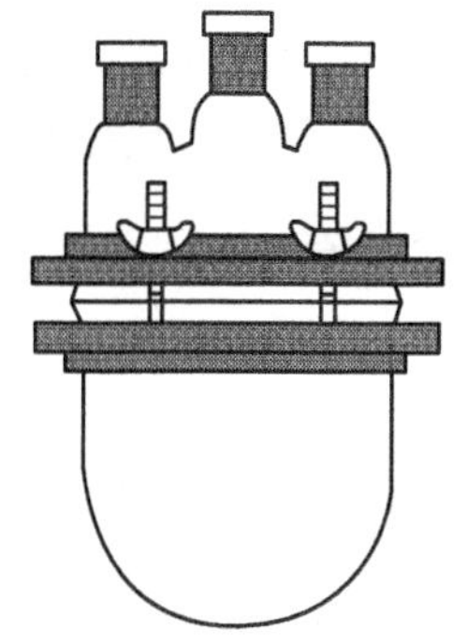

图 4-7　树脂反应釜

聚合反应温度的控制是聚合反应实施的重要环节之一。准确的温度控制必须使用恒温浴。实验室最常用的热浴是水浴和油浴，由于使用水浴存在水汽蒸发的问题，因此，若反应时间较长宜使用油浴（如硅油浴）。根据聚合反应温度控制的需要，可选择适宜的热浴。热浴的温度控制一般通过继电器控温仪来实现。

若反应温度在室温以下，则需根据反应温度选择不同的低温浴。如 0℃用冰浴，更低温度可使用各种不同的冰和盐混合物、液氮和溶剂混合物等。不同的盐与冰、不同的溶剂与液氮以不同的配比混合可得到不同的冷浴温度。此外，也可使用专门的制冷恒温设备。

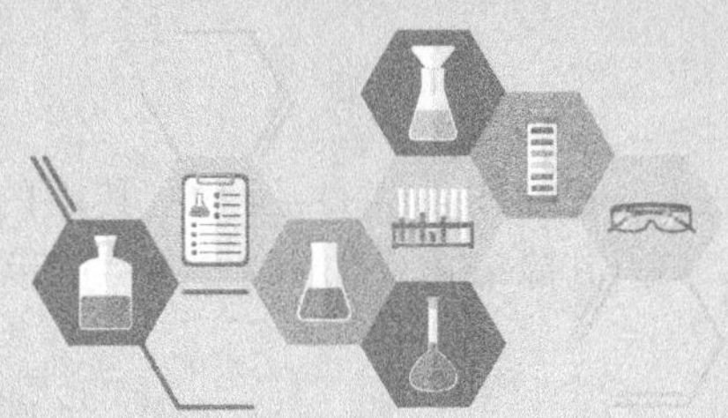

第5章 化学合成技术实验

5.1 无机化学合成技术实验

5.1.1 简单无机化合物的合成

实验1 硫代硫酸钠的制备

【目的和要求】

1. 学习亚硫酸钠法制备硫代硫酸钠的原理和方法。
2. 学习硫代硫酸钠的检验方法。

【实验原理】

硫代硫酸钠是最重要的硫代硫酸盐，俗称“海波”，又名“大苏打”，是无色透明单斜晶体。易溶于水，不溶于乙醇，具有较强的还原性和配位能力，是冲洗照相底片的定影剂，棉织物漂白后的脱氯剂，定量分析中的还原剂。有关反应如下：

$$AgBr + 2Na_2S_2O_3 = Na_3[Ag(S_2O_3)_2] + NaBr$$

$$2Ag^+ + S_2O_3^{2-} = Ag_2S_2O_3$$

$$Ag_2S_2O_3 + H_2O = Ag_2S\downarrow + H_2SO_4$$（此反应用作 $S_2O_3^{2-}$ 的定性鉴定）

$$2S_2O_3^{2-} + I_2 = S_4O_6^{2-} + 2I^-$$

$Na_2S_2O_3 \cdot 5H_2O$ 的制备方法有多种，其中，亚硫酸钠法是工业和实验室中的主要方法。

$$Na_2SO_3 + S + 5H_2O = Na_2S_2O_3 \cdot 5H_2O$$

反应液经脱色、过滤、浓缩结晶、过滤、干燥即得产品。

$Na_2S_2O_3 \cdot 5H_2O$ 于40～45℃熔化，48℃分解，因此，在浓缩过程中要注意不能蒸发过度。

【仪器和试剂】

仪器：电子天平、烧杯、玻璃棒、抽滤瓶、布氏漏斗、试管、pH 试纸、滤纸、红外加热炉、蒸发皿等。

试剂：HCl（6mol/L）、淀粉溶液（0.2%）、$AgNO_3$（0.1mol/L）、KBr（0.1mol/L）、

I_2 标准溶液（0.05mol/L，准确浓度自行标定）、乙醇（95%）、硫黄粉（固体）、亚硫酸钠（固体，无水）、活性炭。

【实验内容】

1. 硫代硫酸钠的制备

（1）取 5.0g Na_2SO_3（0.04mol）于 100mL 烧杯中，加 50mL 去离子水搅拌溶解。

（2）取 1.5g 硫黄粉于 100mL 烧杯中，加 3mL 乙醇充分搅拌均匀，再加入 Na_2SO_3 溶液，小火加热煮沸，不断搅拌至硫黄粉几乎全部反应。

（3）停止加热，待溶液稍冷却后加 1g 活性炭，加热煮沸 2min。

（4）趁热过滤至蒸发皿中，小火蒸发浓缩至溶液呈微黄色浑浊。

（5）冷却、结晶，减压过滤，晶体用乙醇洗涤，用滤纸吸干后，称重，计算产率。

2. 产品检验

取少量产品配成待测溶液备用。

（1）$S_2O_3^{2-}$ 的检验。往少量 $AgNO_3$ 溶液中滴加少量待测液，观察并记录实验现象。

（2）$S_2O_3^{2-}$ 的还原性。往碘水与淀粉混合溶液滴加待测液，观察并记录实验现象。

（3）$S_2O_3^{2-}$ 不稳定性。往少量待测液滴加少量的 6mol/L HCl 溶液，观察并记录实验现象，并用湿润的蓝色 pH 试纸检验生成的气体。

（4）$S_2O_3^{2-}$ 的配位性。往试管滴加 5 滴 $AgNO_3$（0.1mol/L）溶液和 6 滴 KBr（0.1mol/L）溶液，再滴加待测液，观察并记录实验现象。

【数据记录及处理】

1. 产品外观及产率

产品外观：　　　　　　　　　产品质量（g）：　　　　　　　　产率（%）：

2. 产物定性分析

产物定性分析记录见表 5-1。

表 5-1　产物定性分析

产品检验	实验现象	反应方程式
$S_2O_3^{2-}$ 的检验		
$S_2O_3^{2-}$ 的还原性		
$S_2O_3^{2-}$ 不稳定性		
$S_2O_3^{2-}$ 的配位性		

【实验说明】

1. 用 3mL 乙醇充分搅拌均匀，使硫黄粉容易与亚硫酸钠反应。
2. 煮沸过程中要不停地搅拌，并要注意补充蒸发掉的水分。
3. 反应中的硫黄用量已经是过量的，不需再多加。
4. 蒸发浓缩时，速度太快，产品易于结块；速度太慢，产品不易形成结晶。
5. 实验过程中，浓缩液终点不易观察，有晶体出现即可。当结晶不易析出时可加入少量晶种。

【思考题】

1. 硫黄粉稍有过量，为什么？
2. 为什么加入乙醇？目的何在？

3. 蒸发浓缩时，为什么不可将溶液蒸干？

4. 减压过滤后晶体要用乙醇来洗涤，为什么？

实验 2 碱式碳酸铜的制备

【目的和要求】

通过碱式碳酸铜制备条件的探求和生成物颜色、状态的分析，研究反应物的合理配料比并确定制备反应合适的温度条件，以培养独立设计实验的能力。

【实验原理】

碱式碳酸铜又名孔雀石［主要成分是 $Cu_2(OH)_2CO_3$，非纯净物］，呈暗绿色或蓝绿色，是一种名贵的矿物宝石，属于碱式碳酸盐，加热至 200℃即分解，在水中溶解度很小，新制备的试样在水中极易分解。在实验室中制备碱式碳酸铜，因反应产物与温度、溶液的酸碱性等有关，条件控制不好可能同时会有蓝色的 $2CuCO_3 \cdot Cu(OH)_2$、$2CuCO_3 \cdot 3Cu(OH)_2$ 和 $2CuCO_3 \cdot 5Cu(OH)_2$ 等生成，使产品带有蓝色。

本实验采用 $Cu(NO_3)_2$ 为原料，以 NaOH 和 Na_2CO_3 的混合液为沉淀剂进行反应，对反应的条件进行探讨，反应式如下：

$$2NaOH + Na_2CO_3 + 2Cu(NO_3)_2 \xlongequal{} Cu_2(OH)_2CO_3 + 4NaNO_3$$

【仪器和试剂】

仪器：电子天平、烧杯、试管、玻璃棒、抽滤瓶、布氏漏斗、滴管、吸量管、洗耳球、烘箱、水浴锅等。

试剂：Na_2CO_3 溶液（0.25mol/L）、NaOH 溶液（0.50mol/L）、$Cu(NO_3)_2$ 溶液（0.50mol/L）。

【实验内容】

1. 制备反应条件的确定

（1）$Cu(NO_3)_2$、NaOH 和 Na_2CO_3 溶液配比

在 4 支试管内均加入 4.00mL 0.50mol/L 的 $Cu(NO_3)_2$ 溶液，另取 4 支编号的试管均加入 4.00mL 0.50mol/L 的 NaOH 溶液；再分别取 0.25mol/L 的 Na_2CO_3 溶液 6.00mL、4.80mL、4.00mL、2.80mL，依次加入装有 4.00mL 0.50mol/L NaOH 溶液的 4 支编号试管中。在 70℃水浴条件加热 10min，依次将加热好的混合碱液和 $Cu(NO_3)_2$ 溶液分别倒入 4 只编号的 50mL 烧杯中，充分混合均匀，静置，比较各烧杯中沉淀的数量、颗粒大小及颜色，从中得出 3 种反应物溶液以何种比例混合为最佳，见表 5-2，表 5-2 中 V 为体积。

表 5-2 不同物料体积比对反应产物的影响

编号	$V[Cu(NO_3)_2]$/mL	$V(NaOH)$/mL	$V(Na_2CO_3)$/mL	沉淀数量	沉淀颜色	沉淀形状
1	4.00	4.00	6.00			
2	4.00	4.00	4.80			
3	4.00	4.00	4.00			
4	4.00	4.00	2.80			

根据表 5-2 记录结果能得到什么结论？

（2）反应温度的确定

在 4 支试管中，各加入 4.00mL 0.50mol/L 的 $Cu(NO_3)_2$ 溶液，另取 4 支试管均加入 4.00mL 0.50mol/L 的 NaOH 溶液；再分别取 4.00mL 的 0.25mol/L 的 Na_2CO_3 溶液，依次加入装有 4.00mL 0.50mol/L NaOH 溶液的试管中。4 组反应物溶液分别置于 35℃、55℃、75℃和 95℃的恒温水浴锅中加热 10min，依次将加热好的混合碱液和 $Cu(NO_3)_2$ 溶液分别倒入 4 只编号的 50mL 烧杯中，充分混合均匀，静置，比较各烧杯中沉淀的数量、颗粒大小及颜色。由实验结果确定制备反应的合适温度，见表 5-3。

表 5-3　温度对反应产物的影响

反应温度/℃	沉淀数量	沉淀颜色	沉淀形状
35			
55			
75			
95			

根据表 5-3 记录结果能得到什么结论？

2. 碱式碳酸铜的制备

分别按照上述实验得到的最佳合适比例取 NaOH、Na_2CO_3 和 $Cu(NO_3)_2$ 溶液各若干毫升，加热到上述实验得到的最佳温度，3 种溶液混合后，记录沉淀颜色和形状。反应完全后，静置，用倾泻法洗涤沉淀数次，抽滤，并用少量冷蒸馏水洗涤 2～3 次，将产物置于 100℃烘箱中烘 40min，称量，计算产率。

【数据记录及处理】

产品外观：　　　　　　　　产品质量（g）：　　　　　　产率（%）：

【思考题】

除反应物的配比和反应的温度对本实验的结果有影响外，反应物的种类、反应进行的时间等因素是否对产物的质量也会有影响？

实验 3　微波合成磷酸锌

【目的和要求】

1. 了解磷酸锌的微波合成原理和方法。
2. 掌握吸滤的基本操作。

【实验原理】

磷酸锌 $Zn_3(PO_4)_2 \cdot 2H_2O$ 是一种白色的新一代无毒性、无公害的防锈颜料，溶于无机酸、氨水、铵盐溶液，不溶于水、乙醇，它能有效地替代含有重金属铅、铬的传统防锈颜料。

磷酸锌对三价铁离子具有很强的缩合能力，这种磷酸锌的阴离子与铁阳离子反应，可形成以磷酸铁为主体的坚固的保护膜，这种致密的钝化膜不溶于水、硬度高，附着力优异呈现出卓越的防锈性能，由于磷酸锌基团具有很好的活性，能与很多金属离子作用生成络合物，因此，具有良好的防锈效果。

磷酸锌的合成通常是用硫酸锌、磷酸和尿素在水浴加热下反应，反应过程中尿素分解放出氨气并生成氨盐，过去反应需 4h 才完成。本实验采用微波加热条件下进行反应，反应时间缩短为 8min，反应式如下：

$$3ZnSO_4 + 2H_3PO_4 + 3(NH_2)_2CO + 7H_2O = Zn_3(PO_4)_2 \cdot 4H_2O + 3(NH_4)_2SO_4 + 3CO_2\uparrow$$

所得的四水合晶体在 110℃烘箱中脱水即得二水合晶体。

【仪器和试剂】

仪器：微波炉、电子天平、烧杯、表面皿、量筒、滴定管、容量瓶、移液管、抽滤瓶、布氏漏斗等。

试剂：$ZnSO_4 \cdot 7H_2O$、尿素、磷酸、无水乙醇、EDTA 标准溶液（0.01000mol/L，自行标定浓度）、氨与氯化铵的缓冲溶液（pH=10）、铬黑 T、氨水。

【实验内容】

1. 合成 $Zn_3(PO_4)_2 \cdot 2H_2O$

称取 2.00g 硫酸锌于 50mL 烧杯中，加 1.00g 尿素和 1.0mL H_3PO_4，再加入 20.0mL 水搅拌溶解，把烧杯置于 100mL 烧杯水浴中，盖上表面皿，放进微波炉里，以高火挡（约 600W）辐射 10min，烧杯里隆起白色沫状物，停止辐射加热后，取出烧杯，用蒸馏水浸取、洗涤数次，抽滤。晶体用水洗涤至滤液无 SO_4^{2-}。产品在 110℃烘箱中脱水得到 $Zn_3(PO_4)_2 \cdot 2H_2O$，称重计算产率。

2. 测定 $Zn_3(PO_4)_2 \cdot 2H_2O$ 中的锌含量

分析天平称取 0.1～0.3g 样品，微热溶解，用 50mL 容量瓶定容；移取 25.00mL 处理好的 $Zn_3(PO_4)_2 \cdot 2H_2O$ 溶液于锥形瓶中，加入 1∶1 氨水直至白色沉淀出现，再加入 5mL 氨与氯化铵的缓冲溶液、50mL 水和 3 滴铬黑 T，用 EDTA 标准溶液滴定至溶液由酒红色变为纯蓝色即为终点。平行测定 3 次。

【数据记录及处理】

1. 产品外观及产率

产品外观：　　　　　　　　产品质量（g）：　　　　　　　　产率（%）：

2. 产品锌含量的测定

请列出表格记录实验数据，并计算产品中锌的含量。

【实验说明】

1. 在合成反应完成时，溶液的 pH 值为 5～6，加尿素的目的是调节反应体系的酸碱性。
2. 晶体最好洗涤至近中性时再吸滤，否则最后会得到一些副产物杂质。
3. 微波对人体有危害，在使用时炉内不能使用金属，以免产生火花。炉门一定要关紧后才可以加热，以免微波泄漏而伤人。

【思考题】

1. 还有哪些制备磷酸锌的方法？

2. 如何对产品进行检验？请拟出实验方案。

3. 为什么微波加热能显著缩短反应时间？使用微波炉要注意哪些事项？

附：磷酸锌技术指标（符合指标：Q/84XS01—2004）

水分：≤1.5%；　　含锌量：45%以上；　　吸油量：(30±5)g/100g；

pH 值：5～7；　　筛余物（325 目）：≤0.5；　　颜色：白色粉末。

5.1.2 无机复盐的合成

实验 4 硫酸亚铁铵的制备

【目的和要求】

1. 了解复盐的一般特性。
2. 学习复盐 $(NH_4)_2SO_4 \cdot FeSO_4 \cdot 6H_2O$ 的制备方法。
3. 熟练掌握水浴加热、过滤、蒸发、结晶等基本无机制备操作。
4. 学习产品纯度的检验方法。
5. 了解用目测比色法检验产品的质量等级。

【实验原理】

硫酸亚铁铵 $(NH_4)_2SO_4 \cdot FeSO_4 \cdot 6H_2O$ 商品名为莫尔盐，为浅蓝绿色单斜晶体。一般亚铁盐在空气中易被氧化，而硫酸亚铁铵在空气中比一般亚铁盐要稳定，不易被氧化，并且价格低，制造工艺简单，容易得到较纯净的晶体，因此应用广泛。在定量分析中常用来配制亚铁离子的标准溶液。

和其他复盐一样，$(NH_4)_2SO_4 \cdot FeSO_4 \cdot 6H_2O$ 在水中的溶解度比组成它的每一组分 $FeSO_4$ 或 $(NH_4)_2SO_4$ 的溶解度都要小。利用这一特点，可通过蒸发浓缩 $FeSO_4$ 与 $(NH_4)_2SO_4$ 溶于水所制得的浓混合溶液制取硫酸亚铁铵晶体。三种盐的溶解度数据列于表 5-4。

表 5-4　三种盐的溶解度　　　单位：g/100g H_2O

温度/℃	$FeSO_4$	$(NH_4)_2SO_4$	$(NH_4)_2SO_4 \cdot FeSO_4 \cdot 6H_2O$
10	20.0	73	17.2
20	26.5	75.4	21.6
30	32.9	78	28.1

本实验先将铁屑溶于稀硫酸生成硫酸亚铁溶液：

$$Fe + H_2SO_4 = FeSO_4 + H_2\uparrow$$

再往硫酸亚铁溶液中加入硫酸铵并使其全部溶解，加热浓缩制得的混合溶液，再冷却即可得到溶解度较小的硫酸亚铁铵晶体。

$$FeSO_4 + (NH_4)_2SO_4 + 6H_2O = (NH_4)_2SO_4 \cdot FeSO_4 \cdot 6H_2O$$

利用目视比色法可估计产品中所含杂质 Fe^{3+} 的量。Fe^{3+} 与 SCN^- 能生成红色配合物 $[Fe(SCN)]^{2+}$，红色深浅与 Fe^{3+} 相关。将所制备的硫酸亚铁铵晶体与 KSCN 溶液在比色管中配制成待测溶液，将它所呈现的红色与含一定 Fe^{3+} 量所配制成的标准 $[Fe(SCN)]^{2+}$ 溶液的红色进行比较，确定待测溶液中杂质 Fe^{3+} 的含量范围，确定产品等级。

【仪器和试剂】

仪器：电子天平、锥形瓶、玻璃棒、量筒、抽滤瓶、布氏漏斗、水浴锅、目视比色管(25mL)、吸量管、移液管、蒸发皿、滤纸、pH 试纸等。

试剂：铁屑、硫酸铵固体、硫酸溶液（3mol/L)、盐酸（3mol/L)、乙醇溶液（95%)、硫氰化钾溶液（25%)、Fe^{3+} 标准溶液（0.1000mg/mL)。

【实验内容】

1. $FeSO_4$ 的制备

称取 0.6g 铁屑，放入 50mL 烧杯（或锥形瓶）中，加入 3mL 3mol/L H_2SO_4，于通风橱中在水浴上加热至不再有气泡放出（也可在加热炉上小火加热，功率调至 100W 即可)。反应过程中适当补加些水，以保持原体积。趁热减压过滤，用少量热水洗涤锥形瓶及漏斗上的残渣，抽干。将滤液转移至洁净的蒸发皿中。

2. $(NH_4)_2SO_4 \cdot FeSO_4 \cdot 6H_2O$ 的制备

根据溶液中 $FeSO_4$ 的量，按反应方程式计算并称取所需 $(NH_4)_2SO_4$ 固体的质量，配制成 $(NH_4)_2SO_4$ 的饱和溶液。将此饱和溶液加入上述制得的 $FeSO_4$ 溶液中（此时溶液的 pH 值应接近 1～2，如 pH 值偏大，可滴加 3mol/L H_2SO_4 溶液调节)，水浴蒸发、浓缩至表面出现结晶薄膜为止。静置，使之缓慢冷却，$(NH_4)_2SO_4 \cdot FeSO_4 \cdot 6H_2O$ 晶体析出，减压过滤除去母液，并用少量 95%乙醇洗涤晶体，抽干。将晶体取出，摊在两张吸水纸之间，轻压吸干。

观察晶体的颜色和形状（产品外观)。称重（产品质量)，计算产率。

3. 产品检验（Fe^{3+} 的限量分析）

产品级别的确定：称取 1.0g 产品于 25mL 比色管中，用 15mL 去离子水溶解，再加入 2.00mL 3mol/L HCl 和 1.00mL 25% KSCN 溶液，加水稀释至 25mL，摇匀。与标准色阶进行目视比色，确定产品级别。

此产品分析方法是将成品配制成溶液与各标准溶液进行比色，以确定杂质含量范围。如果成品溶液的颜色不深于标准溶液，则认为杂质含量低于某一规定限度，所以这种分析方法称为限量分析。

【数据记录及处理】

硫酸铵的质量（g)：

产品外观：　　　　产品质量（g)：　　　　产率（%)：　　　　产品等级：

【实验说明】

1. 不必将所有铁屑溶解完，实验时溶解大部分铁屑即可。

2. 酸溶时要注意分次补充少量水，以防止 $FeSO_4$ 析出；注意控制反应速度，以防止反应过快，反应液喷出。

3. 注意计算 $(NH_4)_2SO_4$ 的用量。

4. 饱和硫酸亚铁铵的制备：加入硫酸铵后，应搅拌使其溶解后再往下进行。加热在水浴上进行，防止失去结晶水。

5. 蒸发浓缩初期要不停搅拌，但要注意观察晶膜，一旦发现晶膜出现即停止搅拌。

6. 最后一次抽滤时，注意将滤饼压实，不能用蒸馏水或母液洗晶体。

7. 标准色阶的配制：取 0.25mL 0.1000mg/mL Fe^{3+} 标准溶液于 25mL 比色管中，加 2.00mL 3mol/L HCl 和 1.00mL 25%的 KSCN 溶液，用蒸馏水稀释至刻度，摇匀，配制成相当于一级试剂的标准溶液（含 Fe^{3+} 为 0.001mg/g）。

同样，分别取 1.00mL Fe^{3+} 和 2.00mL 0.1000mg/mL Fe^{3+} 标准溶液，配制成相当于二级和三级试剂的标准液（含 Fe^{3+} 分别为 0.004mg/g、0.008mg/g）。

【思考题】

1. 在制备硫酸亚铁时，为什么要使铁过量？
2. $FeSO_4$ 溶液中加入 $(NH_4)_2SO_4$ 全部溶解后，为什么要调节至 pH 值为 1～2 ？
3. 洗涤晶体时为什么用 95%乙醇而不用水洗涤晶体？

实验 5　硫酸铝钾的制备

【目的和要求】

1. 了解由金属铝制备硫酸铝钾的原理及过程。
2. 学习复盐的制备及性质。
3. 认识铝及氢氧化铝的两性性质。
4. 巩固蒸发、结晶、沉淀的转移、抽滤、洗涤、干燥等无机物制备的基本操作。

【实验原理】

硫酸铝同碱金属的硫酸盐（K_2SO_4）生成硫酸铝钾复盐 $KAl(SO_4)_2$（俗称明矾）。它是一种无色晶体，易溶于水并水解生成 $Al(OH)_3$ 胶状沉淀，具有很强的吸附性能，是工业上重要的铝盐，可作为净水剂、媒染剂、造纸填充剂等。

本实验利用金属铝可溶于 NaOH 溶液中，生成可溶性的四羟基铝酸钠 $Na[Al(OH)_4]$。

$$2Al+2NaOH+6H_2O \longrightarrow 2Na[Al(OH)_4]+3H_2\uparrow$$

金属铝中其他杂质则不溶，再用稀硫酸调节此溶液的 pH 值为 8～9，即有 $Al(OH)_3$ 沉淀产生，分离后在沉淀中加入 H_2SO_4 致使 $Al(OH)_3$ 沉淀转化为 $Al_2(SO_4)_3$。

$$2Al(OH)_3+3H_2SO_4 \longrightarrow Al_2(SO_4)_3+6H_2O$$

在 $Al_2(SO_4)_3$ 溶液中加入等量的 K_2SO_4，在水溶液中结合生成溶解度较小的复盐，当冷却溶液时，硫酸铝钾以大块晶体结晶析出，即制得 $KAl(SO_4)_2\cdot 12H_2O$。

$$Al_2(SO_4)_3+K_2SO_4+24H_2O \longrightarrow 2KAl(SO_4)_2\cdot 12H_2O$$

【仪器和试剂】

仪器：电子天平、烧杯、量筒、玻璃棒、布氏漏斗、抽滤瓶、蒸发皿、表面皿、红外加热炉、石棉网、pH 试纸、滤纸等。

试剂：H_2SO_4（3mol/L）、H_2SO_4（1∶1）、K_2SO_4（固体）、NaOH（固体）、铝屑。

【实验内容】

1. $Na[Al(OH)_4]$ 的制备

称取 2.3g 固体 NaOH，置于 250mL 烧杯中，加入 30mL 蒸馏水溶解。称取 1g 铝屑，分批放入 NaOH 溶液中（反应激烈，为防止溅出，应在通风橱中进行），搅拌至不再有气泡产生，说明反应完毕。补充少量蒸馏水使溶液体积约为 40mL，反应后，趁热抽滤。

2. $Al(OH)_3$ 的生成

将滤液转入 250mL 烧杯中，加热至沸腾，在不断搅拌下，逐滴滴加 3mol/L H_2SO_4，使溶液的 pH 值为 8～9，继续搅拌煮沸数分钟，抽滤，用沸水洗涤沉淀，直至洗出液的 pH 值降至 7 左右，抽干。

3. $Al_2(SO_4)_3$ 的制备

将制得的 $Al(OH)_3$ 沉淀转入烧杯中，加入约 16mL（1∶1）H_2SO_4，并不断搅拌，小火加热使其溶解，得 $Al_2(SO_4)_3$ 溶液。

4. 复盐的制备

将 $Al_2(SO_4)_3$ 溶液与 3.3g K_2SO_4 固体配成的饱和溶液相混合。搅拌均匀，充分冷却后，减压抽滤，尽量抽干，称重。

【数据记录及处理】

产品外观：　　　　　　产品质量（g）：　　　　　　产率（%）：

【实验说明】

1. 计算产率时 $m_{理论}$ 以铝屑量为基准进行计算。
2. 硫酸钾在水中的溶解度见表 5-5。

表 5-5　硫酸钾在水中的溶解度

温度/℃	0	10	20	30	40	60	80	90	100
溶解度/(g/100g H_2O)	7.4	9.3	11.1	13	14.8	18.2	21.4	22.9	24.1

【思考题】

1. 第一步反应中是碱过量还是铝屑过量？为什么？
2. 铝屑中的杂质是如何除去的？
3. 如何制得明矾大晶体？

5.1.3　无机过氧化物的合成

实验 6　过氧化钙的制备及组成分析

【目的和要求】

1. 巩固无机物制备的操作技术。
2. 掌握过氧化钙的制备原理和方法。
3. 掌握测定产品中过氧化钙含量的方法。

【实验原理】

过氧化钙为白色或淡黄色结晶粉末，室温下稳定，加热到 300℃可分解为氧化钙及氧气，难溶于水，可溶于稀酸生成过氧化氢。它广泛用作杀菌剂、防腐剂、解酸剂、油类漂白剂、种子及谷物的无毒消毒剂，还用于食品、化妆品等作为添加剂。

1. 过氧化钙的制备原理

$CaCl_2$ 在碱性条件下与 H_2O_2 反应，得到 $CaO_2 \cdot 8H_2O$ 沉淀，反应方程式如下：

$$CaCl_2 + H_2O_2 + 2NH_3 \cdot H_2O + 6H_2O \xlongequal{} CaO_2 \cdot 8H_2O \downarrow + 2NH_4Cl$$

2. 过氧化钙含量的测定原理

利用在酸性条件下，过氧化钙与酸反应生产过氧化氢，再用 $KMnO_4$ 标准溶液滴定，而测得其含量，反应方程式如下。

$$5CaO_2 + 2MnO_4^- + 16H^+ \xlongequal{} 5Ca^{2+} + 2Mn^{2+} + 5O_2 \uparrow + 8H_2O$$

【仪器和试剂】

仪器：循环水真空泵、烧杯、抽滤瓶、布氏漏斗、量筒、电子天平、锥形瓶（250mL）、滴定管、称量瓶、干燥器等。

试剂：$CaCl_2 \cdot 2H_2O$、H_2O_2（30%）、$KMnO_4$ 标准溶液（0.02mol/L）、浓 $NH_3 \cdot H_2O$、HCl(2mol/L)、$MnSO_4$(0.05mol/L)、冰。

【实验内容】

1. 过氧化钙的制备

称取 4.0g $CaCl_2 \cdot 2H_2O$，用 3mL 水溶解，加入 12mL 30%的 H_2O_2，边搅拌边滴加由 2.5mL 浓 $NH_3 \cdot H_2O$ 和 10mL 冷水配成的溶液，然后置冰水中冷却半小时。抽滤后用少量冷水洗涤晶体 2～3 次，然后抽干置于烘箱内，在 150℃下烘 0.5～1h，转入干燥器中冷却后称重，计算产率。

2. 过氧化钙含量的测定

准确称取 0.07～0.08g 样品于 250mL 锥形瓶中，加入 25mL 水和 7.5mL 2mol/L HCl，振荡使溶解，再加入 1mL 0.05mol/L $MnSO_4$，立即用 $KMnO_4$ 标准溶液滴定溶液呈微红色并且在半分钟内不褪色为止。平行测定 3 次，计算 CaO_2 的百分含量。

【数据记录及处理】

1. 产品外观及产率

产品外观：　　　　　　　　产品质量（g）：　　　　　　　　产率（%）：

2. 过氧化钙含量的测定

请列出表格记录实验数据，并计算产品中过氧化钙的含量。

【实验说明】

1. 反应温度以 0～8℃为宜，低于 0℃，液体易冻结，使反应困难。

2. 抽滤出的晶体是八水合物，先在 60℃下烘 0.5h 形成二水合物，再在 140℃下烘 0.5h，得无水 CaO_2。

【思考题】

1. 所得产物中的主要杂质是什么？如何提高产品的产率与纯度？

2. CaO_2 产品有哪些用途？

3. $KMnO_4$ 滴定常用 H_2SO_4 调节酸度，而测定 CaO_2 产品时为什么要用 HCl，对测定结果会有影响吗？如何证实？

4. 测定时加入 $MnSO_4$ 的作用是什么？不加可以吗？

实验 7　过碳酸钠的合成及活性氧含量测定

【目的和要求】

1. 了解过氧键的性质，认识 H_2O_2 溶液固化的原理，学习低温下合成过碳酸钠的方法。

2. 认识过碳酸钠的洗涤性、漂白性及热稳定性。

3. 测定过碳酸钠的活性氧含量（由 H_2O_2 含量确定）。

【实验原理】

过碳酸钠又称过氧化碳酸钠，化学通式 $Na_2CO_3 \cdot nH_2O_2 \cdot mH_2O$，是一种固体放氧剂，为碳酸钠与过氧化氢以氢键结合在一起的结晶化合物，常见分子晶型有两种，1.5 型（$Na_2CO_3 \cdot 1.5H_2O_2$）和 2∶3 型（$2Na_2CO_3 \cdot 3H_2O_2$）。

过碳酸钠是一种具有多用途的新型氧系漂白剂，具有漂白、杀菌、洗涤、水溶性好等特点，对环境无危害。现已广泛应用于纺织、洗涤剂、医药和饮食行业，同时它也是一种优良的纸浆漂白剂，可替代含氯漂白剂，生产白度高、白度稳定性好的纸浆。

过碳酸钠为白色结晶粉末状或颗粒状固体，由于碳酸钠与过氧化氢以氢键连接，其在水中有很好的溶解度，并随温度的升高而上升。过碳酸钠在不同温度下的溶解度见表 5-6。

表 5-6　过碳酸钠在不同温度下的溶解度

温度/℃	5	10	20	30	40
溶解度/(g/100g H_2O)	12	12.3	14	16.2	18.5

过碳酸钠不稳定，重金属离子或其他杂质污染，高温、高湿等因素都易使其分解，从而降低过碳酸钠活性氧含量。其分解反应式为：

$$Na_2CO_3 \cdot 1.5H_2O_2 \cdot H_2O \xrightarrow{110℃} Na_2CO_3 + 2.5H_2O + 0.75O_2 \uparrow$$

过碳酸钠分解后，活性氧分解成 H_2O 和 O_2，使得过碳酸钠活性氧的含量降低，因此，通过测定在不同条件下活性氧的含量及变化，即可研究过碳酸钠的稳定性。

用 Na_2CO_3 或 $Na_2CO_3 \cdot 10H_2O$ 以及 H_2O_2 为原料，在一定条件下可以合成 $Na_2CO_3 \cdot nH_2O_2 \cdot mH_2O$（一般 $n=1.5$，$m=1$）。合成方法有干法、喷雾法、溶剂法以及湿法（低温结晶法）等多种。本实验采用低温结晶法。反应过程如下：

Na_2CO_3 水解：　$CO_3^{2-} + H_2O \longrightarrow HCO_3^- + OH^-$

酸碱中和：　$H_2O_2 + OH^- \longrightarrow HO_2^- + H_2O$

过氧键转移：　　　　$HCO_3^- + HO_2^- \longrightarrow HCO_4^- + OH^-$

低温下析出结晶：

$2(NaHCO_4 \cdot H_2O) \longrightarrow Na_2CO_3 \cdot 1.5H_2O_2 \cdot H_2O + CO_2 \uparrow + 0.5H_2O + 0.25O_2 \uparrow$

-4℃左右析出 $Na_2CO_3 \cdot 1.5H_2O_2 \cdot H_2O$ 晶体。

为了提高 $Na_2CO_3 \cdot 1.5H_2O_2$ 的产量和析出速率，可以采用盐析法。由于 NaCl 溶解度基本不随温度降低而减小，在合成反应完成之后，加入适量的 NaCl 固体，即盐析法促进过碳酸钠晶体大量析出。母液可循环使用，实现污染“零排放”。

由于 $Na_2CO_3 \cdot 1.5H_2O_2$ 易与有机物反应，因此，它的晶体与母液不能通过滤纸加以分离，要用砂芯漏斗抽滤或离心法分离。

为了提高过碳酸钠的稳定性，在合成过程中应加入微量稳定剂，如 $MgSO_4$、Na_2SiO_3、$Na_4P_2O_7$ 等，也可以加入 EDTA 钠盐或柠檬酸钠盐作为配位剂，以掩蔽重金属离子，使它们失去催化 H_2O_2 分解的能力。同时产品中应尽量除去非结晶水。

【仪器和试剂】

仪器：电子天平、烧杯、称量瓶、碘量瓶、温度计（-10～100℃）、分液漏斗、量筒、滴定管、磁力搅拌器、布氏漏斗、抽滤瓶、真空干燥器。

试剂：Na_2CO_3(固体)、30% H_2O_2、NaCl（固体，不含 I^- 或事先用 H_2O_2 处理过)、$MgSO_4$(固体)、$Na_2SiO_3 \cdot 9H_2O$（固体)、EDTA(固体)、$K_2Cr_2O_7$（固体，基准物质)、KI(固体)、无水乙醇、澄清石灰水、氨水、淀粉溶液（0.5%)、$Na_2S_2O_3$ 标准溶液(0.1000mol/L)。

【实验内容】

1. 过碳酸钠的合成

称取碳酸钠 6.0g，在盛有 25mL 去离子水的 50mL 烧杯中加热溶解、澄清、过滤，在冰柜中冷却到 0℃，待用。

量取 12mL 30% H_2O_2 倒入 100mL 烧杯中，在冰柜中冷却到 0℃，在该烧杯中加入 0.01g 固体 EDTA 钠盐、0.03g 固体 $MgSO_4$、0.12g 固体 $Na_2SiO_3 \cdot 9H_2O$，放入磁珠，用磁力搅拌器搅拌均匀，将 Na_2CO_3 溶液通过分液漏斗滴入盛有 H_2O_2 的烧杯中，边滴边搅拌，约 15min 之后滴加完毕，温度不超过 5℃，在冰柜中冷却到-5℃左右，边搅拌边缓缓加入固体 NaCl 2.5g（约用 3min 时间加完)，此时大量晶体析出（盐析法)。20min 之后，从冰柜中取出 100mL 烧杯，用砂芯漏斗的减压抽滤装置抽滤分离，用澄清石灰水洗涤固体 2 次，用少量无水乙醇洗涤一次，抽干，得到晶状粉末 $Na_2CO_3 \cdot 1.5H_2O_2 \cdot H_2O$。母液可回收。

将产品 $Na_2CO_3 \cdot 1.5H_2O_2 \cdot H_2O$ 固体置于表面皿上，在低于 50℃的真空干燥器中烘干，得到白色粉末结晶，称量产品质量。工业生产上，母液可以回收，循环使用。

注意，在反应中尽可能避免引入重金属离子，否则产品的稳定性降低。烘干冷却之后，密闭放置于干燥处，受潮也影响热稳定性。

2. 过碳酸钠中 H_2O_2 含量（活性氧）的测定

产品中过氧化氢含量的测定主要有两种方法，量气管粗测体积法和间接碘量法，本实验选用间接碘量法测定。

（1）$Na_2S_2O_3$ 标准溶液（0.1000mol/L）的配制和标定。

称取 26g $Na_2S_2O_3 \cdot 5H_2O$（或 16g 无水 $Na_2S_2O_3$）溶于 1000mL 纯水中，缓缓煮沸 10min，冷却，放置两周，过滤，备用。

准确称取 0.15g 基准物 $K_2Cr_2O_7$，需在 120℃烘干到恒重时称量。置于碘量瓶中，加 25mL 纯水、2g KI 及 20mL 2mol/L H_3PO_4 溶液，摇匀之后，于暗处放置 10min，加 150mL 蒸馏水，用 0.1000mol/L 的 $Na_2S_2O_3$ 溶液滴定。接近滴定终点时（溶液变成浅绿黄色），加 3mL 0.5%淀粉溶液继续滴定到溶液由蓝色变成亮绿色，就是滴定终点。记录读数，即为 $Na_2S_2O_3$ 的消耗体积（L），同时进行空白实验，记录消耗 $Na_2S_2O_3$ 的体积（L），用同样的方法平行测定另外 2 份。

$$Cr_2O_7^{2-}+6I^-+14H^+ \longrightarrow 2Cr^{3+}+3I_2+7H_2O \qquad I_2+2S_2O_3^{2-} \longrightarrow 2I^-+S_4O_6^{2-}$$

$$n_{\frac{1}{6}K_2Cr_2O_7}=n_{Na_2S_2O_3} \qquad c_{Na_2S_2O_3}=\frac{m_{K_2Cr_2O_7}}{(V-V_0)\times M_{\frac{1}{6}K_2Cr_2O_7}}$$

式中 $m_{K_2Cr_2O_7}$——精确称量 $K_2Cr_2O_7$ 的质量，g；

$M_{\frac{1}{6}K_2Cr_2O_7}$——$\frac{1}{6}K_2Cr_2O_7$ 的摩尔质量，49.03g/mol；

V——滴定消耗 $Na_2S_2O_3$ 液体的体积，L；

V_0——空白试验消耗 $Na_2S_2O_3$ 溶液的体积，L。

（2）产品中 H_2O_2 含量测定。

用减量法准确称取产品过碳酸钠 0.10～0.15g 3 份，分别放入碘量瓶中，取其中 1 份加入纯净水 50mL（立即加入 2mol/L H_3PO_4 3mL）再加入 1g KI 摇匀，置于暗处反应 10min，用 0.1000mol/L $Na_2S_2O_3$ 标准溶液滴定到浅黄色，加入 1mL 淀粉指示剂，继续滴定到蓝色消失为止，如 30s 内不恢复蓝色，说明已达终点，记录 $Na_2S_2O_3$ 用量（体积，mL）。并做空白实验，记录 $Na_2S_2O_3$ 的用量（体积，mL）。

用同样方法，平行测定另外两份产品试样。相对偏差值小于 2%（由于 H_2O_2 与 I^- 的反应伴有副反应 $H_2O_2 \xrightarrow{I^-} H_2O+\frac{1}{2}O_2$，故测定值偏低）。

$$H_2O_2+2H^++2I^- \longrightarrow I_2+2H_2O \qquad I_2+2S_2O_3^{2-} \longrightarrow 2I^-+S_4O_6^{2-}$$

反应不可在碱性条件下进行，否则 I_2 易发生歧化，由于产品 $Na_2CO_3 \cdot 1.5H_2O_2 \cdot H_2O$ 是碱性的，故要加入一定量 H_3PO_4，适当增加酸性介质，以阻止 I_2 的歧化反应。

H_2O_2 含量可用以下公式计算：

$$\omega_{H_2O_2}=\frac{c_{S_2O_3^{2-}}\ (V-V_0)\ M_{\frac{1}{2}H_2O_2}}{m_{产品}} \qquad \omega_{活性氧}=\omega_{H_2O_2}\times\frac{16}{34}$$

式中 V——滴定消耗的 $Na_2S_2O_3$ 体积，L；

$m_{产品}$——精确称量过碳酸钠的质量，g；

V_0——空白试验消耗的 $Na_2S_2O_3$ 体积，L；

$c_{S_2O_3^{2-}}$——$Na_2S_2O_3$ 的物质的量浓度，mol/L；

$w_{活性氧}$——活性氧的质量分数；

$M_{\frac{1}{2}H_2O_2}$——$\frac{1}{2}H_2O_2$ 的摩尔质量，17.01g/mol。

3. $Na_2CO_3 \cdot 1.5H_2O_2 \cdot H_2O$ 的漂白消毒洗涤性能

取两支试管，各加入 2mL 纯净水和一滴染料，其中一支试管里再加入 1g 制备的

$Na_2CO_3 \cdot 1.5H_2O_2 \cdot H_2O$。振荡两支试管 5min，观察两支试管中溶液颜色变化情况，进行对比。$Na_2CO_3 \cdot 1.5H_2O_2 \cdot H_2O$ 是无磷无毒漂白洗涤剂一种配方的添加剂。

【数据记录及处理】

1. 产品外观及产率

产品外观：　　　　　　　　产品质量（g）：　　　　　　　　产率（%）：

2. 产品活性氧含量分析

请列出表格记录实验数据，并计算产品中活性氧的含量。

3. 产物漂白性能测试

产物漂白性能测试数据记录见表 5-7。

表 5-7　产物漂白性能测试数据记录

实验内容	现象	结论及解释

【思考题】

1. 根据分子轨道理论计算 O_2^+、O_2、O_2^- 的键级。结合氧元素的元素电势图，了解 H_2O_2 的性质。
2. 根据实验原理，在制备 $Na_2CO_3 \cdot 1.5H_2O_2 \cdot H_2O$ 过程中，应注意掌握好哪些操作条件？
3. 试分析 $Na_2CO_3 \cdot 1.5H_2O_2 \cdot H_2O$ 具有洗涤、漂白与消毒作用的原因。
4. 如何测定 $Na_2CO_3 \cdot 1.5H_2O_2 \cdot H_2O$ 中 H_2O_2 的含量。分析测定结果成败的原因。
5. 为何不能像测定 CaO_2 含量那样，用 $KMnO_4$ 标准溶液来测定？

实验 8　电解法制备过二硫酸钾

【目的和要求】

1. 了解电化学合成的基本原理、特点及影响电流效率的主要因素。
2. 掌握阳极氧化制备含氧酸盐的方法和技能。

【实验原理】

本实验是用电解 $KHSO_4$ 水溶液（或 H_2SO_4 和 K_2SO_4 水溶液）的方法来制备 $K_2S_2O_8$。在电解液中主要含有 K^+、H^+ 和 HSO_4^- 离子，电流通过溶液后，发生电极反应，其中：

阴极反应：$2H^+ + 2e^- \longrightarrow H_2\uparrow$　　　　$\varphi^\ominus = 0.00V$

阳极反应：$2HSO_4^- \longrightarrow S_2O_8^{2-} + 2H^+ + 2e^-$　　　　$\varphi^\ominus = 2.05V$

在阳极除了以上的反应外，H_2O 变为 O_2 的氧化反应也是很明显的。

$$2H_2O = O_2\uparrow + 4H^+ + 4e^- \qquad \varphi^\ominus = 1.23V$$

从标准电极电位来看，HSO_4^- 的氧化反应先发生，H_2O 的氧化反应也随之发生，实际上从水中放出 O_2 需要的电位比 1.23V 更大，这是由于水的氧化反应是一个很慢的过程，从而使得这个半反应为不可逆，这个动力学的慢过程，需要外加电压（超电压）才能进行。无论怎样，这个慢反应的速率受发生这个氧化反应电极材料的影响极大。氧在 1mol/L KOH

溶液中的不同阳极材料上的超电压下：

阳极	Ni	Cu	Ag	Pt
超电压/V	0.87	0.84	1.14	1.38

这些超电压不能很好地重复与材料的来源有关，但是它们的差别使人想到在缓慢的氧化反应中，电极参加了反应。确实，超电压是人们所熟悉的，但对它的了解却较少。对于合成目的来说，正是由于氧的超电压使物质在水中的氧化反应可以进行。如果水放出氧的副反应没有超电压的话，物质在水中的氧化反应便不能实现。因为注意到了氧在Pt上高的超电压，所以，$K_2S_2O_8$最大限度地生成，并使O_2的生成限制在最小的程度。调整电解的条件以增加氧的超电压是有利的，因为超电压随电流密度增加而增大，所以采用较大的电流。同样，假如电解在低温下进行，因为反应速率变小，同时水被氧化这个慢过程的速率也会变小，这就增加了氧的超电压，所以低温对$K_2S_2O_8$的形成是有利的。最后，提高HSO_4^-的浓度，使$K_2S_2O_8$产量最大。

由于这些原因，HSO_4^-的电解将采用：a. Pt电极；b. 高电流密度；c. 低温；d. 饱和的HSO_4^-溶液。

在任何电解制备中，总有对产物不利的方面，就是产物在阳极发生扩散，到阴极上又被还原为原来的物质，所以一般阳极和阴极必须分开，或用隔膜隔开。本实验，阳极产生的$K_2S_2O_8$也将向阴极扩散，但由于$K_2S_2O_8$在水中的溶解度不大，它在移动到阴极以前就从溶液中沉淀出来。

阳极采用直径较小的铂丝，已知铂丝的直径和它同电解液接触的长度可以计算电流密度：

$$电流密度=\frac{安培}{阳极面积}$$

根据法拉第电解定律可以计算电解合成产物的理论产量和产率：

$$理论产量=\frac{流过的电量(库仑)}{法拉第常数(96500\,库仑)}\times 产物的电化当量=\frac{I\times t}{96500\,库仑}\times 产物的电化当量$$

因为有副反应，所以实际产量往往比理论产量少，通常所说的产率，在电化学中称为电流效率：

$$产率=电流效率=\frac{实际产量}{理论产量}\times 100\%$$

过二硫酸根离子的盐比较稳定，但在酸性溶液中产生H_2O_2：

$$^-O_3S—O—O—SO_3^- + 2H^+ \longrightarrow HO_3S—O—O—SO_3H$$

$$HO_3S—O—O—SO_3H + H_2O \longrightarrow HO_3S—O—OH + H_2SO_4$$

$$HO_3S—O—OH + H_2O \longrightarrow H_2SO_4 + H_2O_2$$

在某些条件下反应可能会停留在中间产物过一硫酸HO_3SOOH这一步。工业上为制备H_2O_2，是用蒸出H_2O_2的方法迫使反应完成的。

$S_2O_8^{2-}$是已知最强的氧化剂之一，它的氧化性甚至比H_2O_2还强。

$S_2O_8^{2-}+2H^+ +2e^- \longrightarrow 2HSO_4^-$　$\varphi^\ominus=2.05V$；$H_2O_2+2H^+ +2e^- \longrightarrow 2H_2O$　$\varphi^\ominus=1.77V$

它可以把很多种元素氧化为它们的最高氧化态，例如，可以把Cr^{3+}氧化为$Cr_2O_7^{2-}$：

$$3S_2O_8^{2-}+2Cr^{3+}+7H_2O \longrightarrow 6SO_4^{2-}+Cr_2O_7^{2-}+14H^+$$

此反应较慢，加入Ag^+则被催化。Ag^+催化反应的动力学指出最初阶段是Ag^+变为

Ag^{3+}的氧化反应，$S_2O_8^{2-}+Ag^+\longrightarrow 2SO_4^{2-}+Ag^{3+}$；而$Ag^{3+}$同$Cr^{3+}$作用生成$Cr_2O_7^{2-}$是很快的，而且使$Ag^+$再生，$3Ag^{3+}+2Cr^{3+}+7H_2O\longrightarrow Cr_2O_7^{2-}+3Ag^++14H^+$。这些反应的细节尚不清楚，但是由于$S_2O_8^{2-}$中原有的O—O基团的分解，得到高活性的$SO_4^{2-}$阴离子原子团继续进行氧化反应，使$S_2O_8^{2-}$的氧化很快地进行。

$S_2O_8^{2-}$的强氧化能力已经被用来制备Ag的特殊的氧化态（+2）化合物，例如，配合物$[Ag(PY)_4]S_2O_8$（PY代表吡啶）的合成：$2Ag^++3S_2O_8^{2-}+8PY\longrightarrow 2[Ag(PY)_4]S_2O_8+2SO_4^{2-}$，阳离子$[Ag(PY)_4]^{2+}$具有平面正方形的几何构造，类似于$Cu(PY)^{2+}$的构形。

【仪器和试剂】

仪器：电子天平、直流稳压电源、铂电极、烧杯、大口径试管、布氏漏斗、抽滤瓶、聚四氟乙烯滴定管、碘量瓶等。

试剂：H_2SO_4、HAc(浓)、$Na_2S_2O_3$、KI、$Cr_2(SO_4)_3$、$MnSO_4$、$AgNO_3$、$KHSO_4$、KI、吡啶（PY）、H_2O_2（10%）、乙醇（95%）、乙醚。

【实验内容】

1. $K_2S_2O_8$的合成

溶解40g $KHSO_4$于100mL水中，然后冷却到−4℃左右，倒80mL至大试管中，装配铂丝电极和铂片薄电极，调节两极间的合适距离，并使之固定。

将试管放在1000mL烧杯中，周围用冰盐水浴冷却。通电约0.33A，1.5～2h，$K_2S_2O_8$的白色晶体会聚集在试管底部，待$KHSO_4$将消耗尽时，电解反应就慢得多了。由于电解时溶液的电阻使电流产生过量的热，以致需要在电解时，每隔半小时在冰浴中补加冰，必须使温度保持在−4℃左右。反应结束后，关闭电源并记录时间。在布氏漏斗中进行抽滤，收集$K_2S_2O_8$晶体，不能用水洗涤。抽干后，先用95%乙醇，再用乙醚洗涤晶体。抽干后，在干燥器中干燥一至两天，一般得到产物1.5～2g，若产量少于1.5g，则需加入新的$KHSO_4$溶液，再进行电解。

2. $K_2S_2O_8$的性质

配制自制的$K_2S_2O_8$饱和溶液，大约用0.75g $K_2S_2O_8$溶解在尽量少的水中，将$K_2S_2O_8$溶液同下列各种溶液反应，注意观察每个试管中发生的变化。

（1）与酸化了的KI溶液反应（微热）。

（2）与酸化了的$MnSO_4$溶液（需加入1滴$AgNO_3$溶液）反应（微热）。

（3）与酸化了的$Cr_2(SO_4)_3$溶液（需加入1滴$AgNO_3$溶液）反应（微热）。

（4）与$AgNO_3$溶液反应（微热）。

（5）用10%的H_2O_2溶液做以上（1）～（4）实验，与$K_2S_2O_8$对比。

（6）过二硫酸四吡啶合银（Ⅱ）$[Ag(PY)_4]S_2O_8$的合成（选作）。加1.4mL分析纯吡啶至3.2mL含有1.6g $AgNO_3$的溶液中，搅拌，将此溶液加入135mL含有2g $K_2S_2O_8$溶液中，放置30min，由沉淀生成，抽滤，用尽可能少量的水洗涤黄色产品，在干燥器中干燥，计算产率。

3. $K_2S_2O_8$ 的含量

在碘量瓶中溶解 0.25g 样品在 30mL 水中，加入 4g KI，用塞子塞紧，振荡，溶解碘化物以后至少静置 15min，加入 1mL 冰醋酸，用标准 $Na_2S_2O_3$ 溶液（0.1000mol/L）滴定析出的碘，至少分析两个样品，计算电流效率。

废液和固体废弃物倒入指定容器中。

【数据记录及处理】

1. 产品外观及产率

产品外观：　　　　　　　　产品质量（g）：　　　　　　　　产率（%）：

2. 产物的定性分析

实验内容	现象	结论及解释

3. $K_2S_2O_8$ 含量的分析

请列出表格记录实验数据，并计算产品中 $K_2S_2O_8$ 的含量及电流效率。

【思考题】

1. 分析制备 $K_2S_2O_8$ 中电流效率降低的主要原因。

2. 比较 $S_2O_8^{2-}$ 的标准电极电位，你能预言 $S_2O_8^{2-}$ 可以氧化 H_2O 为 O_2 吗？实际上这个反应能发生吗？为什么能或为什么不能？

3. 写出电解 $KHSO_4$ 水溶液时发生的全部反应。

4. 为什么在电解时阳极和阴极不能靠得很近？

5. 如果用铜丝代替铂丝做阳极，仍能生成 $K_2S_2O_8$ 吗？

5.1.4 配位化合物的合成

实验 9 硫酸四氨合铜（Ⅱ）的制备

【目的和要求】

1. 了解配合物的制备、结晶、提纯的方法。
2. 学习硫酸四氨合铜（Ⅱ）的制备原理及制备方法。
3. 进一步练习溶解、抽滤、洗涤、干燥等基本操作。

【实验原理】

一水合硫酸四氨合铜（Ⅱ）$[Cu(NH_3)_4]SO_4 \cdot H_2O$ 为蓝色正交晶体，在工业上用途广泛，常用作杀虫剂、媒染剂，在碱性镀铜中也常用作电镀液的主要成分，也用于制备某些含铜的化合物。

本实验通过将过量氨水加入硫酸铜溶液中反应得硫酸四氨合铜，反应式为：

$$CuSO_4 + 4NH_3 + H_2O = [Cu(NH_3)_4]SO_4 \cdot H_2O$$

由于硫酸四氨合铜在加热时易失氨，所以，其晶体的制备不宜选用蒸发浓缩等常规的方法。硫酸四氨合铜溶于水但不溶于乙醇，因此，在硫酸四氨合铜溶液中加入乙醇，即可析出深蓝色的 $[Cu(NH_3)_4]SO_4 \cdot H_2O$ 晶体。

由于该配合物不稳定，常温下，一水合硫酸四氨合铜（Ⅱ）易于与空气中的二氧化碳、水反应生成铜的碱式盐，使晶体变成绿色粉末。在高温下分解成硫酸铵、氧化铜和水，故不宜高温干燥。

【仪器和试剂】

仪器：电子天平、烧杯、量筒、玻璃棒、布氏漏斗、抽滤瓶、表面皿、滤纸等。

试剂：H_2SO_4（2mol/L）、NaOH（2mol/L）、无水乙醇、氨水、乙醇∶浓氨水（1∶2）、五水硫酸铜（固体）。

【实验内容】

1. 硫酸四氨合铜（Ⅱ）的制备

称取 5.0g 五水硫酸铜，放入洁净的 100mL 烧杯中，加入 10mL 去离子水，搅拌至大部分溶解，加入 10mL 浓氨水，搅拌混合均匀（此时溶液呈深蓝色，较为不透光。若溶液中有沉淀，抽滤使溶液中不含不溶物）。沿烧杯壁慢慢滴加 20mL 无水乙醇，然后盖上表面皿静置 15min。待晶体完全析出后，减压过滤，晶体用乙醇∶浓氨水（1∶2）的混合液洗涤，再用无水乙醇淋洗，抽滤至干。然后将其在 60℃左右烘干，称量。

2. 产品检验

取产品 0.5g，加 5mL 蒸馏水溶解备用。

（1）取少许产品溶液，滴加 2mol/L 硫酸溶液，观察并记录实验现象。

（2）取少许产品溶液，滴加 2mol/L 氢氧化钠溶液，观察并记录实验现象。

（3）取少许产品溶液，加热至沸，观察并记录实验现象；继续加热，观察并记录实验现象。

（4）取少许产品溶液，逐渐滴加无水乙醇，观察并记录实验现象。

（5）在离心试管中逐渐滴加 0.1mol/L Na_2S 溶液，观察并记录实验现象。

【数据记录及处理】

1. 产品外观及产率

产品外观：　　　　　　　　产品质量（g）：　　　　　　　　产率（%）：

2. 产物定性分析

产物定性分析数据记录见表 5-8。

表 5-8　产物定性分析数据记录

实验内容	现象	结论及解释
产品溶液+2mol/L H_2SO_4		
产品溶液+2mol/L NaOH		
产品溶液加热至沸继续加热		

续表

实验内容	现象	结论及解释
产品溶液＋无水乙醇		
产品溶液＋Na_2S溶液		

【实验说明】

硫酸铜溶解较为缓慢，为加快溶解速度，应研细固体硫酸铜，同时可微热促使硫酸铜溶解。

【思考题】

为什么使用乙醇∶浓氨水（1∶2）的混合液洗涤晶体而不是蒸馏水？

实验 10 一种钴（Ⅲ）配合物的制备

【目的和要求】

1. 掌握制备金属配合物最常用的方法——水溶液中的取代反应和氧化还原反应。
2. 了解基本原理和方法。
3. 学会对配合物的组成初步推断。

【实验原理】

采用水溶液中的取代反应来制取金属配合物。实际上是用适当的配体来取代水合配离子中的水分子，然后利用氧化还原反应将不同氧化态的金属配合物，在配体存在下使其适当地氧化或还原得到该金属配合物。

Co(Ⅱ）的配合物能很快地进行取代反应（是活性的），而Co(Ⅲ）配合物的取代反应很慢（是惰性的）。本实验Co(Ⅲ）的配合物制备过程是通过Co(Ⅱ)（实际上是它的水合配合物）和配体之间的一种快速反应生成Co(Ⅱ）的配合物，然后将它氧化成相应的Co(Ⅲ）的配合物（配位数均为6)。

用化学分析方法确定某配合物的组成，通常先确定配合物的外界，然后将配离子破坏再来看其内界。配离子的稳定性受很多因素影响，通常可用加热或改变溶液酸碱性来破坏它。本实验是初步推断，一般用定性、半定量甚至估量的分析方法。推定配合物的化学式后，可用电导仪来测定一定浓度配合物溶液的导电性，与已知电解质溶液的导电性进行对比，可确定该配合物化学式中含有几个离子，进一步确定该化学式。

游离的Co^{2+}在酸性溶液中可与硫氰化钾作用生成蓝色配合物$[Co(NCS)_4]^{2-}$。因其在水中离解度大，故常加入硫氰化钾浓溶液或固体，并加入戊醇和乙醚以提高稳定性。由此可用来鉴定Co^{2+}的存在。其反应如下：

$$Co^{2+}+4SCN^{-} = [Co(NCS)_4]^{2-}$$

游离的NH_4^+可由奈氏试剂来鉴定，其反应如下：

$$NH_4^{+}+2[HgI_4]^{2-}+4OH^{-} = [O(Hg)_2NH_2]I\downarrow+7I^{-}+3H_2O$$

【仪器和试剂】

仪器：电子天平、烧杯、锥形瓶、量筒、研钵、漏斗、铁架台、红外加热炉、试管、滴管、药勺、试管夹、漏斗架、石棉网、普通温度计、电导率仪、pH 试纸、滤纸等。

试剂：氯化铵、氯化钴、硫氰化钾、浓氨水、硝酸（浓）、浓盐酸（6mol/L）、H_2O_2（30%）、$AgNO_3$（2mol/L）、$SnCl_2$（0.5mol/L，新配）、奈氏试剂、乙醚、戊醇等。

【实验内容】

1. 制备 Co（Ⅲ）配合物

氯化铵（1.0g）⟶加入浓氨水（6mL）⟶溶解（注意完全溶解）⟶振摇（目的使溶液匀）⟶加氯化钴（研细，2.0g 分数次加，边加边振荡，有利于反应进行完全）⟶加完继续振荡至溶液成棕色稀浆⟶滴加 H_2O_2（2～3mL，30%，边加边振荡，加完继续摇动）⟶当固体完全溶解停止起泡时，慢加浓 HCl（6mL，边加边摇动并水浴微热，注意，温度不能超过 85℃，否则配合物破坏）⟶加热 10～15min（边摇边加热）⟶冷却（继续摇动）⟶过滤⟶冷水洗涤沉淀⟶冷盐酸（6mol/L，5mL）洗涤沉淀⟶产物烘干（105℃）⟶称重。

【说明 1】

$$[Co(H_2O)_6]^{2+} + 6NH_3 = [Co(NH_3)_6]^{2+} + 6H_2O$$

$$[Co(H_2O)_6]^{2+} + 5NH_3 = [Co(NH_3)_5(H_2O)]^{2+} + 5H_2O$$

$$[Co(H_2O)_6]^{2+} + 5NH_3 + Cl^- = [Co(NH_3)_5Cl]^{+} + 6H_2O$$

Co^{2+} 的配合物取代反应快，而 Co^{3+} 的配合物取代反应慢，因此，采用 Co^{2+} 的配合物进行这一步反应，在浓氨水中加入氯化铵固体的目的是抑制氨的电离，使 $[Co^{2+}][OH^-]^2 < K_{sp}$，$Co^{2+}$ 不能以氢氧化物沉淀。加 H_2O_2 使 Co(Ⅱ) 的配合物氧化成相应 Co(Ⅲ) 的配合物。

$$[Co(NH_3)_6]^{2+} + H_2O_2 \longrightarrow [Co(NH_3)_6]^{3+}(\text{黄色}) + H_2O$$

$$[Co(NH_3)_5(H_2O)]^{2+} + H_2O_2 \longrightarrow [Co(NH_3)_5(H_2O)]^{3+}(\text{粉红色}) + H_2O$$

$$[Co(NH_3)_5Cl]^{+} + H_2O_2 \longrightarrow [Co(NH_3)_5Cl]^{2+}(\text{紫红色}) + H_2O$$

可以通过颜色初步判断是何种配合物，加浓盐酸加热的目的是除去过量的氨水和氯化铵。

2. 组成的初步推断

（1）产物（0.3g）⟶加水（35mL）⟶用 pH 试纸检验酸碱性。

（2）Co(Ⅲ) 配合物溶液（15mL）⟶加 $AgNO_3$（2mol/L，慢加并搅动直至加一滴 $AgNO_3$ 溶液后无沉淀生成为止）⟶过滤⟶滤液加浓硝酸（1～2mL，搅动）⟶再加 $AgNO_3$ ⟶观察有无沉淀生成，并与前面沉淀量进行比较。

【说明 2】$Ag^+ + Cl^- \longrightarrow AgCl\downarrow$，有白色沉淀产生说明溶液中（配合物外界）存在 Cl^-。滤液加浓硝酸促使钴的配合物电离，如配合物内界有 Cl^-，就会与后加入的 $AgNO_3$ 生成沉淀，然后与前面的沉淀量相比，可得出内界与外界 Cl^- 的比例关系。

$$[Co(NH_3)_6]^{3+} + HNO_3 \longrightarrow Co^{3+} + NH_4^+ + NO_3^-$$

$$[Co(NH_3)_5Cl]^{2+} + HNO_3 \longrightarrow Co^{3+} + NH_4^+ + NO_3^- + Cl^-$$

（3）Co(Ⅲ) 配合物溶液（2～3mL）⟶加 $SnCl_2$（0.5mol/L，几滴）⟶振荡⟶加硫氰化钾（绿豆大小）⟶振荡⟶加戊醇、乙醚（各 1mL）⟶振荡⟶观察上层溶液颜色。

【说明 3】

$$Co^{3+} + Sn^{2+} \longrightarrow Co^{2+} + Sn^{4+}$$

$$Co^{2+} + 4SCN^- = [Co(NCS)_4]^{2-}(蓝色)$$

该配合物在水溶液中不稳定，但在有机溶剂中稳定，所以加戊醇和乙醚。这一步检验的是溶液中是否有游离的 Co^{3+}，如有乙醚和戊醇层出现蓝色。

(4) Co(Ⅲ) 配合物溶液 (2mL)⟶加水⟶加奈氏试剂⟶观察溶液有无变化检验外界是否有 NH_4^+，如果在外界，会有大量的沉淀产生。

(5) Co(Ⅲ) 配合物溶液 (剩余)⟶加热⟶观察溶液变化⟶至完全变成棕黑色停止加热⟶冷却⟶检验溶液酸碱性⟶过滤⟶上清液⟶分别再做实验 (3)、实验 (4) ⟶观察有何不同。

【说明 4】加热有利于配合物的离解，离解出来的 Co^{3+} 在加热状态下会发生水解：

$$Co^{3+} + H_2O \longrightarrow Co(OH)_3 \downarrow (棕黑色) + H^+$$

pH 试纸检验应呈酸性。

上清液再加奈氏试剂，出现大量沉淀说明 NH_3 是在内界；上清液重复做实验 (3)，如没有实验 (3) 的现象或不同，说明 Co^{3+} 是在内界而且中心离子确实是 Co^{3+}。

【数据记录及处理】

1. 产品外观及产率

产品外观：　　　　　　产品质量 (g)：　　　　　　产率 (%)：

2. 根据所得实验数据，推测配合物的化学组成和结构

【思考题】

1. 将氯化钴加入氯化铵与浓氨水的混合液中，可发生什么反应？生成何种配合物？
2. 上述制备实验中加过氧化氢起何种作用？
3. 有 5 种不同的配合物，分析其组成后确定它们有共同的实验式：$K_2CoCl_2I_2(NH_3)_2$；电导测定得知在水溶液中 5 种化合物的电导率数值与硫酸钠相近。请写出它们不同配离子的结构式并说明不同配离子间有何不同？

实验 11　水合三草酸合铁(Ⅲ)酸钾的合成及结构分析

扫一扫，可直接观看实验视频

【目的和要求】

1. 了解水合三草酸合铁（Ⅲ）酸钾的合成方法。
2. 培养综合应用基础知识的能力。
3. 了解表征配合物结构的方法。

【实验原理】

水合三草酸合铁（Ⅲ）酸钾 $K_3[Fe(C_2O_4)_3]\cdot 3H_2O$ 为翠绿色单斜晶体，溶于水［溶解度：4.7g/100g(0℃)、117.7g/100g(100℃)］，难溶于乙醇。110℃下失去结晶水，230℃分解。该配合物对光敏感，遇光照射发生分解：

$$2K_3[Fe(C_2O_4)_3]\cdot 3H_2O \longrightarrow 3K_2C_2O_4 + 2FeC_2O_4 \downarrow (黄色) + 2CO_2 \uparrow + 6H_2O$$

水合三草酸合铁（Ⅲ）酸钾是制备负载型活性铁催化剂的主要原料，也是一些有机反应的良好催化剂，在工业上具有一定的应用价值。其合成工艺路线有多种。例如，可用三氯化铁或硫酸铁与草酸钾反应合成水合三草酸合铁（Ⅲ）酸钾，也可以铁为原料制得水合三草酸合铁（Ⅲ）酸钾。

本实验用 $FeCl_3 \cdot 6H_2O$ 为起始原料，在一定条件下直接与 $K_2C_2O_4$ 反应合成制备水合三草酸合铁（Ⅲ）酸钾，其合成过程简单，易操作，产品经过重结晶后，纯度高。

$$FeCl_3 \cdot 6H_2O + 3K_2C_2O_4 \longrightarrow K_3[Fe(C_2O_4)_3] \cdot 3H_2O + 3KCl + 3H_2O$$

利用以下方法定性分析所得到的水合三草酸合铁（Ⅲ）酸钾的结构：

1. 结晶水的含量和数目

采用质量分析法。将一定量的产品在110℃下干燥，根据失重情况计算水的含量和结晶水个数。

2. 草酸根的定性分析

将一定量的产品溶于水后，加入一定浓度的 $CaCl_2$ 水溶液，观察是否有沉淀生成，判定游离草酸根是否存在，再进一步判断草酸根是否参与配位（如何判断?）。

3. 铁离子的定性分析

将一定量的产品溶于水后，加入一定浓度的KSCN水溶液，观察是否有血红色生成，判定游离铁离子是否存在，再进一步判断铁离子是否参与配位（如何判断?）。

4. 钾离子的定性分析

将一定量的产品溶于水后，加入一定浓度的 $NaB(C_6H_5)_4$ 水溶液，观察是否有沉淀生成，判定钾离子是否存在。

【仪器和试剂】

仪器：电子天平、烧杯、量筒、玻璃棒、长颈漏斗、布氏漏斗、抽滤瓶、表面皿、称量瓶、干燥器、pH试纸等。

试剂：$FeCl_3 \cdot 6H_2O$、$K_2C_2O_4 \cdot H_2O$、HCl(3mol/L)、50%乙醇、乙醇、$CaCl_2$ 溶液（10%或0.5mol/L）、KSCN溶液（0.1mol/L）、$NaB(C_6H_5)_4$ 溶液（0.1mol/L）、$FeCl_3$ 溶液（0.1mol/L）。

【实验内容】

1. $K_3[Fe(C_2O_4)_3] \cdot 3H_2O$ 的合成

称取2.7g $FeCl_3 \cdot 6H_2O$ 加入3mL水，并加入数滴（1～2滴）稀盐酸调节溶液的pH=1～2（先测定pH值，如果pH=1～2，不需要加稀盐酸）。用电子天平称取5.5g的 $K_2C_2O_4 \cdot H_2O$，放入100mL烧杯中，加入10mL蒸馏水并水浴加热至85～95℃，完全溶解后逐滴加入上述 $FeCl_3$ 溶液并不断搅拌，至溶液变成澄清翠绿色，中途测定溶液pH值（<4，pH值偏高，补加稀盐酸1～2滴）。将此溶液放到冰水混合物中冷却，保持此温度直到结晶完全（约0.5h）。倾出母液，将晶体再次溶于8mL热水中（适当加热），冷却到0℃，待其晶体完全析出，然后减压过滤，先用50%乙醇洗涤一次，再用乙醇洗涤两次，自然晾干得 $K_3[Fe(C_2O_4)_3] \cdot 3H_2O$ 晶体或者粉末，称重，并计算产率。

2. 结构分析

（1）结晶水含量分析：取一半产物至称量瓶中，称重。将产物放入烘箱于110℃干燥（>0.5h，1.0～2.0h），然后放入干燥器中冷却并称其质量至不再变化（前后两次称量相差不超过0.3mg）。计算结晶水的质量和结晶水数目。

（2）草酸根的定性分析。

a. 配置浓度约5%的水合三草酸合铁（Ⅲ）酸钾水溶液：称取0.2g产品，溶于4mL蒸馏水中，备用。

b. 移取1mL新配5%的水合三草酸合铁（Ⅲ）酸钾水溶液，滴入2～3滴10%的$CaCl_2$水溶液，观察是否有沉淀生成，判定游离草酸根是否存在，再进一步判断草酸根是否参与配位。

c. 取1mL草酸钾溶液，滴入2～3滴10%的$CaCl_2$水溶液，观察是否有沉淀生成，跟b中现象做对比。

（3）铁离子的定性分析。

a. 移取1mL新配5%的水合三草酸合铁（Ⅲ）酸钾水溶液，滴入2～3滴KSCN水溶液，观察是否有血红色生成，判定游离铁离子是否存在，再进一步判断铁离子是否参与配位。

b. 移取1mL $FeCl_3$溶液，滴入2～3滴KSCN水溶液，观察是否有血红色生成，跟a中现象做对比。

（4）钾离子的定性分析：移取1mL新配5%的水合三草酸合铁（Ⅲ）酸钾水溶液，滴加几滴$NaB(C_6H_5)_4$溶液，观察反应现象，判断K^+的存在。

【数据记录及处理】

1. 产品外观及产率

产品外观：　　　　　　　　　产品质量（g）：　　　　　　　　　产率（%）：

2. 根据所得实验数据，推测水合三草酸合铁（Ⅲ）酸钾的化学组成和结构

【实验说明】

1. 因本实验中有Fe^{3+}离子，会对地板、实验台水池染色，所以在实验过程中要注意，应及时清理污染物。

2. 所合成的钾盐是一种亮绿色晶体，易溶于水难溶于丙酮等有机溶剂，它是光敏物质，见光分解。

3. Fe^{3+}与KSCN反应生成血红色$Fe(NCS)_n^{3-n}$，$C_2O_4^{2-}$与Ca^{2+}生成白色沉淀CaC_2O_4，可以判断Fe^{3+}、$C_2O_4^{2-}$处于游离还是配位状态。

4. 钾离子的定性鉴定用特征化学反应法：由K^+与$NaB(C_6H_5)_4$（四苯硼酸钠）在中性或稀醋酸介质中，生成白色沉淀。

【思考题】

1. 如何提高水合三草酸合铁（Ⅲ）酸钾产物的纯度？

2. 如果制得的水合三草酸合铁（Ⅲ）酸钾中含有较多的杂质离子，对水合三草酸合铁（Ⅲ）酸钾配合物的结构分析有何影响？试讨论分析。

3. 结合定性分析的结论，如何准确测定该配合物的组成?

5.2　有机化学合成技术实验

5.2.1　烯烃的制备

实验 12　环己烯的制备

【目的和要求】

1. 学习用环己醇制取环己烯的原理和方法。
2. 掌握简单分馏的一般原理及基本操作技能。
3. 学会正确安装填料及分馏装置。

【实验原理】

反应：

$$\text{环己醇(OH)} \xrightarrow{H_2SO_4} \text{环己烯} + H_2O$$

【仪器和试剂】

仪器：锥形瓶、圆底烧瓶、韦氏分馏柱、直形冷凝管、蒸馏头、温度计套管、接引管、分液漏斗、电热套、量筒、水银温度计（150℃）等。

试剂：环己醇、浓硫酸、无水氯化钙、氯化钠、5%碳酸钠水溶液等。

【实验内容】

(1) 在 50mL 干燥的圆底烧瓶中，放入 10mL 环己醇，边摇边冷却边滴、加 3 滴浓硫酸，使液体混合均匀，放入沸石，搭好简单分馏装置。

(2) 用电热套慢慢加热至反应液沸腾，控制分馏柱顶温度不超过 90℃，正常时稳定在 69～83℃，直到无馏出液为止。

(3) 向馏出液中慢慢加入 NaCl 固体，直至溶液饱和，再加 1.5～2mL 5%碳酸钠水溶液，用 50mL 分液漏斗洗涤分液，分出产品层，用无水氯化钙干燥 15min 后把粗产品倒入 25mL 圆底烧瓶中，常压蒸馏纯化产品，收集 82～84℃馏分。产品质量约 5～6g。环己烯红外光谱图如图 5-1 所示。

【实验说明】

1. 加入浓硫酸时，要注意防止局部过热，发生聚合或碳化作用。

2. 收集和转移环己烯时，应保持充分冷却（如将接收瓶放在冷水浴中），以免因挥发而损失产量。

3. 由于反应中环己烯与水形成共沸物（沸点 70.8℃，含水 10%）；环己醇与环己烯形成共沸物（沸点 64.9℃，含环己醇 30.5%）；环己醇与水形成共沸物（沸点 97.8℃，含水

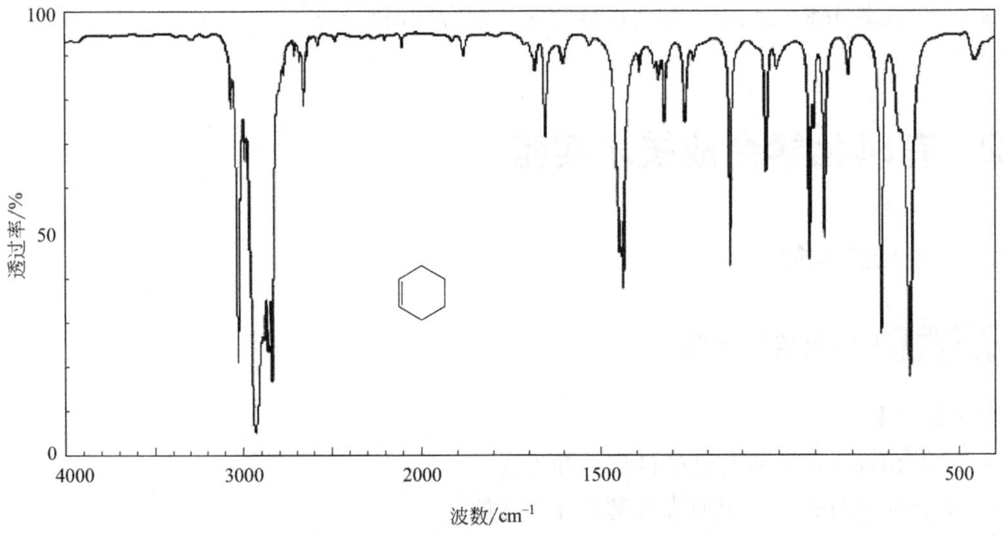

图 5-1 环己烯红外光谱图

80%）。因此，在加热时要控制柱顶温度不超过 90℃，蒸馏速度不宜太快，以减少未作用的环己醇蒸出。并调节加热速度，以保证反应速率大于蒸出速率，使分馏得以连续进行，反应时间约 40min。

4. 产品是否清亮透明，是本实验的一个质量标准，为此除干燥好外，所有蒸馏仪器必须全部干燥。

5. 当粗产品干燥好后，向烧瓶中倾倒时要防止干燥剂流出，可在普通玻璃漏斗颈处稍塞一团疏松的脱脂棉或玻璃棉过滤。

【思考题】

1. 在粗制的环己烯中，加入精盐使水层饱和的目的是什么？

2. 反应时柱顶温度控制在何值最佳？

实验 13 魏梯烯的制备和反应——苄基三苯基膦氯化物的制备及 1,4-二苯基-1,3-丁二烯的制备

【目的和要求】

1. 学习魏梯烯（Wittig）试剂的制备方法。

2. 学习利用魏梯烯试剂与醛酮反应制备烯烃的方法。

【实验原理】

$$Ph_3P + PhCH_2Cl \longrightarrow Ph_3P^+CH_2PhCl^-$$

$$Ph_3P^+CH_2PhCl^- + NaOH \longrightarrow Ph_3P{=}CHPh + H_2O + NaCl$$

$$Ph_3P{=}CHPh + PhCH{=}CHCHO \longrightarrow PhCH{=}CHCH{=}CHPh + Ph_3P{=}O$$

【仪器和试剂】

仪器：圆底烧瓶（50mL）、电热套、球形冷凝管、锥形瓶、磁力搅拌器、量筒、布氏漏

斗、抽滤瓶等。

试剂：氯化苄、三苯基膦、二甲苯、95%乙醇、肉桂醛、25% NaOH 水溶液。

【实验内容】

1. 苄基三苯基膦氯化物的制备

在 50mL 圆底烧瓶中加入 1g 氯化苄、1.3g 三苯基膦和 10mL 二甲苯，回流 2h，并不时摇动，以防生成的产物被反应物包裹。抽滤，用少量二甲苯洗涤，烘干，得无色结晶产品，收率约 85%，熔点 310～312℃。

2. 1,4-二苯基-1,3-丁二烯的制备

取 1g 苄基三苯基膦盐放入 25mL 锥形瓶中，加入 12mL 95%乙醇使其溶解，然后再加入 0.4g 肉桂醛。在磁力搅拌下于室温逐滴加入 1.5mL 25% NaOH 水溶液。这时，反应液开始变成淡黄色，随后出现浑浊，并伴随有白色沉淀生成。继续搅拌 2h，减压过滤，用少量 95%乙醇洗涤，干燥后得淡黄色鳞片状结晶，产率约 60%～70%，熔点 310～312℃。对产物进行红外光谱和核磁共振分析，确定所得烯烃的立体结构。

【实验说明】

有机膦化合物有毒，苄基氯具有刺激性和催泪性，应慎防上述物质与皮肤接触或吸入其蒸气。

【思考题】

1. 写出魏梯烯反应的历程以及产物的主要构型。
2. 举例说明魏梯烯反应在有机合成中的应用。

5.2.2　卤代烃的制备

实验14　正溴丁烷的合成

【目的和要求】

1. 了解以正丁醇、溴化钠和浓硫酸为原料制备正溴丁烷的基本原理和方法。
2. 掌握带有害气体吸收装置的加热回流操作。
3. 进一步熟悉巩固洗涤、干燥和蒸馏操作。

【实验原理】

主反应：

$$NaBr + H_2SO_4 \longrightarrow HBr + NaHSO_4 \qquad n\text{-}C_4H_9OH + HBr \longrightarrow n\text{-}C_4H_9Br + H_2O$$

副反应：

$$CH_3CH_2CH_2CH_2OH + H_2SO_4 \longrightarrow CH_3CH_2CH{=}CH_2 + H_2O$$

$$2n\text{-}C_4H_9OH \longrightarrow (n\text{-}C_4H_9)_2O + H_2O \qquad 2HBr + H_2SO_4 \longrightarrow Br_2 + SO_2\uparrow + 2H_2O$$

【仪器和试剂】

仪器：圆底烧瓶、带磁力搅拌的电热套、磁珠、球形冷凝管、蒸馏装置、气体吸收装置、分液漏斗、pH 试纸等。

试剂：正丁醇、溴化钠、浓硫酸、5%氢氧化钠溶液、饱和碳酸氢钠溶液、无水氯化钙、蒸馏水等。

【实验内容】

1. 在 100mL 的圆底烧瓶中加入 10g 溴化钠、7.5mL 正丁醇和 10mL 水，充分振摇。

2. 将烧瓶置于冰水浴锅中，在不停地振摇下，慢慢滴加 12mL 浓硫酸，滴加完毕后，撤去冰水浴，并用卫生纸擦干圆底烧瓶外壁。

3. 装上球形冷凝管，在冷凝管上端接一气体吸收装置，用 5%氢氧化钠的水溶液作气体吸收剂。

4. 在带磁力搅拌的电热套上将反应液加热搅拌回流半小时。

5. 冷却后，改为蒸馏装置。

6. 在带磁力搅拌的电热套上加热搅拌蒸馏混合物，待馏出液由混浊变为澄清（或者反应液上层有机层消失）时，此时正溴丁烷已全部蒸出，停止蒸馏。

7. 将馏出液小心转入分液漏斗中，用 10mL 水洗涤，并静置分层（哪一层是正溴丁烷？正溴丁烷和水的密度各为多少？）。

8. 将有机层转入到另一个干燥的分液漏斗中。

9. 有机层用 3mL 浓硫酸洗涤，并分去硫酸层（哪一层？）。

10. 将有机层放入锥形瓶中，并加入 10mL 饱和碳酸氢钠溶液，振摇反应至没有气泡产生，然后分液，有机层继续用 10mL 水洗涤，分液后有机层用 pH 试纸检验是否已达中性，否则重复水洗。

11. 将产物移入干燥的锥形瓶中，加入少量的无水氯化钙干燥，间歇摇动，直至液体透明。

12. 将干燥后的产物小心转入到一个干燥的蒸馏烧瓶中，在电热套上加热蒸馏，收集 99～103℃的馏分。称重产物，计算产率。

纯的 1-溴丁烷为无色透明液体，沸点为 101.6℃，相对密度为 1.2758，折射率为 1.4401，红外光谱图如图 5-2 所示。

【实验说明】

1. 掌握气体吸收装置的正确安装和使用。

2. 溴化钠不要黏附在烧瓶口上和烧瓶壁上。

3. 浓硫酸要分批加入，混合均匀。否则，因放出大量的热而使反应物氧化，颜色变深。

4. 反应过程中要不时摇动烧瓶，或加入磁珠搅拌反应，促使反应完全。

5. 正溴丁烷是否蒸完，可以从下列几方面判断：①蒸出液是否由混浊变为澄清；②蒸馏瓶中的上层油状物是否消失；③取一试管收集几滴馏出液，加水摇动观察有无油珠出现。如无，表示馏出液中已无有机物，蒸馏完成。

6. 洗后产物呈红色，可用少量的饱和亚硫酸氢钠水溶液洗涤以除去由于浓硫酸的氧化作用生成的游离溴。

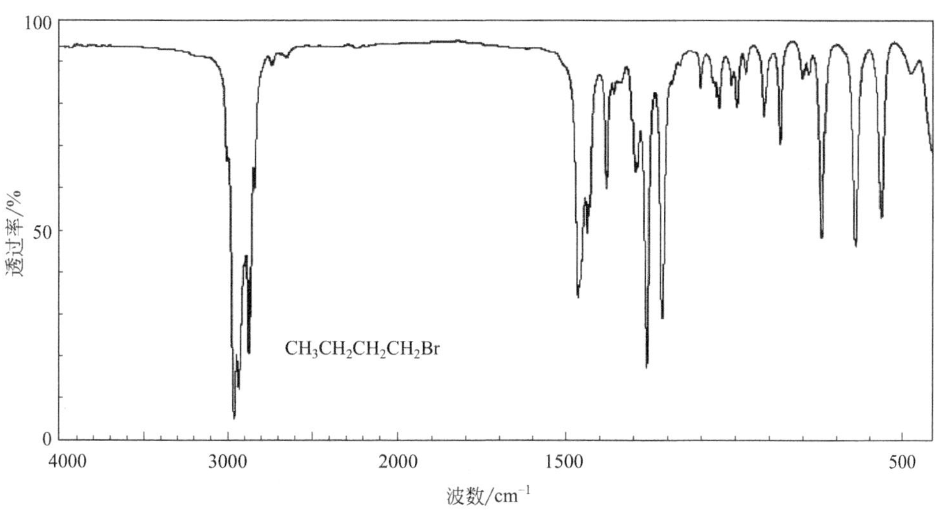

图 5-2 正溴丁烷红外光谱图

【思考题】

1. 什么时候用气体吸收装置？如何选择吸收剂？

2. 在正溴丁烷的合成实验中，蒸馏出的馏出液中正溴丁烷通常应在下层，但有时可能出现在上层，为什么？若遇此现象如何处理？

3. 粗产品正溴丁烷经水洗后油层呈红棕色是什么原因？应如何处理？

实验 15 溴乙烷的合成

【目的和要求】

1. 学习以醇为原料制备一卤代烷的实验原理和方法。
2. 学习低沸点蒸馏的基本操作。
3. 巩固分液漏斗的使用方法。

【实验原理】

卤代烷制备中的一个重要方法是由醇和氢卤酸发生亲核取代反应来制备。反应一般在酸性介质中进行。实验室制备溴乙烷是用乙醇与氢溴酸反应制备，由于氢溴酸是一种极易挥发的无机酸，因此在制备时采用溴化钠与硫酸作用产生氢溴酸直接参与反应。在该反应过程中，常常伴随消除反应和重排反应的发生。

主反应：

$$NaBr + H_2SO_4 = HBr + NaHSO_4$$

$$HBr + C_2H_5OH \rightleftharpoons C_2H_5Br + H_2O$$

副反应：

$$C_2H_5OH \xrightarrow{H_2SO_4} CH_2=CH_2$$

$$2C_2H_5OH \xrightarrow{H_2SO_4} C_2H_5OC_2H_5$$

$$2HBr+H_2SO_4 = SO_2\uparrow+Br_2+2H_2O$$

【仪器和试剂】

仪器：圆底烧瓶、锥形瓶、温度计、烧杯、分液漏斗、真空接液管、75°弯头、T形蒸馏头、直形冷凝管、温度计套管、量筒、电热套、胶头滴管等。

试剂：95%乙醇、浓硫酸、溴化钠、无水氯化钙等。

【实验内容】

1. 在50mL圆底烧瓶中加入5mL 95%乙醇及5mL水，在不断振摇和冷水冷却下慢慢滴加10mL浓硫酸，冷却至室温后，加入7.5g研细的溴化钠，混合均匀，加入沸石，用常压蒸馏装置进行蒸馏，在接收瓶内加入冰水，使接引管的末端刚好与冰水接触为宜。加热时应慢慢升高温度，直至无油状物馏出。

2. 将馏出物倒入分液漏斗中，将分出的有机层转移至一个干燥的锥形瓶中，边冷却边振荡，慢慢滴加浓硫酸，直至有明显的硫酸层出现为止，然后用分液漏斗尽量将硫酸层分出，粗产品用无水氯化钙干燥后，用水浴加热进行蒸馏，接收瓶外加冰水冷却，收集37～40℃间馏分，产率约62%。溴乙烷的红外光谱图如图5-3所示。

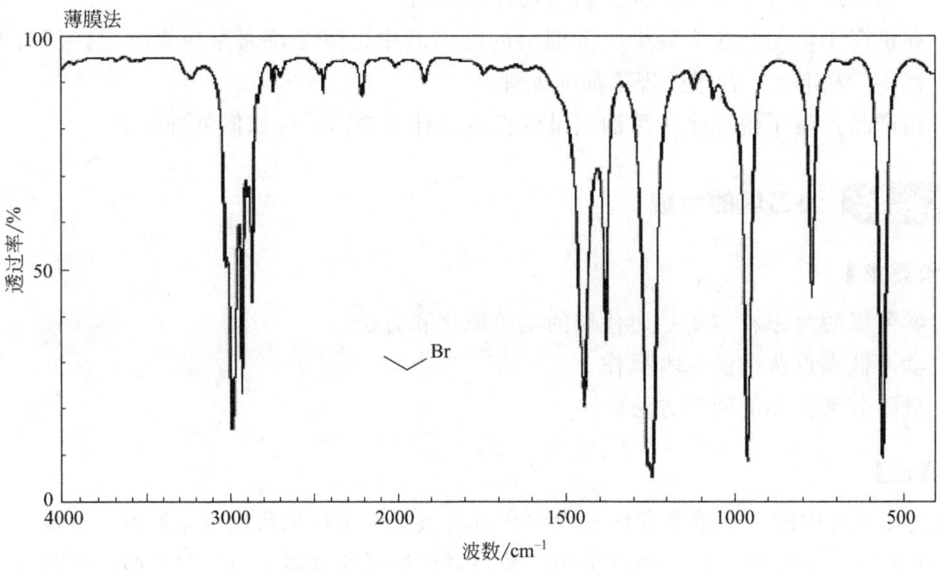

图5-3　溴乙烷的红外光谱图

【实验说明】

1. 加入少量水可以防止反应时产生大量泡沫，减少副产物乙醚的生成和避免氢溴酸的挥发。

2. 由于溴乙烷沸点较低，蒸馏时一定要慢慢加热，以防反应物冲出蒸馏瓶或由于蒸汽来不及冷凝，从而造成产品损失。

3. 由于接收瓶中加入了冰水，故在蒸馏时应防止馏出液倒吸。

4. 本实验可用KBr代替NaBr。

【思考题】

1. 在制备溴乙烷时，反应混合物中如果不加水会有什么结果？
2. 粗产物中可能有什么杂质，是如何除去的？
3. 一般制备溴代烃都有哪些方法？各有什么优缺点？

实验16 二苯氯甲烷的合成

【目的和要求】

1. 了解三光气氯代的原理和方法。
2. 熟悉配方中各原料的作用。
3. 掌握透明皂的配制操作技巧。

【实验原理】

二苯氯甲烷是一种重要的医药中间体，可用来合成中枢神经药物莫达非尼、心血管类药物如桂利嗪、白乐利辛、胡椒双苯嗪以及抗组胺药奥沙米特和抗过敏药物苯海拉明等。合成二苯氯甲烷的方法较多，其中，苯和苄氯通过Friedel-Crafts反应得到二苯甲烷，再在光照条件下与氯气反应得到二苯氯甲烷，这一工艺报道较多，但该过程需要用到氯气，反应难以控制，条件比较苛刻，且操作烦琐。二苯氯甲烷的反应过程如下。

$$Ph_2CH-OH \xrightarrow{\text{三光气}} Ph_2CH-Cl$$

$$Cl_3C-O-C(=O)-O-CCl_3$$

三光气的结构式

三光气，化学名为双（三氯甲基）碳酸酯，相对于光气和双光气，具有毒性低、计量准确、操作方便、易于贮存、反应活性好等特点，因而近年来受到了持续的关注，成了光气、双光气和三氯氧磷等氯化试剂的“绿色替代品配方”。

【仪器和试剂】

仪器：三颈烧瓶、磁珠、球形冷凝管、蒸馏装置、薄层色谱（TLC）板、分液漏斗等。

试剂：二苯甲醇（自制）、三光气、二氯甲烷、DMF、无水硫酸钠、碳酸氢钠等。

【实验内容】

1. 在装有磁珠和球形冷凝管的100mL三颈烧瓶中，加入8.6g二苯甲醇和0.36g DMF，50mL二氯甲烷做溶剂。

2. 混合物室温搅拌5min后缓慢地滴加溶于20mL二氯甲烷中的4.95g三光气。

3. 滴加完后继续搅拌10～20min，然后加热升温至40℃回流2.5h，TLC跟踪至原料点消失。

4. 冷却后，倒入冰水60mL，再加碳酸氢钠水解，合并有机相，加无水硫酸钠干燥。常压蒸馏回收二氯甲烷，冷却后蒸馏得到产品。

产品熔点：56～57℃。

【实验说明】

1. 固体三光气称量注意安全。

2. 反应中三光气的滴加速度不能太快。

【思考题】

1. 三光气氯代的原理是什么？

2. 换成其他氯代试剂可以选择哪些？

3. 反应后处理中为什么加碳酸氢钠来处理？

5.2.3 醇、酚的制备

实验 17 (±)-1,2-二苯基-1,2-乙二醇的合成

【目的和要求】

1. 掌握还原反应的基本原理。

2. 学习并掌握硼氢化钠还原的基本操作。

【实验原理】

安息香中的羰基在一定条件下可被还原为羟基。还原剂硼氢化钠具有立体选择性，可还原安息香主要生成（±）-1,2-二苯基-1,2-乙二醇。反应方程式如下。

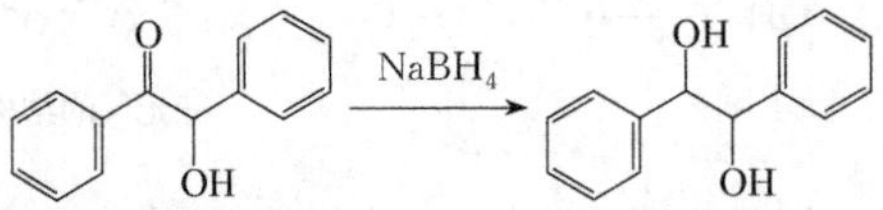

$$\text{PhCOCH(OH)Ph} \xrightarrow{NaBH_4} \text{PhCH(OH)CH(OH)Ph}$$

【仪器和试剂】

仪器：锥形瓶、磁力搅拌器、磁珠、抽滤瓶、布氏漏斗等。

试剂：安息香、乙醇（95%）、硼氢化钠、18%盐酸等。

【实验内容】

1. 在 250mL 锥形瓶中加入 2.0g（9.4mmol）安息香和 20mL 乙醇（95%）。反应液搅拌一段时间后呈淡黄色混合液。

2. 上述反应液在搅拌的同时分批加入 0.5g（13.2mmol）硼氢化钠，加完后室温继续搅拌 15min，黄色浑浊液逐渐澄清。

3. 将锥形瓶置于冰水浴中边搅拌边加入 40mL 水，有气泡产生。再滴加 1mL 18%盐酸，出现大量气泡。放置冷却，待气泡散去，结晶完全后抽滤，用少量水进行洗涤。干燥，称重。得粗品 2.04g。所得产品进一步用丙酮-石油醚进行重结晶纯化。

【实验说明】

1. 硼氢化钠具有极强还原性，还原性在弱酸介质中最强，碱性环境下略稳定。为防止还原反应太剧烈，硼氢化钠应分批加入。

2. 反应后过量的硼氢化钠应及时用水和盐酸除去。

【思考题】

1. 该反应中加入水和盐酸的作用是什么？

2. 该反应中使用硼氢化钠的注意事项有哪些？

实验 18　二苯甲醇的合成

【目的和要求】

1. 学习由酮制备仲醇的原理和方法。

2. 熟悉硼氢化钠还原剂的使用范围及操作注意事项。

3. 巩固重结晶和抽滤等基本操作。

4. 进一步熟悉用 TLC 判定反应终点的方法。

【实验原理】

二苯甲醇是一种重要的化工中间体，主要用于有机合成，医药工业作为苯甲托品，苯海拉明的中间体。通过多种还原剂还原二苯甲酮，可得到二苯甲醇。在碱性醇溶液中用锌粉还原，是制备二苯甲醇常用的方法，适用于中等规模的实验室制备；对于小量合成，硼氢化钠是更理想的负氢试剂，它可选择性地将醛酮还原为醇，且使用方便，反应可在含水和醇溶液中进行。

$$(C_6H_5)_2C{=}O \xrightarrow[EtOH]{NaBH_4} (C_6H_5)_2CH{-}OH$$

硼氢化钠是一种负氢转移试剂，还原的本质是氢原子携带电子向被还原底物的羰基碳原子转移，然后带有负电荷的羰基氧原子与硼结合，形成还原的中间产物，最后经过水解而生成醇，此法试剂较昂贵，通常只用于小量合成。

【仪器和试剂】

仪器：圆底烧瓶、烧杯、玻璃棒、布氏漏斗、抽滤瓶、磁力搅拌器、滤纸、水浴锅、烘箱、电子天平、磁珠等。

试剂：乙醇、硼氢化钠、二苯甲酮、浓盐酸、石油醚等。

【实验内容】

1. 在 50mL 圆底烧瓶中加入 20mL 95%乙醇和 1.5g 二苯甲酮，缓慢摇动，使二苯甲酮溶解于乙醇中，然后称取 0.40g 硼氢化钠，把称好的硼氢化钠缓慢倒入圆底烧瓶中，振荡，在加试剂过程中，温度始终低于 50℃。

2. 待加完试剂后，搅拌 50min，使其充分反应，直到有沉淀物出现为止，此时将圆底烧瓶中的液体连同沉淀物一起倒入盛有 20mL 冷水的烧杯中，滴几滴浓盐酸，搅拌混合，抽滤，分离出二苯甲醇，用 8mL/次水洗涤两次。

3. 粗品用 10mL 石油醚重结晶得二苯甲醇晶状体，将其置于烘箱中恒温烘干后用电子天平称量。

产品为白色至浅米色结晶固体，易溶于乙醇、醚、氯仿和二硫化碳，在 20℃水中的溶解度 0.5g/L。熔点为 67℃，沸点为 297～298℃，密度为 1.102g/cm^3。二苯甲醇的红外光谱图如图 5-4 所示。

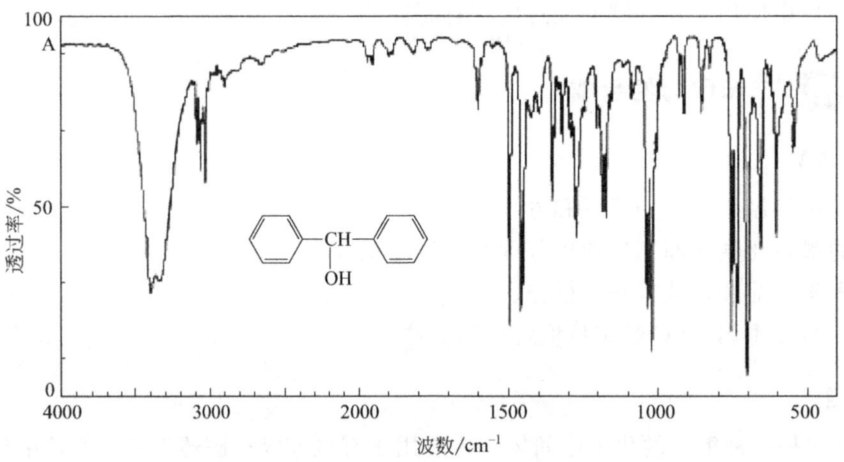

图 5-4　二苯甲醇的红外光谱图

【实验说明】

1. 该实验中溶剂可用 95%乙醇和甲醇，虽然二苯甲酮易溶于甲醇，且反应速度快，但与 95%乙醇相比，甲醇的毒性要比乙醇更大，且甲醇的价格昂贵，故在制备二苯甲醇的时候，溶剂一般用 95%的乙醇。

2. 浓盐酸在这个实验中所起到的作用主要有两点。

① 分解过量的硼氢化钠，此时滴加速率不宜过快，有大量气泡放出，严禁明火。

② 水解硼酸酯的配合物。

【思考题】

1. 由羰基化合物制备醇的方法有哪些？

2. $LiAlH_4$ 和 $NaBH_4$ 的还原性有何区别？

3. 反应后加入 3mL H_2O，并加热至沸腾后再冷却，为什么？

实验 19　双酚 A 的制备

【目的和要求】

1. 学习和掌握双酚 A 制备的原理和方法。

2. 掌握利用搅拌提高非均相反应的方法和减压过滤等操作。

【实验原理】

双酚 A 是一种用途很广泛的化工原料。它是双酚 A 型环氧树脂及聚碳酸酯等化工产品的合成原料，还可以用作聚氯乙烯塑料的热稳定剂，电线防老剂，涂料、油墨等的抗氧剂和增塑剂。双酚 A 主要是通过苯酚和丙酮的缩合反应来制备，一般用盐酸、硫酸等质子酸作为催化剂。

$$2\ C_6H_5OH + CH_3COCH_3 \xrightarrow{H_2SO_4} HO-C_6H_4-C(CH_3)_2-C_6H_4-OH$$

【仪器和试剂】

仪器：三颈烧瓶、机械搅拌装置、球形冷凝管、滴液漏斗、分液漏斗、布氏漏斗、抽滤瓶、温度计、锥形瓶、磁力搅拌器等。

试剂：苯酚、丙酮、甲苯、浓硫酸等。

【实验内容】

1. 双酚A的合成

按照要求装配好机械搅拌装置。将10g苯酚、10mL甲苯加入100mL三颈烧瓶中，烧瓶外用水冷却。在不断搅拌下，加入4mL丙酮。当苯酚全部溶解后，温度达到15℃时，在保持匀速搅拌情况下，开始逐滴加入浓硫酸6mL。控制水浴的温度在30～40℃。搅拌持续2h，液体变得相当稠厚。将上述液体以细流状倾入50mL冰水中，充分搅拌。静置，充分冷却结晶。

2. 分离与提纯

将溶液充分冷却后减压过滤，将滤液分液并回收甲苯，将滤饼用水洗涤至呈中性为止。彻底抽滤干后，用玻璃塞进一步压干，然后烘干。粗产品用乙醇重结晶。烘干、称重，计算产量与产率。

双酚A为白色晶体，熔点为156～158℃。

【实验说明】

1. 控制水浴温度要注意，温度上升到36～37℃，可停止加热；若40℃再停止加热，温度会继续上升，副反应严重。

2. 减压过滤完成后，先将滤液倒出，再分液回收甲苯；最后洗涤固体。

【思考题】

1. 本实验中为什么要加入硫酸？用其他酸代替行不行？可以用什么酸代替？

2. 除了本实验中所用到的方法，双酚A还有哪些制备方法？

实验20　苯甲醛歧化反应制备苯甲醇

【目的和要求】

1. 理解由苯甲醛通过坎尼扎罗（Cannizzaro）歧化反应制备苯甲醇的原理和方法。

2. 熟练掌握萃取、洗涤及蒸馏等纯化技术。

【实验原理】

坎尼扎罗（Cannizzaro）反应是指不含α-氢的醛在浓的强碱溶液作用下发生的歧化反应。此反应的特征是醛自身同时发生氧化及还原反应，一分子醛被氧化成羧酸（在碱性溶液中成为羧酸盐），另一分子醛则被还原成醇。本实验以苯甲醛为原料，通过Cannizzaro反应，让苯甲醛在浓的氢氧化钠溶液作用下合成苯甲醇。反应式如下。

$$C_6H_5CHO \xrightarrow{NaOH} C_6H_5CH_2OH + C_6H_5COONa$$

【仪器和试剂】

仪器：锥形瓶、圆底烧瓶、T 形蒸馏头、温度计、球形冷凝管、直形冷凝管、空气冷凝管、接引管、分液漏斗、烧杯、短颈漏斗、玻璃棒、水浴锅、电热套等。

试剂：苯甲醛、氢氧化钠、浓盐酸、乙醚、饱和亚硫酸氢钠溶液、10%碳酸钠溶液、无水硫酸镁、沸石等。

【实验内容】

在 250mL 锥形瓶中，放入 20g 氢氧化钠和 50mL 水，振荡使氢氧化钠完全溶解，冷却至室温。在振荡下，分批加入 20mL 新蒸馏过的苯甲醛，溶液分层。装上球形冷凝管。加热回流 1h 间歇振摇直至苯甲醛油层消失，反应物变透明。

在反应物中加入足量的水（最多 30mL），不断振摇，使其中的苯甲酸盐全部溶解。将溶液倒入分液漏斗中，每次用 20mL 乙醚萃取三次。合并上层的乙醚提取液，分别用 8mL 饱和亚硫酸氢钠溶液、16mL 10%碳酸钠溶液和 16mL 水洗涤。分离出上层的乙醚提取液，用无水硫酸镁干燥。

将干燥的乙醚溶液加入 100mL 圆底烧瓶中，装好普通蒸馏装置，投入沸石后用温水浴加热，蒸出乙醚（回收）；直接加热，当温度上升到 140℃ 改用空气冷凝管，收集 204～206℃ 的馏分。苯甲醇和苯甲酸的红外光谱图如图 5-5 和图 5-6 所示。

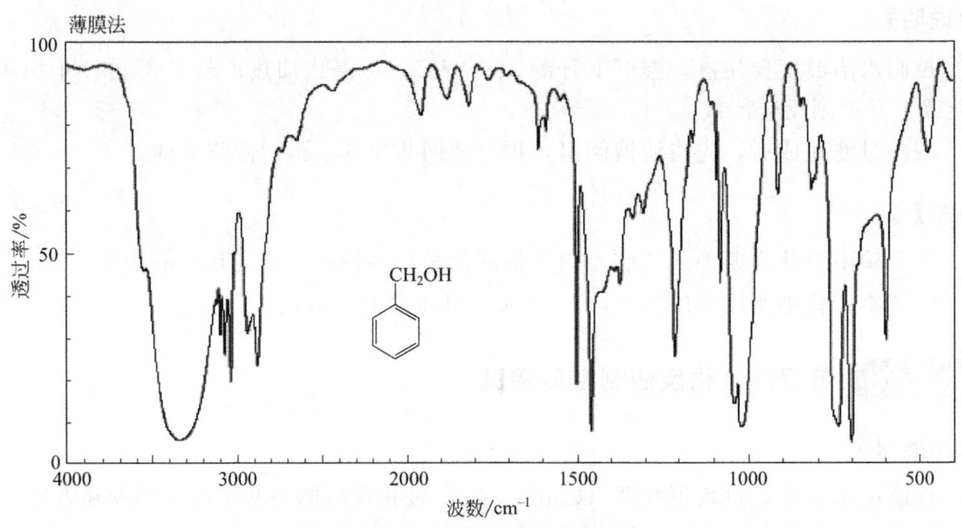

图 5-5 苯甲醇的红外光谱图

【实验说明】

1. 原料苯甲醛易被空气氧化，所以保存时间较长的苯甲醛，使用前应重新蒸馏；否则苯甲醛已氧化成苯甲酸而使苯甲醇的产量相对减少。

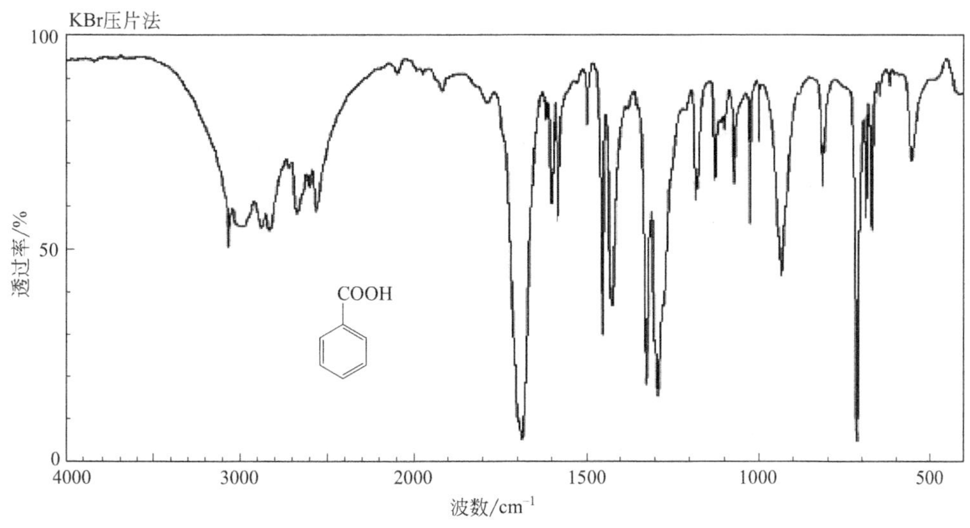

图 5-6　苯甲酸的红外光谱图

2. 在反应时充分摇荡的目的是让反应物要充分混合，否则对产率的影响很大。

3. 在第一步反应时加水后，苯甲酸盐如不能溶解，可稍微加热。

4. 用分液漏斗分液时，水层从下面分出，乙醚层要从上面倒出，否则会影响后面的操作。

5. 合并的乙醚层用无水硫酸镁或无水碳酸钾干燥时，振荡后要静置片刻至澄清；并充分静置约 30min。干燥后的乙醚层慢慢倒入干燥的蒸馏烧瓶中，应用棉花过滤。

6. 蒸馏乙醚时严禁使用明火。乙醚蒸完后立刻回收，直接用电热套加热，温度上升到 140℃，用空气冷凝管蒸馏苯甲醇。

【思考题】

1. 使苯甲醛进行坎尼扎罗（Cannizzaro）反应时为什么要使用新蒸馏过的苯甲醛？

2. 本实验用饱和亚硫酸氢钠及 10%碳酸钠溶液洗涤的目的是什么？

3. 干燥乙醚溶液时能否用无水氯化钙代替无水硫酸镁？

实验 21　呋喃甲醇和呋喃甲酸的制备

【目的和要求】

1. 学习呋喃甲醛在浓碱条件下进行坎尼扎罗（Cannizzaro）反应制得相应的醇和酸的原理和方法。

2. 了解芳香杂环衍生物的性质。

【实验原理】

在浓的强碱作用下，不含 α-氢的醛类可以发生分子间自身氧化还原反应，一分子醛被氧化成酸，而另一分子醛则被还原为醇，此反应称为坎尼扎罗（Cannizzaro）反应。反应实质是羰基的亲核加成。反应涉及了羟基负离子对一分子不含 α-氢的醛的亲核加成，加成物的负氢向另一分子醛的转移和酸碱交换反应，其反应机理表示如下。

$$-\overset{H}{\underset{}{C}}{=}O + OH^- \xrightleftharpoons{\text{亲核加成}} -\overset{H}{\underset{OH}{C}}-O^-$$

$$-\overset{O^-}{\underset{OH}{C}}-H + -\overset{}{\underset{O}{\overset{\|}{C}}}-H \xrightarrow{\text{负氢转移}} -\overset{O}{\underset{OH}{\overset{\|}{C}}} + -\overset{H}{\underset{O^-}{C}}-H \xrightarrow{H^+\text{转移}} -\overset{O}{\underset{O^-}{\overset{\|}{C}}} + -\overset{H}{\underset{OH}{C}}-H$$

在坎尼扎罗（Cannizzaro）反应中，通常使用50%的浓碱，其中，碱的物质的量比醛的物质的量多一倍以上，否则反应不完全，未反应的醛与生成的醇混在一起，通过一般蒸馏很难分离。

$$2\ \text{(呋喃基)}-CHO \xrightarrow{\text{浓}NaOH} \text{(呋喃基)}-CH_2OH + \text{(呋喃基)}-COONa$$

$$\text{(呋喃基)}-COONa \xrightarrow{H^+} \text{(呋喃基)}-COOH$$

【仪器和试剂】

仪器：圆底烧瓶、空气冷凝管、带磁力搅拌的电热套、磁珠、分液漏斗、烧杯、水浴锅、石棉网、蒸馏装置、刚果红试纸等。

试剂：呋喃甲醛、氢氧化钠、乙醚、浓盐酸、无水硫酸镁等。

【实验内容】

1. 在50mL烧杯中加入3.28mL（3.8g，0.04mol）呋喃甲醛，并用冰水冷却；另取1.6g氢氧化钠溶于2.4mL水中，冷却。在搅拌下滴加氢氧化钠水溶液于呋喃甲醛中。滴加过程必须保持反应混合物温度在8～12℃之间，加完后，保持此温度继续搅拌40min，得一黄色浆状物。

2. 在搅拌下向反应混合物加入适量水（约5mL）使其恰好完全溶解得暗红色溶液，将溶液转入分液漏斗中，用乙醚萃取（3mL×4），合并乙醚萃取液，用无水硫酸镁干燥后，先加热蒸去乙醚，然后继续加热蒸馏，收集169～172℃馏分，产量约1.2～1.4g，纯粹呋喃甲醇为无色透明液体，沸点171℃。

3. 在乙醚提取后的水溶液中慢慢滴加浓盐酸，搅拌，滴至刚果红试纸变蓝（约1mL），冷却，结晶，抽滤，产物用少量冷水洗涤，抽干后，收集粗产物，然后用水重结晶，得白色针状呋喃甲酸，产量约1.5g，熔点130～132℃。

【实验说明】

1. 反应温度若高于12℃，则反应难以控制，致使反应物变成深红色；若温度过低，则反应过慢，可能积累一些氢氧化钠。一旦发生反应，则过于猛烈，增加副反应，影响产量及纯度。由于氧化还原是在两相间进行的，因此，必须充分搅拌。

2. 呋喃甲醇也可用减压蒸馏收集88℃/4.666kPa的馏分。

3. 酸要加够，以保证pH＝3左右，使呋喃甲酸充分游离出来，这是影响呋喃甲酸收率的关键。

4. 蒸馏回收乙醚，注意安全。

【思考题】

1. 乙醚萃取后的水溶液用盐酸酸化，为什么要用刚果红试纸？如不用刚果红试纸，怎样知道酸化是否恰当？

2. 本实验根据什么原理来分离呋喃甲酸和呋喃甲醇？

实验 22 三苯甲醇的合成

【目的和要求】

1. 了解格氏试剂的制备、应用和进行格氏反应的条件。
2. 掌握制备三苯甲醇的原理和方法。
3. 掌握搅拌、回流、蒸馏等基本操作。

【实验原理】

卤代烷在干燥的乙醚中能和镁屑作用生成烃基卤代镁 RMgX，俗称格氏（Grignard）试剂。制备格氏试剂时需要注意整个体系必须保证绝对无水，不然将得不到烃基卤化镁，或者产率很低。在形成格氏试剂的过程中往往有一个诱导期，作用非常慢，甚至需要加温或者加入少量碘来使它发生反应，诱导期过后反应变得非常剧烈，需要用冰水或冷水在反应器外面冷却，使反应缓和下来。格氏试剂是一种非常活泼的试剂，它能起很多反应，是重要的有机合成试剂。最常用的反应是格氏试剂与醛、酮、酯等羰基化合物发生亲核加成生成仲醇或叔醇。

三苯甲醇就是通过格氏试剂苯基溴化镁与苯甲酸乙酯反应制得。

主反应：

$$C_6H_5Br + Mg \xrightarrow[\text{无水乙醚}]{I_2} C_6H_5MgBr$$

$$C_6H_5COOC_2H_5 + 2C_6H_5MgBr \xrightarrow{\text{无水乙醚}} (C_6H_5)_3C-OMgBr \xrightarrow{NH_4Cl/H_2O} (C_6H_5)_3C-OH$$

副反应：

$$C_6H_5Br + C_6H_5MgBr \xrightarrow{\text{无水乙醚}} C_6H_5-C_6H_5$$

【仪器和试剂】

仪器：三颈烧瓶、抽滤装置、恒压滴液漏斗、干燥管、带磁力搅拌的电热套、磁珠、球形冷凝管、蒸馏装置、锥形瓶、温度计、砂纸等。

试剂：溴苯、苯甲酸乙酯、80%乙醇、乙醚、氯化铵饱和溶液、金属镁条、无水氯化钙、碘等。

【实验内容】

1. 苯基溴化镁（格氏试剂）的制备

在 100mL 的三颈烧瓶加入 0.75g 镁屑，一小粒碘和搅拌磁子，在三颈烧瓶上安装好球形冷凝管和滴液漏斗，在球形冷凝管的上口安装无水氯化钙干燥管，在恒压滴液漏斗中混合 5g 溴苯及 16mL 乙醚，并塞上塞子。

将 1/3 溴苯由恒压滴液漏斗滴加到反应瓶中，用手温热反应瓶，使反应尽快发生。若反应仍不能发生，加一粒碘诱发反应。当反应较为平稳后，将剩余的溶液慢慢滴入反应瓶（保持微沸）。滴加完毕后，继续将反应瓶置于电热套上保持微沸回流使镁几乎完全溶解。

2. 三苯甲醇的制备

用冷水冷却反应瓶，搅拌下由滴液漏斗将 1.9mL 苯甲酸乙酯与 7mL 无水乙醚的混合液逐滴加入其中。滴加完毕后，将反应混合物加热回流约 0.5h，使反应完全。将反应物改为冰水浴冷却。反应物冷却后由滴液漏斗向其中慢慢滴加由 4g 氯化铵配成的饱和水溶液（约 15mL），溶液明显分为两层。

3. 分离与提纯

改为蒸馏装置，先蒸出乙醚。再将残余物进行水蒸气蒸馏，以除去未反应的溴苯及联苯等副产物。瓶中剩余物冷却后冷凝为有色固体，抽滤收集。

粗产品用玻塞压碎，再用水洗两次，抽干。粗产物用 80% 的乙醇进行重结晶，干燥后产量约 2～2.5g。纯三苯甲醇为无色棱状晶体，熔点 162.5℃。

三苯甲醇的红外光谱图如图 5-7 所示。

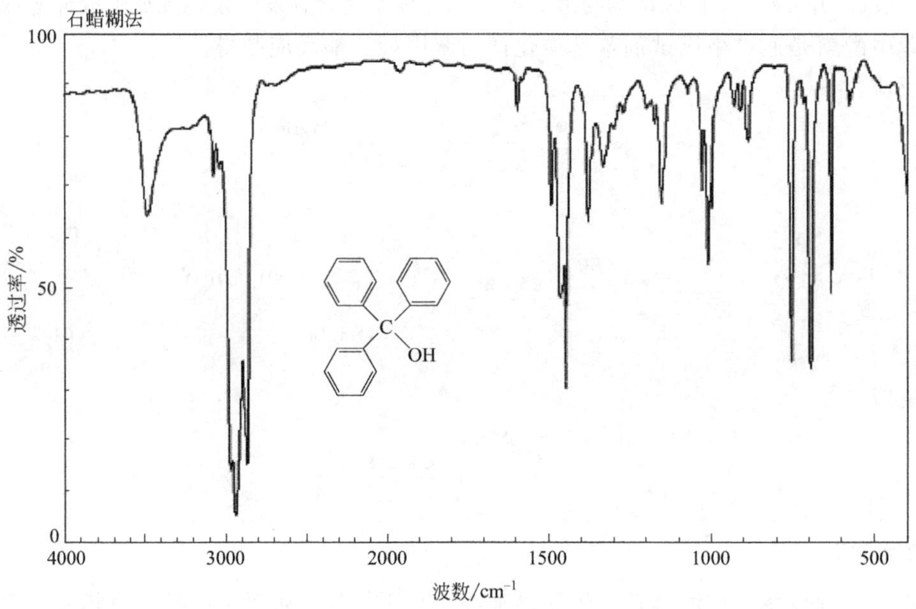

图 5-7　三苯甲醇的红外光谱图

【实验说明】

1. 使用仪器及试剂必须干燥，三颈烧瓶、滴液漏斗、球形冷凝管、干燥管等预先烘干；乙醚经金属钠处理放置一周成无水乙醚。

2. 由于制备格氏试剂时放热易产生偶联等副反应，故滴溴苯乙醚混合液时需控制滴加速率，并不断振摇。

3. 水蒸气蒸馏是分离和纯化有机物的常用方法之一，尤其是在反应产物中有大量树脂状物质的情况下，效果较一般蒸馏或重结晶为好。使用这种方法时，被提纯物质应该具备下列条件：不溶（或几乎不溶）于水，在沸腾下长时间与水共存而不起化学变化，在 100℃左右时必须具有一定的蒸气压（一般不小于 1.33kPa）。

【思考题】

1. 本实验的成败关键何在？为什么？为此采取什么措施？
2. 本实验中溴苯加得太快或一次加入有什么影响？

实验 23　2-甲基-2-己醇的合成

【目的和要求】

1. 了解 Grignard 试剂的制备、应用和进行 Grignard 反应的条件。
2. 学习液体化合物提纯的方法。
3. 巩固回流、萃取、蒸馏等操作技能。

【实验原理】

卤代烷烃与金属镁在无水乙醚中反应生成烃基卤化镁（又称 Grignard 试剂）；Grignard 试剂能与羰基化合物等发生亲核加成反应，其加成产物经水解可得到醇类化合物。

$$n\text{-}C_4H_9Br + Mg \xrightarrow{\text{无水乙醚}} n\text{-}C_4H_9MgBr$$

$$n\text{-}C_4H_9MgBr + CH_3COCH_3 \xrightarrow{\text{无水乙醚}} n\text{-}C_4H_9\underset{\displaystyle OMgBr}{\underset{|}{C}}(CH_3)_2$$

$$n\text{-}C_4H_9\underset{\displaystyle OMgBr}{\underset{|}{C}}(CH_3)_2 + H_2O \xrightarrow{H^+} n\text{-}C_4H_9\underset{\displaystyle OH}{\underset{|}{C}}(CH_3)_2$$

【仪器和试剂】

仪器：三颈烧瓶、单口圆底烧瓶、恒压滴液漏斗、带磁力搅拌的电热套、磁珠、干燥管、球形冷凝管、蒸馏装置、锥形瓶、温度计、水浴锅等。

试剂：镁条、碘片、正溴丁烷、丙酮、无水乙醚（自制）、乙醚、10%硫酸溶液、5%碳酸钠溶液、无水碳酸钾。

【实验内容】

1. 正丁基溴化镁的制备

向三颈烧瓶内投入 1g 镁条、8mL 无水乙醚及一小粒碘片；在恒压滴液漏斗中混合 4.5mL 正溴丁烷和 8mL 无水乙醚。先向瓶内滴入约 3mL 混合液，加热溶液呈微沸状态，碘的颜色消失。反应开始比较剧烈，必要时可用冷水浴冷却（该反应为放热反应，若除去加热装置，反应可以继续保持回流状态则为引发成功）。

待反应缓和后，继续慢慢滴加剩余的正溴丁烷混合液，控制滴加速率维持反应液呈微沸状态。

滴加完毕后（恒压滴液漏斗可以用 2mL 左右无水乙醚洗涤并加入反应混合物中，恒压滴液漏斗后面可以继续使用），继续加热回流 20min，使镁条几乎作用完全。

2. 2-甲基-2-己醇的制备

将上面制好的 Grignard 试剂经冰水浴冷却后加入恒压滴液漏斗中，滴入 4mL 丙酮和

10mL 无水乙醚的混合液中，控制滴加速度（可以用冷水冷却），勿使反应过于猛烈。加完后，在室温下继续搅拌 15min（溶液中可能有白色黏稠状固体析出）。

将反应瓶在冰水浴冷却和搅拌下，自恒压滴液漏斗中分批加入 12mL 10%硫酸溶液，分解上述加成产物（开始滴入宜慢，以后可逐渐加快）。待分解完全后，将溶液倒入分液漏斗中，分出醚层。水层 10mL 乙醚萃取一次，合并醚层，有机相用 15mL 5%碳酸钠溶液洗涤一次，分液后，用无水硫酸镁或无水碳酸钾干燥。

安装蒸馏装置。将干燥后的粗产物醚溶液加入单口圆底烧瓶中，用蒸馏方法除去乙醚后，剩余物为产物，可以继续采用减压蒸馏收集 137～141℃馏分。

2-甲基-2-己醇（2-methyl-2-hexanol）为无色液体，具有特殊气味，相对分子质量为 116.20，分子式 $C_7H_{16}O$，沸点为 141～142℃，折射率为 1.4175，相对密度为 0.8119，其 CAS 编号为 625-23-0。2-甲基-2-己醇与水能形成共沸物（沸点 87.4℃，含水 27.5%）。2-甲基-2-己醇的红外光谱图如图 5-8 所示。

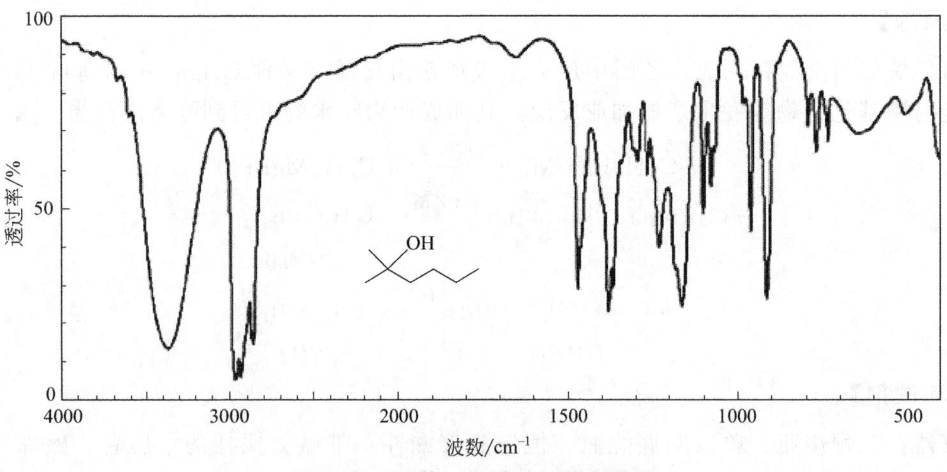

图 5-8　2-甲基-2-己醇的红外光谱图

【实验说明】

1. 制备 Grignard 试剂的仪器必须干燥。
2. 反应的全过程应控制好滴加速度，使反应平稳进行。
3. 干燥剂用量合理，且将产物醚溶液干燥完全。

【思考题】

1. 实验所用的仪器为什么要必须干燥？为此你采取了什么措施？
2. 实验有哪些副反应？如何避免？

5.2.4　醚的制备

实验 24　正丁醚的制备

【目的和要求】

1. 掌握醇分子间脱水制备醚的反应原理和实验方法。

2. 巩固分水器的实验操作。

【实验原理】

主反应：　$2C_4H_9OH \xrightarrow{H_2SO_4} C_4H_9—O—C_4H_9 + H_2O$

副反应：　$2C_4H_9OH \xrightarrow{H_2SO_4} C_2H_5CH=CH_2 + H_2O$

【仪器和试剂】

仪器：圆底烧瓶、球形冷凝管、分水器、电热套、温度计、分液漏斗、蒸馏装置等。

试剂：正丁醇、沸石、浓硫酸、无水氯化钙、5%氢氧化钠、饱和氯化钠溶液等。

【实验内容】

1. 在装有 6.2mL 正丁醇的圆底烧瓶中，边摇边加入 0.9mL 浓硫酸，加入几粒沸石后，按要求搭建好装置。

2. 在分水器中加入 0.6mL 饱和氯化钠溶液后，开始加热回流。当分水器已全部充满溶液时，水层不再变化，瓶中反应温度达 150℃，表示反应已基本完成。

3. 将仪器改为蒸馏装置，再加入几粒沸石，进行蒸馏，至无馏出液为止。

4. 将馏出液分液后，将上层粗产品正丁醚依次用水、5% NaOH、水、饱和氯化钠溶液进行洗涤，然后用无水氯化钙进行干燥。

5. 将干燥后的产物再次进行蒸馏，收集 140～144℃的馏分，产量约 1.2～1.6g。

正丁醚为透明液体。具有类似水果的气味，微有刺激性。分子量为 130.2279，熔点为 −98℃，沸点为 142℃，相对密度为 0.7704，闪点为 30.6℃，几乎不溶于水。在水中溶解度为 0.03g/100mL（20℃），折射率为 1.3992。正丁醚的红外光谱图如图 5-9 所示。

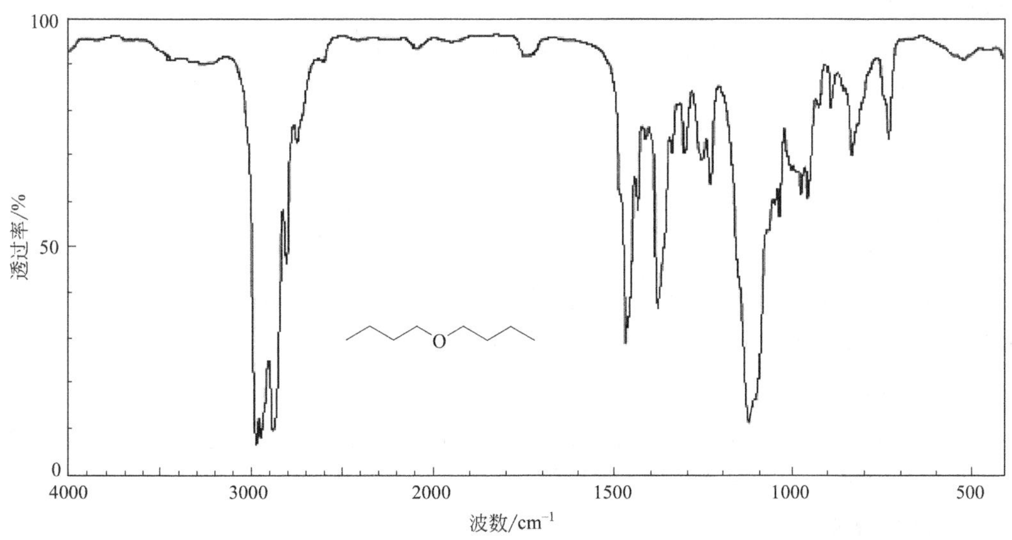

图 5-9　正丁醚的红外光谱图

【实验说明】

1. 分水器的正确安装及使用。

2. 制备正丁醚的适宜温度是130～140℃，但开始回流时，这个温度很难达到，因为正丁醚可与水形成共沸物（沸点94.1℃，含水33.4%）；另外，正丁醚与水及正丁醇形成三元共沸物（沸点90.6℃，含水29.9%，正丁醇34.6%），正丁醇也可与水形成共沸物（沸点93℃，含水44.5%），故应在100～115℃之间反应半小时之后可达到130℃以上。

3. 在碱洗过程中，不要太剧烈地摇动分液漏斗，否则生成乳浊液，分离困难。

4. 正丁醇可溶于饱和氯化钠溶液中，而正丁醚微溶。

【思考题】

1. 反应物冷却后为什么要倒入水中？各步的洗涤目的何在？

2. 能否用本实验方法由乙醇和2-丁醇制备乙基仲丁基醚？你认为用什么方法比较好？

实验25 苯乙醚的制备

【目的和要求】

1. 掌握苯乙醚的制备方法和原理。

2. 巩固分液、蒸馏、回流的操作。

【实验原理】

苯酚在碱性条件下，可生成苯氧负离子，并可作为亲核试剂，与溴乙烷反应，经亲核取代反应后生成苯乙醚，该方法称为Williamson醚合成法。

$$C_6H_5OH + NaOH \longrightarrow C_6H_5ONa + H_2O$$

$$C_6H_5ONa + CH_3CH_2Br \longrightarrow C_6H_5OCH_2CH_3$$

【仪器和试剂】

仪器：三颈烧瓶、球形冷凝管、带磁力搅拌的电热套、磁珠、恒压滴液漏斗、分液漏斗、蒸馏装置等。

试剂：苯酚、氢氧化钠、溴乙烷、乙醇、饱和食盐水、乙酸乙酯、无水氯化钙等。

【实验内容】

1. 酚钠形成

在装有磁珠、球形冷凝管和恒压滴液漏斗的50mL的三颈烧瓶中，加入7.5g苯酚、5g氢氧化钠和4mL水，加热搅拌使固体全部溶解，调节加热温度在80～90℃之间。

2. 醚的制备

在上述溶液中慢慢滴加8.9mL溴乙烷和无水乙醇的混合液，滴加完毕后，继续搅拌1h，然后冷却至室温并加适量水使固体溶解。

3. 洗涤和分液

将液体转入分液漏斗中分出水相，有机相用饱和食盐水洗涤两次，分出有机相，合并两次洗涤液，用15mL乙酸乙酯提取，提取液与有机相合并。

4. 干燥和蒸馏

用无水氯化钙干燥上面得到的有机溶液，蒸出乙酸乙酯，得到无色透明液体即产物约3.5g。

苯乙醚的沸点为 172℃，折射率 $n_D^{20}=1.5418$。苯乙醚的红外光谱图如图 5-10 所示。

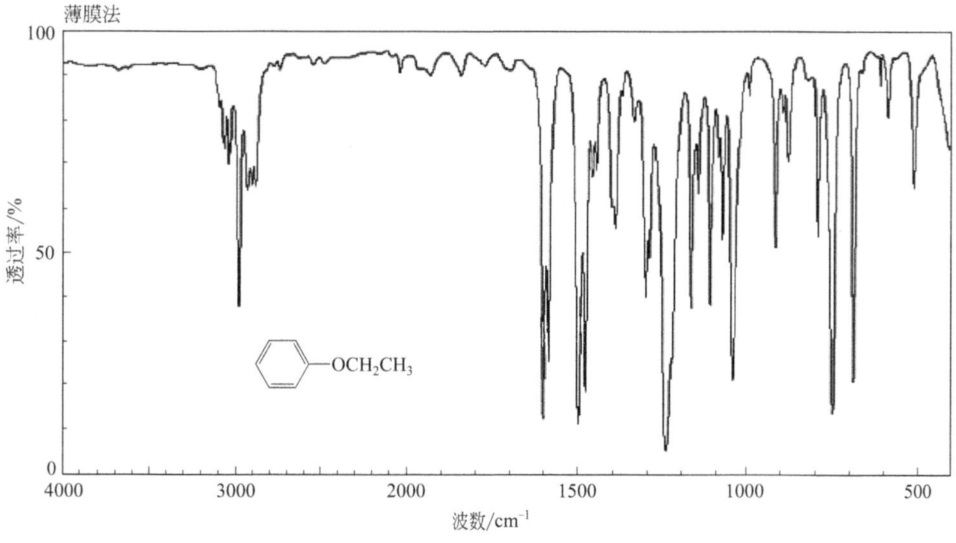

图 5-10　苯乙醚的红外光谱图

【实验说明】

1. 溴乙烷的沸点低，回流时冷却水流量要大，以保证有足够量的溴乙烷参与反应。若有结块出现，则应停止加溴乙烷，待充分搅拌后继续滴加。

2. 为了很好地反应，可在溴乙烷中加入乙醇。溴乙烷的沸点低，回流时冷却水流量要大。

【思考题】

1. 制备苯乙醚时用饱和食盐水洗涤的目的是什么？

2. 反应中回流的液体是什么？出现的固体是什么？为什么恒温到后期回流不明显了？

实验 26　4-苄氧基-1-硝基苯的制备

【目的和要求】

1. 掌握酚醚化反应的原理和反应注意事项。

2. 熟悉苄氯或苄溴的应用和操作注意事项。

【实验原理】

OH、NO_2（4-硝基苯酚） + Br（苄溴） $\xrightarrow[80℃]{K_2CO_3，DMF}$ NO_2、O（4-苄氧基-1-硝基苯）

【仪器和试剂】

仪器：圆底烧瓶、球形冷凝管、带磁力搅拌的电热套、磁珠、布氏漏斗、抽滤瓶等。

试剂：碳酸钾、苄基溴、DMF、对硝基苯酚等。

【实验内容】

将1.5g（10.8mmol）对硝基苯酚、1.92mL苄基溴、2.98g碳酸钾（催化剂）溶于15.0mL *N*,*N*-二甲基甲酰胺（DMF）中。在N_2氛围中以80℃的温度环境下反应2.5h。该反应中DMF是化学反应的常用溶剂，也是高沸点的极性（亲水性）非质子性溶剂，能促进S_N2反应的进行。反应通过薄层色谱法监测，反应完全后，将混合物倒入40mL H_2O中，有沉淀析出。冷却至0℃，将所得物质进行抽滤。并用水洗滤饼三次，干燥得白色固体粉末。

【实验说明】

1. 仪器干燥，严格无水。采用无水碳酸钾，溶剂要经过干燥处理。
2. 量取苄氯或苄溴时要注意，该物质具有刺激性。

【思考题】

1. 反应中碳酸钾和溶剂为什么要经过无水处理？
2. DMF作为反应溶剂具有什么样的优点？

5.2.5 醛、酮的制备

实验27 环己酮的制备

【目的和要求】

1. 掌握次氯酸钠氧化法制备环己酮的原理和方法。
2. 了解水蒸气蒸馏法提纯化合物的原理并掌握其方法。

【实验原理】

该反应利用次氯酸钠氧化环己醇生成环己酮，氧化反应为放热反应，要控制反应温度。

$$\text{环己醇(OH)} + NaOCl \xrightarrow{CH_3COOH} \text{环己酮(O)}$$

【仪器和试剂】

仪器：三颈烧瓶、恒压滴液漏斗、球形冷凝管、温度计、蒸馏头、分液漏斗、烧杯、直形冷凝管、接引管、锥形瓶、带磁力搅拌的电热套、淀粉-碘化钾试纸等。

试剂：次氯酸钠、环己醇、冰醋酸、碳酸钠、氯化钠、饱和亚硫酸氢钠、蒸馏水、无水硫酸镁等。

【实验内容】

向装有温度计、恒压滴液漏斗的150mL三颈烧瓶中加入2.6mL环己醇和12.5mL冰醋酸。搅拌下将19mL次氯酸钠溶液通过恒压滴液漏斗逐滴加入反应瓶中，并使瓶内温度反应液维持在30～35℃。滴加完毕后搅拌5min，用淀粉-碘化钾试纸检验反应液呈蓝色，否则需补加5mL次氯酸钠，以确保次氯酸钠过量，使氧化反应完全。上述反应液在室温下继续搅拌30min，然后加入适量饱和亚硫酸氢钠至反应液对淀粉-碘化钾试纸不变蓝。然后向反应液中加入 15mL 水进行简易水蒸气蒸馏，将环己酮与水一起蒸出，蒸馏至馏出液变澄清。所得馏出液中分批加入无水碳酸钠至中性，然后再加入氯化钠至形成饱和溶液，将混合液倒入分液漏斗中进行分液，分出上层有机层并用无水硫酸镁干燥得产物。

环己酮：无色油状液，相对密度（水的密度为 1）为 0.95，沸点为 155.6℃，折射率为 1.4505。环己酮的红外光谱图如图 5-11 所示。

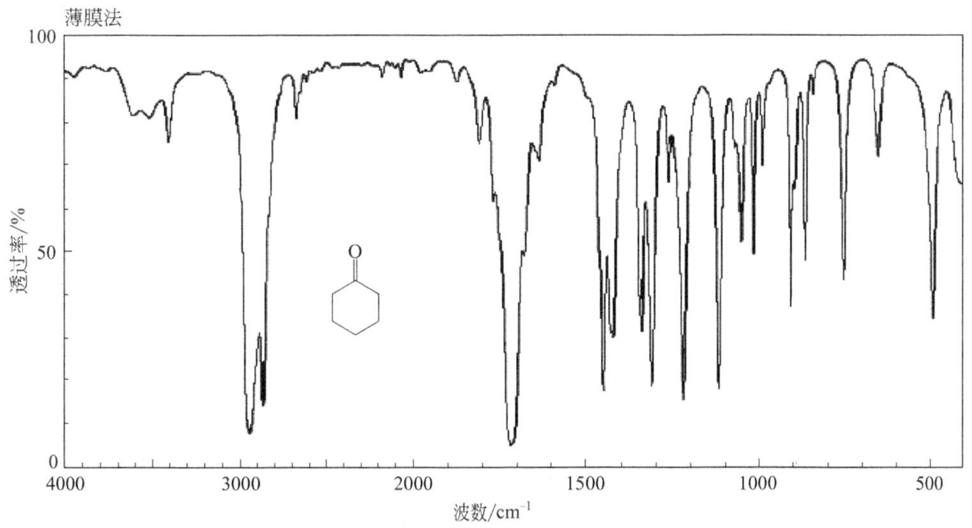

图 5-11　环己酮的红外光谱图

【实验说明】

1. 次氯酸钠需过量，呈无色或乳白色。
2. 反应后加入饱和亚硫酸氢钠，除去过量次氯酸钠。
3. 加无水碳酸钠除去乙酸。
4. 加氯化钠可降低环己酮在水中的溶解性。
5. 加水蒸馏实质为水蒸气蒸馏。

【思考题】

1. 反应温度为什么要控制在 30～35℃之间，温度过高或过低有什么不好？
2. 如何判断本实验中简易水蒸气蒸馏是否完全？

实验 28　苯乙酮的制备

【目的和要求】

1. 学习 Friedel-Crafts 酰化法，制备芳香酮的原理和方法。
2. 复习尾气吸收和减压蒸馏操作。

【实验原理】

Friedel-Crafts 酰基化，是制备芳香酮的主要方法。在 Lewis 酸无水三氯化铝的存在下，酸酐与活泼的芳基化合物进行亲电取代反应，可得到高产率的芳香酮（如苯乙酮）。

$$\text{C}_6\text{H}_6 + (CH_3CO)_2O \xrightarrow{AlCl_3} C_6H_5\text{—}COCH_3 + CH_3COOH$$

【仪器和试剂】

仪器：三颈烧瓶、球形冷凝管、气体吸收装置、带磁力搅拌的电热套、磁珠、分液漏斗、减压蒸馏装置、常压蒸馏装置、干燥管、滴液漏斗等。

试剂：苯、乙酸酐、无水三氯化铝、10% NaOH、50% NaOH、石油醚、浓盐酸、无水硫酸镁等。

【实验内容】

1. 合成

在 50mL 三颈烧瓶中加入 6g 无水三氯化铝和 8mL 苯，然后安装球形冷凝管（上面装有无水氯化钙干燥管）、气体吸收和滴加装置（5% NaOH 吸收剂和滴液漏斗），滴液漏斗中装有 2mL 乙酸酐，边搅拌边滴加乙酸酐，注意控制速度，该反应为放热反应。此过程大约 10min。

2. 分离

反应缓和后继续加热搅拌至无气体溢出。待反应液冷却后水解。将反应液倒入 10mL 浓盐酸和 20g 碎冰（通风柜操作），若有固体补加浓盐酸使其溶解。将反应液倒入分液漏斗，分出有机层（上层），用 30mL 石油醚分两次萃取水相，合并有机相，依次用 5mL 10% NaOH 和 5mL 水洗涤至中性，无水硫酸镁干燥。先蒸取石油醚和苯后，再减压蒸馏得产品，产率约为 65%，苯乙酮的沸点为 202℃，折射率 $n_D^{20}=1.5338$。苯乙酮的红外光谱图如图 5-12 所示。

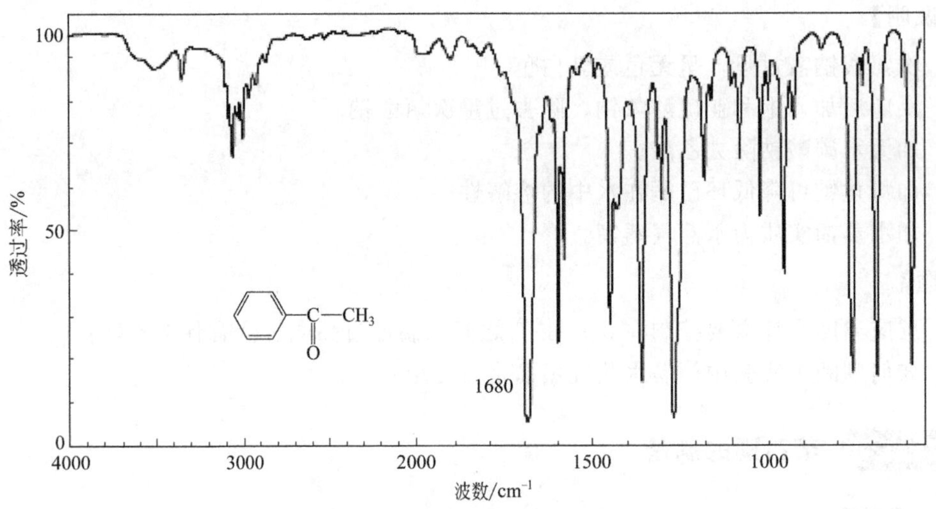

图 5-12　苯乙酮的红外光谱图

【实验说明】

1. 滴加苯乙酮和乙酐混合物的时间以 10min 为宜，滴得太快温度不易控制。

2. 无水三氯化铝的质量是本实验成败的关键，为白色粉末、以打开盖冒大量的烟、无结块现象为好。

3. 苯以分析纯为佳，最好用钠丝干燥 24h 以上再用。

4. 粗产物中的少量水，在蒸馏时与苯以共沸物形式蒸出，其共沸点为 69.4℃，这是液体化合物的干燥方法之一。

【思考题】

1. 在苯乙酮的制备中，水和潮气对本实验有何影响？在仪器装置和操作中应注意哪些事项？

2. 反应完成后，为什么要加入浓盐酸和冰水的混合液？

3. 何谓减压蒸馏？适用于什么体系？减压蒸馏装置由哪些仪器、设备组成？各起什么作用？

实验 29　苯甲醛的制备

【目的和要求】

1. 学习由苯甲醇通过氧化反应制备苯甲醛的原理和方法。

2. 掌握萃取、洗涤及蒸馏等纯化技术。

【实验原理】

苯甲醛，俗称苦杏仁油，是一种重要的化工原料，可用于合成染料及其中间体，是树脂、油类、某些纤维素醚、醋酸和硝酸纤维素的溶剂，在合成肉桂酸、苯甲酸、药物、肥皂、照相化学品、调味料及合成香料等方面有着广泛的用途。本实验以苯甲醇为原料，通过氧化反应合成苯甲醛。其反应式如下。

$$C_6H_5CH_2OH \xrightarrow[\triangle]{Na_2Cr_2O_7/H_2SO_4} C_6H_5CHO$$

【仪器和试剂】

仪器：滴液漏斗、三颈烧瓶、磁珠、蒸馏头、温度计、球形冷凝管、直形冷凝管、空气冷凝管、接引管、分液漏斗、烧杯、短颈漏斗、锥形瓶、玻璃棒、蒸馏装置等。

试剂：苯甲醇、重铬酸钠、40%硫酸溶液、5%碳酸钠溶液、无水硫酸钠等。

【实验内容】

向一个装有滴液漏斗、磁珠和球形冷凝管的 250mL 三颈烧瓶中依次加入 5.1mL（约 0.05mol）苯甲醇、60mL 重铬酸钠冰水溶液（将 20g 重铬酸钠溶于 60mL 冰水中制得），然后在 35～45℃下进行搅拌，并慢慢滴入 50mL 40%硫酸溶液，加完后改为蒸馏装置，并蒸馏至不再有苯甲醛馏出为止。分取馏出液下层油状物，用 15mL 水洗，再用 15mL 5%碳酸钠洗涤，分去水层后，用无水硫酸钠干燥后过滤，然后将滤液蒸馏，收集 178～180℃的馏分。

纯苯甲醛的沸点为 179℃，苯甲醛的红外光谱图如图 5-13 所示。

【实验说明】

由于苯甲醛易被铬酸进一步氧化成苯甲酸，所以反应要边氧化边蒸出苯甲醛，以防苯甲醛留在反应瓶中继续被氧化。

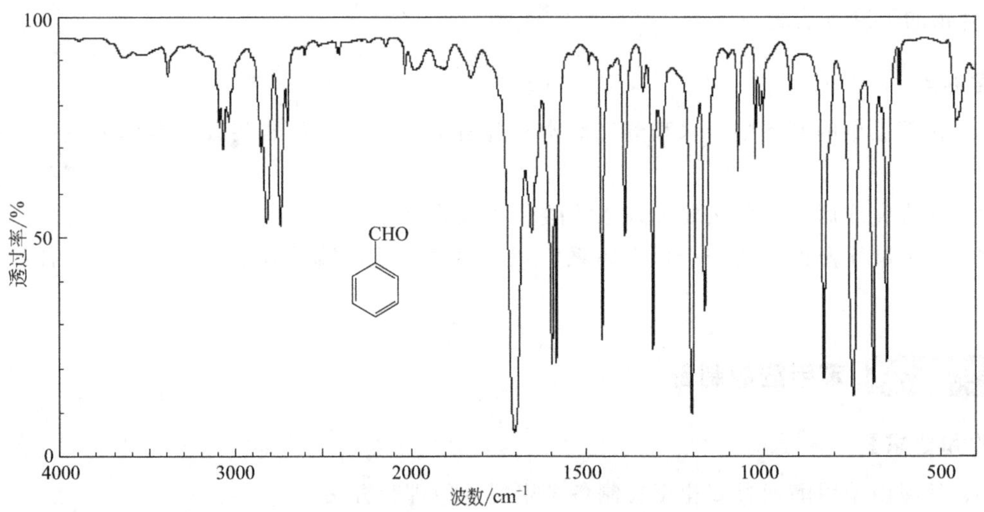

图 5-13　苯甲醛的红外光谱图

【思考题】

本实验能否用酸性高锰酸钾溶液做氧化剂，为什么？

5.2.6　羧酸、磺酸的制备

实验 30　对氨基苯磺酸的制备

【目的和要求】

1. 掌握磺化反应的基本操作及原理。
2. 了解氨基的简单检验方法。

【实验原理】

苯和浓硫酸反应生成苯磺酸，即在苯环上引入磺酸基，称为磺化反应。磺酸一般指磺酸基（$—SO_3H$）直接和烃基相连（即硫原子直接和碳原子相连）。磺化反应的实质是苯和三氧化硫的亲电取代反应。三氧化硫虽然不带电荷，但是中心的硫原子为 sp^2 杂化，为平面结构，最外层只有六个电子。另外，硫原子和三个电负性较大的氧原子连接，增强了硫原子的缺电子程度，即为缺电子试剂，容易和苯发生亲电取代反应。

$$C_6H_5NH_2 \xrightarrow[180°]{H_2SO_4} p\text{-}H_2NC_6H_4SO_3H$$

【仪器和试剂】

仪器：圆底烧瓶、空气冷凝管、带磁力搅拌的电热套、磁珠、烧杯、布氏漏斗、抽滤瓶、表面皿、玻璃棒等。

试剂：苯胺、浓硫酸、10%的氢氧化钠溶液等。

【实验内容】

1. 在 50mL 圆底烧瓶中加入 3g 新蒸馏的苯胺，装上空气冷凝管，滴加 5.1mL 浓硫酸。加热，在 180～190℃反应约 1.5h，检查反应完全后停止加热，放冷至室温。

2. 在不断搅拌下将混合物倒入 30mL 盛有冰水的烧杯中，析出灰白色对氨基苯磺酸，抽滤，水洗，热水重结晶得产物。

对氨基苯磺酸为灰白色粉末，熔点为 280℃。对氨基苯磺酸的红外光谱图如图 5-14 所示。

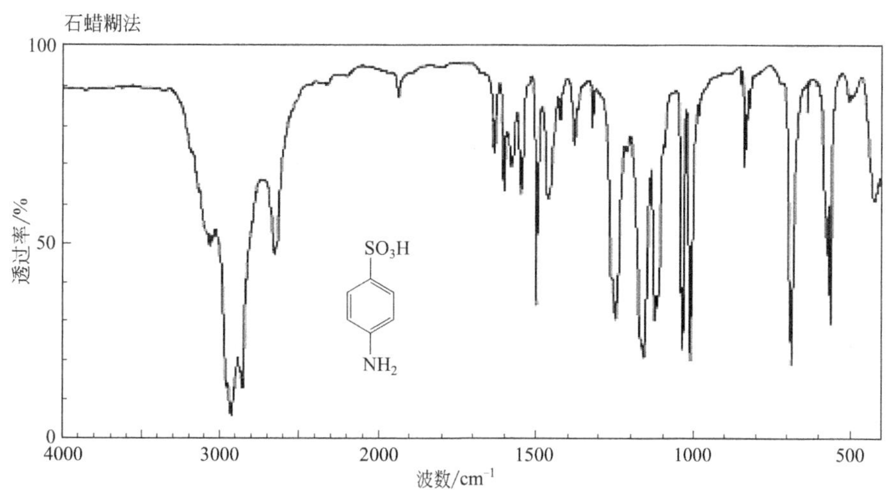

图 5-14　对氨基苯磺酸的红外光谱图

【实验说明】

1. 浓 H_2SO_4 要分批加入，边加边摇荡烧瓶，并冷却，加料时加上空气冷凝管。

2. 反应温度为 180～190℃。

3. 可用 10% NaOH 溶液测试，若得澄清溶液则反应完全。

【思考题】

1. 对氨基苯磺酸较易溶于水，而难溶于苯及乙醚，试解释。

2. 反应产物中是否会有邻位取代物？若有，邻位和对位取代产物，哪一种较多？说明理由。

实验 31　对甲基苯磺酸的制备

【目的和要求】

1. 学习利用磺化反应制备苯磺酸的原理和方法。

2. 巩固分水器的使用、回流以及重结晶操作。

【实验原理】

对甲基苯磺酸，简称 PTS，是一种不具有氧化性的有机强酸。医药上多用作合成多西环素、潘生丁、dl-萘普生、阿莫西林、头孢羟氨苄中间体的重要原料，在有机合成工业中被广泛使用；在丙烯酸酯、纺织助剂、摄影胶片等生产中用作催化剂；在树脂、涂料、人造板、铸造、油漆行业被广泛用作固化剂，使用本产品，固化速度快，漆膜不变色。芳环上氢原子被磺酸基取代生成磺酸的反应叫磺化反应。磺化是亲电取代反应。芳环上有给电子基，磺化较易进行，有吸电子基则较难进行。

主反应：

$$C_6H_5CH_3 + H_2SO_4 \longrightarrow p\text{-}CH_3C_6H_4SO_3H$$

副反应：

$$C_6H_5CH_3 + H_2SO_4 \longrightarrow o\text{-}CH_3C_6H_4SO_3H$$

【仪器和试剂】

仪器：铁架台、升降台、带磁力搅拌的电热套、十字夹、冷凝管夹、烘箱、电子天平、圆底烧瓶（50mL）、温度计、球形冷凝管、分水器、布氏漏斗、抽滤瓶、烧杯、玻璃棒等。

试剂：甲苯、浓硫酸、浓盐酸等。

【实验内容】

在 50mL 圆底烧瓶中加入 25mL 甲苯，再慢慢加入 5.5mL 浓硫酸，装上分水器，并在分水器中慢慢加水，直到水面与分水器支管口的下端齐平，然后再放掉 2mL 水（为什么?），接下来再装上球形冷凝管。搭好实验装置后，在带磁力搅拌的电热套上加热搅拌回流一段时间，在此过程中，分水器会出现分层现象，其中上层是有机层，下层是水层。随着反应的进行，有机层会慢慢变薄，水层会慢慢上升，当分水器的上层有机层消失时，反应结束。待反应液冷至室温后，将反应液倒入到烧杯中，再加入 1.5mL 水，此时有晶体析出。用玻璃棒慢慢搅动，此时会有大量固体生成。抽滤，以除去甲苯和邻甲基苯磺酸，最后得到粗产物约 15g。

若要得到较纯的对甲基苯磺酸，可进行重结晶。在 50mL 烧杯（或大试管）里，将 12g 粗产物溶于约 6mL 水中。往此溶液里通入氯化氢气体，直到有晶体析出。在通氯化氢气体时，要采取措施，防止"倒吸"。析出的晶体用布氏漏斗快速抽滤。晶体用少量浓盐酸洗涤。用玻璃瓶塞挤压去水分，取出后保存在干燥器里。干燥、称重，计算产率。

对甲基苯磺酸为白色针状或粉末状结晶，可溶于水、醇、醚和其他极性溶剂。极易潮解，易使木材、棉织物脱水而碳化，难溶于苯和甲苯。碱溶时生成对甲酚。常见的是对甲基苯磺酸的一水合物或四水合物。熔点：106～107℃，沸点：140℃（2.67kPa）。对甲基苯磺酸的红外光谱图如图 5-15 所示。

【实验说明】

1. 硫酸要慢慢滴加，取用硫酸需要戴手套。

2. 抽滤产品后要及时烘干并密闭保存，因为对甲基苯磺酸极易吸水。

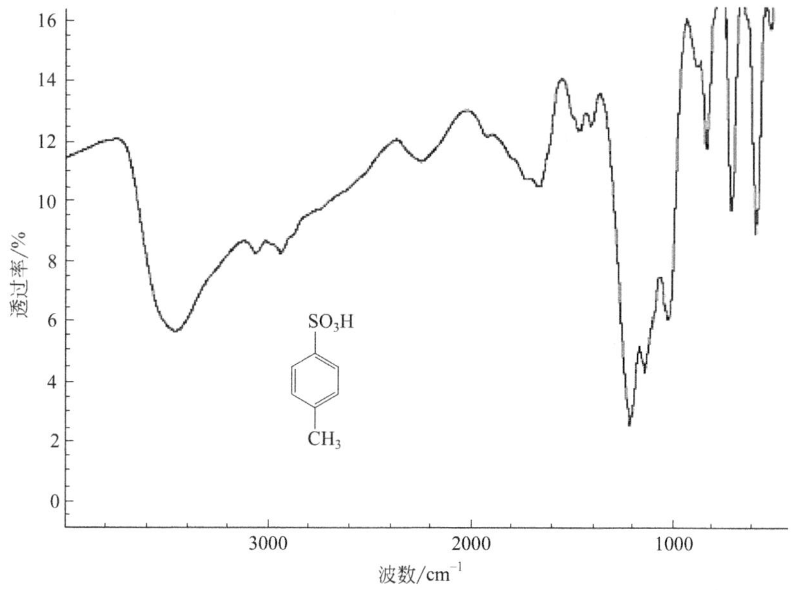

图 5-15　对甲基苯磺酸的红外光谱图

【思考题】

1. 影响磺化的因素有哪些？
2. 磺化反应中有哪些副反应产生？
3. 各种浓度的发烟硫酸如何配制？
4. 常用的磺化剂有哪些？哪些是强的磺化剂，哪些是弱的磺化剂？

实验 32　2, 4-二氯苯氧乙酸的制备

【目的和要求】

1. 了解 2,4-二氯苯氧乙酸的制备方法。
2. 巩固分液漏斗的使用和重结晶等基本操作。

【实验原理】

本实验遵循先缩合后氯化的合成路线，采用浓盐酸加过氧化氢和次氯酸钠在酸性介质中的分步氯化来制备 2,4-二氯苯氧乙酸。

其反应式如下。

$$ClCH_2COOH \xrightarrow{Na_2CO_3} ClCH_2COONa \xrightarrow{C_6H_5OH,\ +NaOH} C_6H_5OCH_2COONa \xrightarrow{HCl} C_6H_5OCH_2COOH$$

$$C_6H_5OCH_2COOH + HCl + H_2O_2 \xrightarrow{FeCl_3} 4\text{-}Cl\text{-}C_6H_4OCH_2COOH$$

$$4\text{-}Cl\text{-}C_6H_4OCH_2COOH + 2NaOCl \xrightarrow{H^+} 2,4\text{-}Cl_2C_6H_3OCH_2COOH$$

第一步是制备酚醚，这是一个亲核取代反应，在碱性条件下易于进行。

第二步是苯环上的亲电取代，$FeCl_3$ 做催化剂，氯化剂是 Cl^+，引入第一个 Cl。

$$2HCl + H_2O_2 \longrightarrow Cl_2\uparrow + 2H_2O \qquad Cl_2 + FeCl_3 \longrightarrow [FeCl_4]^- + Cl^+$$

第三步仍是苯环上的亲电取代，从 HOCl 产生的 Cl^+ 和 Cl_2O 做氯化剂，引入第二个 Cl。

$$NaOCl + H^+ \rightleftharpoons HOCl + Na^+ \qquad HOCl + H^+ \rightleftharpoons H_2O + Cl^+ \qquad 2HOCl \rightleftharpoons Cl_2O + H_2O$$

【仪器和试剂】

仪器：圆底烧瓶、球形冷凝管、带磁力搅拌的电热套、布氏漏斗、抽滤瓶、表面皿、玻璃棒、烧杯等。

试剂：氯乙酸、33% H_2O_2 溶液、苯酚、35%氢氧化钠溶液、浓盐酸、冰醋酸、饱和碳酸钠水溶液、三氯化铁、5% NaOCl 溶液等。

【实验内容】

1. 苯氧乙酸的制备

（1）成盐

向 3.2g 氯乙酸和 4.0mL 水的混合液中慢慢滴加 8mL 饱和 Na_2CO_3 溶液，调节 pH 值到 7～8，使氯乙酸转变为氯乙酸钠。

（2）取代

在搅拌下向上述氯乙酸钠溶液中加入 2.0g 苯酚，用 35% NaOH 溶液调节 pH 值到 12，并在电热套上加热 20min。期间保持 pH 值为 12。

（3）酸化沉淀

向上述的反应液中滴加浓 HCl，调节 pH 值至 3～4，此时有苯氧乙酸结晶析出。经过滤、洗涤、干燥即得苯氧乙酸粗品。

2. 对氯苯氧乙酸的制备

将 2.4g 苯氧乙酸粗品和 8mL 冰醋酸的混合液加热到 55℃，在搅拌下加入 16mg $FeCl_3$ 和 8mL HCl。加完后继续加热搅拌当反应温度升至 60～70℃时，在 3min 内滴加 2.4mL 33% H_2O_2 溶液。滴完后，保温 10min，有部分固体析出。升温重新溶解固体，并经冷却、结晶、过滤、洗涤、重结晶等操作即得精品对氯苯氧乙酸。

3. 2,4-二氯苯氧乙酸（2,4-D）的制备

（1）氯化

在摇动的状态下，向 0.8g 对氯苯氧乙酸和 8.8mL 冰醋酸的混合液中分批滴加 15.2mL 5% NaOCl 溶液，并在室温下反应 5min。

（2）分离

用 6mol/L 的 HCl 酸化至刚果红试纸变蓝色，接着用乙醚萃取 2 次，再经过水洗涤后，用 10% $NaCO_3$ 溶液萃取醚层。

在上述碱性萃取液中，加 20mL 水后，用浓 HCl 酸化至刚果红试纸变蓝色，此时析出 2,4-二氯苯氧乙酸。经冷却、过滤、洗涤、重结晶等操作即得精品 2,4-二氯苯氧乙酸。

2,4-二氯苯氧乙酸的熔点为 138℃，2,4-二氯苯氧乙酸的红外光谱图如图 5-16 所示。

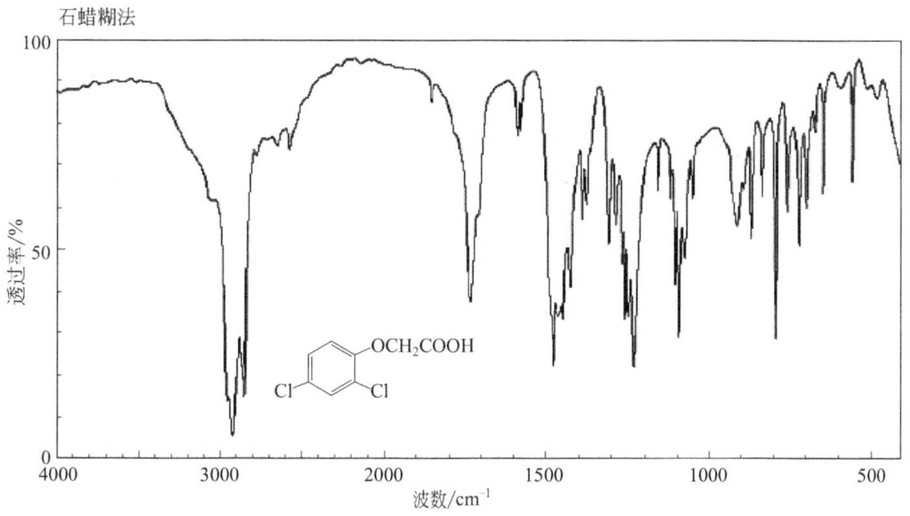

图 5-16 2,4-二氯苯氧乙酸的红外光谱图

【实验说明】

1. 先用饱和碳酸钠溶液将氯乙酸转变为氯乙酸钠，以防氯乙酸水解。因此，滴加碱液的速度宜慢。

2. HCl 勿过量，滴加 H_2O_2 宜慢，严格控温，让生成的 Cl_2 充分参与亲核取代反应。Cl_2 有刺激性，特别是对眼睛、上呼吸道和肺部器官。应注意操作，勿使其逸出，并注意开窗通风。

3. 开始加浓 HCl 时，$FeCl_3$ 水解会有 $Fe(OH)_3$ 沉淀生成。继续加 HCl 又会溶解。

4. 严格控制温度、pH 值和试剂用量是 2,4-二氯苯氧乙酸制备实验的关键。NaOCl 用量勿多，反应保持在室温以下。

【思考题】

1. 从亲核取代反应、亲电取代反应和产品分离纯化的要求等方面说明本实验中各步反应调节 pH 值的目的和作用。

2. 以苯氧乙酸为原料，如何制备对-溴苯氧乙酸？为何不能用本法制备对-碘苯氧乙酸？

实验 33 己二酸的制备

【目的和要求】

1. 学习环己醇氧化制备己二酸的原理和了解由醇氧化制备羧酸的常用方法。

2. 了解相转移催化剂的作用原理。

3. 掌握设计性实验的基本要求和方法，完成一份设计实验报告。

【实验原理】

己二酸（adipic acid）又称肥酸，常温下为白色晶体，熔点 152℃，沸点 337.5℃，是一种重要的有机二元酸，能够发生成盐反应、酯化反应、酰胺化反应等，并能与二元胺或二元醇缩聚成高分子聚合物，是合成尼龙-66 的主要原料之一。其对眼睛、皮肤、黏膜和上呼吸道有刺激作用。己二酸是工业上具有重要意义的二元羧酸，在化工生产、有机合成工业、医药、润滑剂制造等方面都有重要作用，也是医药、酵母提纯、杀虫剂、香料等的原料，产量居所有二元羧酸中的第 2 位。

制备羧酸最常用的方法是烯、醇、醛等的氧化法。常用的氧化剂有硝酸、重铬酸钾（钠）的硫酸溶液、高锰酸钾、过氧化氢及过氧乙酸等。但其中用硝酸为氧化剂，反应非常剧烈，并伴有大量二氧化氮毒气放出，既危险又污染环境。因而本实验采用环己醇在相转移催化剂作用下，以高锰酸钾为氧化剂，在碱性条件发生氧化反应，然后酸化得到己二酸。

$$\text{环己醇(OH)} \xrightarrow{KMnO_4} \begin{array}{l} CH_2CH_2COOH \\ | \\ CH_2CH_2COOH \end{array}$$

【仪器和试剂】

仪器：三颈烧瓶、球形冷凝管、恒压滴液漏斗、带磁力搅拌的电热套、加热装置、磁珠、布氏漏斗、抽滤瓶、电子天平、分液漏斗等。

试剂：环己醇、高锰酸钾、5%氢氧化钠水溶液、2%氢氧化钠水溶液、三乙基苄基氯化铵、石油醚、浓硫酸、亚硫酸氢钠、草酸等。

【实验内容】

1. 在 100mL 三颈烧瓶中分别加入 10.5g（0.067mol）高锰酸钾、20mL 的 5%氢氧化钠水溶液、0.1g 三乙基苄基氯化铵；放入磁珠，装上球形冷凝管和恒压滴液漏斗。

2. 在恒压滴液漏斗中加入 2.6mL（0.025mol）环己醇和 7.5mL 石油醚的混合液。

3. 开动磁力搅拌并加热。

4. 先放入环己醇和石油醚的混合液 1mL，等反应液变绿，再继续滴加该混合液，约 15min 滴完。由于反应放热，该过程中石油醚开始回流。

5. 滴加完毕后，继续反应 15～20min，趁热抽滤，用 2%氢氧化钠水溶液洗涤反应器和滤饼，滤液分为两层，上层为有机层，下层为己二酸盐的水溶液。

6. 用分液漏斗分出水层，加入浓硫酸至强酸性，析出白色己二酸晶体，冷却抽滤后得到粗品 2.5～3g，熔点 148～152℃。

7. 用水对粗品进行重结晶，得己二酸纯品 1～1.5g，熔点 152～153℃。

【实验说明】

1. 制备羧酸采取的都是比较强烈的氧化条件，一般都是放热反应，应严格控制反应温度，否则不但影响产率，有时还会发生爆炸事故。

2. 由于反应是放热反应，反应液开始回流后，可停止加热。

3. 反应过程中，如果观察到反应液的紫色一直难以消失，可加入少量固体亚硫酸氢钠以除去过量的高锰酸钾。

4. 反应结束后，反应瓶中的难以去除的褐色物质，可用少量草酸洗涤。

【思考题】

1. 如何确定反应终点，为什么高锰酸钾不能过量？

2. 为什么反应结束后，要趁热过滤？

3. 为什么要用 2%的氢氧化钠水溶液洗涤滤饼和反应瓶？

4. 2%的氢氧化钠水溶液加入过多会有什么影响?

5. 反应过程中，为什么加入三乙基苄基氯化铵，它在反应中起什么作用?

实验 34　(±)-苯乙醇酸的合成及拆分

【目的和要求】

1. 了解（±）-苯乙醇酸的制备原理和方法。
2. 学习相转移催化合成的基本原理和技术。
3. 巩固萃取及重结晶操作技术。
4. 了解酸性外消旋体的拆分原理和实验方法。

【实验原理】

苯乙醇酸（学名）[俗名是扁桃酸（mandelic acid），又称苦杏仁酸] 可做医药中间体，用于合成环扁桃酸酯、扁桃酸乌洛托品及阿托品类解痛剂；也可用作测定铜和锆的试剂。

本实验利用氯化苄基三乙基铵作为相转移催化剂，将苯甲醛、氯仿和氢氧化钠在同一反应器中进行混合，通过卡宾加成反应直接生成目标产物。需要指出的是，用化学方法合成的扁桃酸是外消旋体，只有通过手性拆分才能获得对映异构。

反应式如下。

$$HCCl_3 + NaOH \longrightarrow Cl_2C: + NaCl + H_2O$$

$$C_6H_5CHO \xrightarrow{Cl_2C:} C_6H_5\text{-}CH(O)CCl_2 \xrightarrow{\text{重排}} C_6H_5CHClCOCl \xrightarrow{OH^-} \xrightarrow{H^+} C_6H_5CH(OH)COOH$$

反应中用氯化苄基三乙基铵作为相转移催化剂。

通过一般化学方法合成的苯乙醇酸只能得到外消旋体。由于（±）-苯乙醇酸是酸性外消旋体，故可以用碱性旋光体做拆分剂，一般常用（－）-麻黄碱。拆分时，（±）-苯乙醇酸与（－）-麻黄碱反应形成两种非对映异构的盐，进而可以利用其物理性质（如溶解度）的差异对其进行分离。

反应式如下。

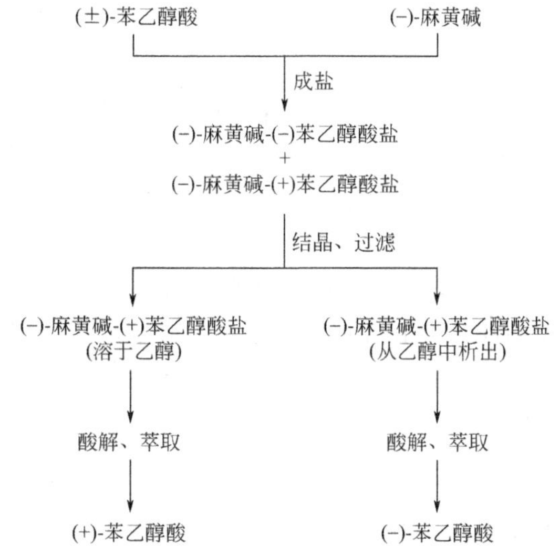

【仪器和试剂】

仪器：圆底烧瓶、三颈烧瓶、带磁力搅拌的电热套、冷凝管、滴液漏斗、温度计、分液漏斗、磁珠、球形冷凝管、布氏漏斗、抽滤瓶等。

试剂：苄氯、三乙胺、苯、沸石、苯甲醛、氯仿、30%氢氧化钠溶液、氢氧化钠、乙醚、无水硫酸镁、无水硫酸钠、盐酸麻黄碱、无水乙醇、浓盐酸等。

【实验内容】

1. 合成

（1）依次向 25mL 圆底烧瓶中加入 3mL 苄氯、3.5mL 三乙胺、6mL 苯，加几粒沸石后，加热回流 1.5h 后冷却至室温，氯化苄基三乙基铵即呈晶体析出，减压过滤后，将晶体放置在装有无水氯化钙和石蜡的干燥器中备用。

（2）在 250mL 三颈烧瓶上配置冷凝管、滴液漏斗和温度计。依次加入 2.8mL 苯甲醛、5mL 氯仿和 0.35g 氯化苄基三乙基铵，加热并搅拌。当温度升至 56℃时，开始自滴液漏斗中加入 35mL 30%的氢氧化钠溶液，滴加过程中保持反应温度在 60～65℃，约 20min 滴毕，继续搅拌 40min，反应温度控制在 65～70℃。反应完毕后，用 50mL 水将反应物稀释并转入 150mL 的分液漏斗中，分别用 9mL 乙醚连续萃取两次，合并醚层，用盐酸酸化水相至 pH=2～3，再分别用 9mL 乙醚连续萃取两次，合并所有醚层并用无水硫酸镁干燥，蒸除乙醚即得扁桃酸粗品。将粗品置于 25mL 烧瓶中，加入少量甲苯，回流。沸腾后补充甲苯至晶体完全溶解，趁热过滤，静置母液待晶体析出后过滤。(±)-苯乙醇酸的熔点为 120～122℃。

2. 拆分

（1）麻黄碱的制备：称取 4g 市售盐酸麻黄碱，用 20mL 水溶解，过滤后在滤液中加入 1g 氢氧化钠，使溶液呈碱性。然后用乙醚对其萃取三次（3×20mL），醚层用无水硫酸钠干燥，蒸除溶剂，即得（—）-麻黄碱。

（2）非对映体的制备与分离：在 50mL 圆底烧瓶中加入 2.5mL 无水乙醚、1.5g（±）-苯乙醇酸，使其溶解。缓慢加入（—）-麻黄碱乙醇溶液（1.5g 麻黄碱与 10mL 乙醇配成），在 85～90℃下回流 1h。回流结束后，冷却混合物至室温，再用冰浴冷却使晶体析出。析出晶体为（—）-麻黄碱-(—)苯乙醇酸盐，（—）-麻黄碱-(+)苯乙醇酸盐仍留在乙醇中。过滤即可将其分离。

（3）将（—）-麻黄碱-(—)苯乙醇酸盐粗品用 2mL 无水乙醇重结晶，可得白色粒状纯化晶体。熔点 166～168℃。将晶体溶于 20mL 水中，滴加 1mL 浓盐酸使溶液呈酸性，用 15mL 乙醚分 3 次萃取，合并醚层并用无水硫酸钠干燥，蒸除有机溶剂后即得(—)-苯乙醇酸。熔点为 131～133℃，$[\alpha]_D^{23}-153°$（c=2.5，H_2O）。

将(—)-麻黄碱-(+)苯乙醇酸盐的乙醇溶液加热除去有机溶剂，用 10mL 水溶解残余物，再滴加浓盐酸 1mL 使固体全部溶解，用 30mL 乙醚分三次萃取，合并醚层并用无水硫酸钠干燥，蒸除有机溶剂后即得(+)-苯乙醇酸。产品为白色固体，熔点为 131～134℃，$[\alpha]_D^{23}+154°$（c=2.8，H_2O）。

【实验说明】

1. 取样及反应都应在通风橱中进行。

2. 干燥器中放石蜡以吸收产物中残余的烃类溶剂。

3. 此反应是两相反应，剧烈搅拌反应混合物，有利于加速反应。

4. 重结晶时，甲苯的用量为 1.5～2mL。

【思考题】

1. 以季铵盐为相转移催化剂的催化反应原理是什么？

2. 本实验中若不加季铵盐会产生什么后果？

3. 反应结束后，为什么要先用水稀释？后用乙醚萃取，目的是什么？

4. 反应液经酸化后为什么再次用乙醚萃取？

实验 35　肉桂酸的制备

【目的和要求】

1. 学习肉桂酸的制备原理和方法。

2. 学习水蒸气蒸馏的原理及其应用，掌握水蒸气蒸馏的装置及操作方法。

【实验原理】

芳香醛与具有 α-H 原子的脂肪酸酐在相应的无水脂肪酸钾盐或钠盐的催化下共热发生缩合反应，生成芳基取代的 α,β-不饱和酸，此反应称为 Perkin 反应。反应式如下。

$$C_6H_5\text{—}CHO + (CH_3CO)_2O \xrightarrow[150\sim170℃]{KAc} C_6H_5\text{—}CH{=}CHCOOH + CH_3COOH$$

Perkin 反应的催化剂通常是相应酸酐的羧酸钾或钠盐，有时也可用碳酸钾或叔胺代替。反应时，可能是酸酐受醋酸钾（钠）的作用，生成一个酸酐的负离子，负离子和醛发生亲核加成，生成中间物 β-羟基酸酐，然后再发生失水和水解作用而得到不饱和酸。反应机理如下。

$$(CH_3CO)_2O + CH_3COOK \longrightarrow [^-\,CH_2\text{—}\overset{O}{\overset{\|}{C}}\text{—}O\text{—}\overset{O}{\overset{\|}{C}}\text{—}CH_3]K^+ + CH_3COOH$$

$$C_6H_5\text{—}CHO + {}^-\,CH_2\text{—}\overset{O}{\overset{\|}{C}}\text{—}O\text{—}\overset{O}{\overset{\|}{C}}\text{—}CH_3 \longrightarrow C_6H_5\text{—}CH(O^-)\text{—}CH_2\text{—}\overset{O}{\overset{\|}{C}}\text{—}O\text{—}\overset{O}{\overset{\|}{C}}\text{—}CH_3$$

$$\xrightarrow{CH_3COOH} C_6H_5\text{—}CH(OH)\text{—}CH_2\text{—}\overset{O}{\overset{\|}{C}}\text{—}O\text{—}\overset{O}{\overset{\|}{C}}\text{—}CH_3 \xrightarrow{-H_2O} C_6H_5\text{—}HC{=}CH\text{—}\overset{O}{\overset{\|}{C}}\text{—}O\text{—}\overset{O}{\overset{\|}{C}}\text{—}CH_3$$

$$\xrightarrow{\text{水解}} C_6H_5\text{—}HC{=}CH\text{—}COOH + CH_3COOH$$

肉桂酸，又名 β-苯丙烯酸、3-苯基-2-丙烯酸。是从肉桂皮或安息香分离出的有机酸。植物中由苯丙氨酸脱氨降解产生的苯丙烯酸。主要用于香精香料、食品添加剂、医药工业、美容、农药、有机合成等方面。

【仪器和试剂】

仪器：三颈烧瓶、空气冷凝管、圆底烧瓶、75°弯管、直形冷凝管、真空接引管、锥形瓶、安全管、T形管、量筒、烧杯、布氏漏斗、抽滤瓶、表面皿、红外灯等。

试剂：苯甲醛、乙酸酐、无水醋酸钾、沸石、饱和碳酸钠溶液、无水硫酸镁、浓盐酸、活性炭等。

【实验内容】

制备肉桂酸的实验装置如图5-17和图5-18所示。

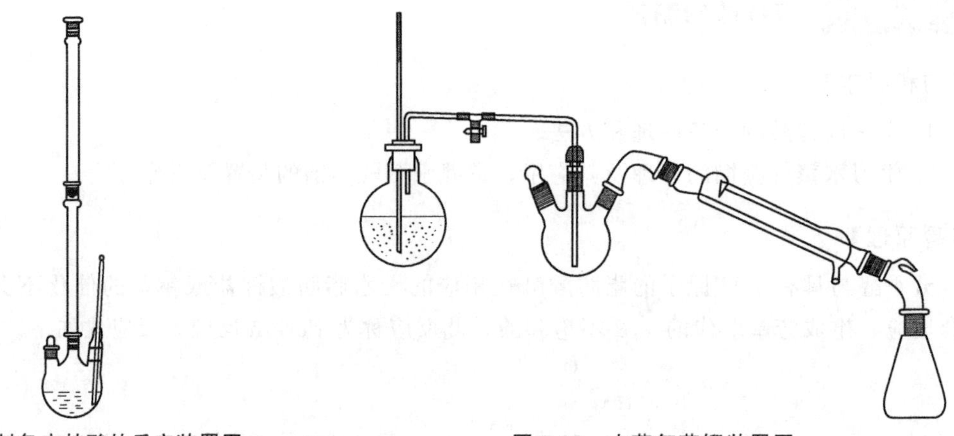

图5-17　制备肉桂酸的反应装置图　　图5-18　水蒸气蒸馏装置图

1. 在250mL三颈烧瓶中依次加入无水醋酸钾6g、苯甲醛6mL、乙酸酐11mL和沸石2粒。

2. 如图5-17所示安装反应装置，三颈烧瓶一口堵塞，一口插入温度计进液相，一口装空气冷凝管。

3. 用电热套加热，控制温度在150～170℃回流1h。要注意控制加热速度，防止物料从空气冷凝管顶端逸出，必要时可再接一个冷凝管。

4. 将反应液冷却至约100℃，加入40mL热水，此时有固体析出。

5. 向三颈烧瓶内加入饱和碳酸钠溶液，并摇动三颈烧瓶，用pH试纸检验，直到pH值为8左右，约需饱和碳酸钠溶液30～40mL。

6. 如图5-18所示搭好水蒸气蒸馏装置，蒸出未反应的苯甲醛，蒸到馏出液澄清无油珠时停止蒸馏（可用盛水的烧杯去真空接引管下接几滴馏出液，检验有无油珠），约需20min。

7. 将剩余液转入400mL烧杯中，补加少量水至液体总量为200～250mL，再加1～2匙活性炭。

8. 煮沸脱色5min。

9. 趁热减压过滤，滤液转入干净的烧杯，冷却到室温。

10. 搅拌下慢慢加入浓盐酸，到pH试纸变红，大约需要20～40mL。

11. 冷却到室温后，减压过滤，滤饼用5～10mL冷水洗涤，抽干。

12. 滤饼转入表面皿，红外灯下干燥。产品称量，回收，计算产率。

肉桂酸（分顺式和反式，顺式为天然，反式为合成）为白色至淡黄色粉末。略有桂皮香气。熔点为 133℃，肉桂酸的红外光谱图如图 5-19 所示。

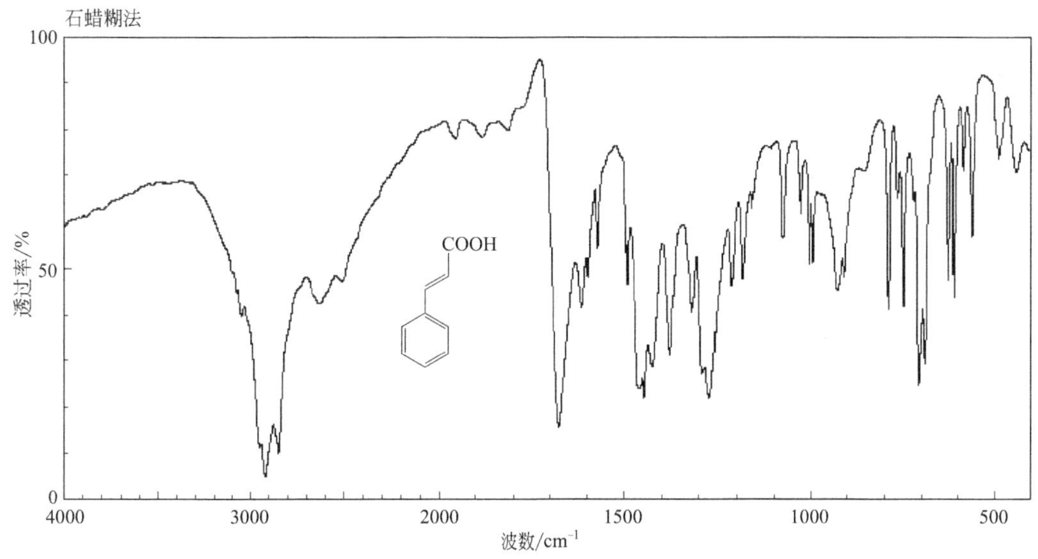

图 5-19　肉桂酸的红外光谱图

【实验说明】

1. 久置的苯甲醛含苯甲酸，故需蒸馏提纯。苯甲酸含量较多时可用以下方法除去。先用 10%碳酸钠溶液洗至无 CO_2 放出，然后用水洗涤，再用无水硫酸镁干燥，干燥时加入 1%对苯二酚以防氧化，减压蒸馏，收集 79℃/25mmHg（1mmHg＝0.133kPa）或 69℃/15mmHg，或 62℃/10mmHg 的馏分，沸程 2℃，贮存时可加入 0.5%的对苯二酚。

2. 无水醋酸钾需新鲜熔融。将含水醋酸钾放入蒸发皿内，加热至熔融，立即倒在金属板上，冷后研碎，置于干燥器中备用。

3. 反应混合物在加热过程中，由于 CO_2 的逸出，最初反应时会出现泡沫。

4. 反应混合物在 150～170℃下长时间加热，发生部分脱羧而产生不饱和烃类副产物，并进而生成树脂状物，若反应温度过高（200℃），这种现象更明显。

5. 肉桂酸有顺反异构体，通常以反式存在，为无色晶体，熔点 133℃。

6. 如果产品不纯，可在水或 3∶1 稀乙醇中进行重结晶。

【思考题】

1. 具有何种结构的醛能进行 Perkin 反应？

2. 本实验中在水蒸气蒸馏前为什么用饱和碳酸钠溶液中和反应物？

3. 为什么不能用氢氧化钠代替碳酸钠溶液来中和反应物？

4. 水蒸气蒸馏通常在哪三种情况下使用？被提纯物质必须具备哪些条件？

5. 肉桂酸能溶于热水，难溶于冷水，试问如何提纯之？写出操作步骤，并说明每一步的作用。

6. 苯甲醛和丙酸酐在无水丙酸钾存在下相互作用得到什么产物？写出反应式。

7. 反应中，如果使用与酸酐不同的羧酸盐，会得到两种不同的芳香丙烯酸，为什么？

实验 36 香豆素-3-羧酸的制备

【目的和要求】

1. 掌握 Perkin 反应原理和芳香族羟基内酯的制备方法。Perkin 反应，是指由不含有 α-H 的芳香醛（如苯甲醛）在强碱弱酸盐（如碳酸钾、醋酸钾等）的催化下，与含有 α-H 的酸酐（如乙酸酐、丙酸酐等）所发生的缩合反应，并生成 α,β-不饱和羧酸盐，经酸性水解即可得到 α,β-不饱和羧酸。

2. 掌握用薄层色谱法监测反应的进程，熟练掌握重结晶的操作技术。

【实验原理】

让水杨醛与丙二酸酯在六氢吡啶的催化下缩合成香豆素-3-甲酸乙酯，后者加碱水解，此时酯基和内酯均被水解，然后经酸化再次闭环形成内酯，即为香豆素-3-羧酸。

$$\text{水杨醛} + \text{丙二酸二乙酯} \xrightarrow{\text{六氢吡啶}} \text{香豆素-3-甲酸乙酯} + H_2O + CH_3CH_2OH$$

$$\text{香豆素-3-甲酸乙酯} \xrightarrow{NaOH} \text{二钠盐} \xrightarrow{HCl} \text{香豆素-3-羧酸}$$

【仪器和试剂】

仪器：带磁力搅拌的电热套、圆底烧瓶、球形冷凝管、干燥管、磁珠、布氏漏斗、抽滤瓶、烧杯、量筒等。

试剂：水杨醛、丙二酸二乙酯、无水乙醇、六氢吡啶、冰醋酸、50%乙醇、氢氧化钠等。

【实验内容】

1. 香豆素-3-羧酸乙酯的合成

（1）在 25mL 圆底烧瓶中依次加入 1mL 水杨醛、1.2mL 丙二酸二乙酯、5mL 无水乙醇和 0.1mL 六氢吡啶及一滴冰醋酸。

（2）在无水条件下搅拌回流 1.5h，待反应物稍冷后拿掉干燥管。

（3）从冷凝管顶端加入约 6mL 冷水，待结晶析出后抽滤并用 1mL 被冰水冷却过的 50%乙醇洗两次，可得粗品香豆素-3-羧酸乙酯。

2. 香豆素-3-羧酸的合成

（1）在 25mL 圆底烧瓶中加入 0.8g 香豆素-3-羧酸乙酯、0.6g 氢氧化钠、4mL 乙醇和 2mL 水，加热回流约 15min。

（2）冰浴冷却后过滤，用少量冰水洗涤，干燥后的粗品约 1.6g，可用水重结晶，熔点 190℃（分解）。

【实验说明】

1. 水杨醛或者丙二酸酯过量，都可使平衡向右移动，提高香豆素-3-甲酸乙酯的产率。

可使水杨醛过量，因为其极性大，后处理容易。

2. 用滴加的方式将溶于乙醇的丙二酸二乙酯加入圆底烧瓶，无水乙醇介质使原料互溶性更好，每次加入数滴，使其完全包裹在水杨醛与六氢吡啶的溶液内，充分接触，反应更充分。

3. 随着催化剂六氢吡啶的用量的增加，产率提高，主要是碱性增强，碳负离子数目增多，产率增大，但用量过多时，其会与生成的香豆素-3-甲酸乙酯进一步生成酰胺，产率降低，所以其最好与丙二酸酯的物质的量比为 1∶1。

4. 反应温度以能让乙醇匀速缓和回流为好，大概在 80℃，温度过高回流过快，甚至有副反应发生。

5. 产率随反应时间增多而提高，超过 2h 产率降低，所以反应时间最好控制在 2h 左右。

6. 用冰水冷却过的 95%乙醇洗涤可以减少酯在乙醇中的溶解。

【思考题】

1. 羧酸盐在酸化得羧酸沉淀析出的操作中，应如何避免酸的损失？如何提高酸的纯度？

2. 试写出本反应的反应机理，并指出反应中加入醋酸的目的是什么？

3. 试设计从香豆素-3-羧酸制备香豆素的反应过程和实验方法。

5.2.7　酯、酰胺的制备

实验 37　乙酰乙酸乙酯的制备

【目的和要求】

1. 了解 Claisen 酯缩合反应的机理和应用。
2. 熟悉在酯缩合反应中金属钠的应用和操作。
3. 复习液体干燥和减压蒸馏操作。

【实验原理】

含 α-活泼氢的酯在强碱性试剂（如 Na、$NaNH_2$、NaH、三苯甲基钠或格氏试剂）存在下，能与另一分子酯发生 Claisen 酯缩合反应，生成 β-羰基酸酯。乙酰乙酸乙酯就是通过这一反应制备的。虽然反应中使用金属钠做缩合试剂，但真正的催化剂是钠与乙酸乙酯中残留的少量乙醇作用产生的乙醇钠。

$$2CH_3CO_2Et \xrightarrow{C_2H_5ONa} CH_3\overset{\overset{\displaystyle O}{\|}}{C}CH_2COOEt + C_2H_5OH$$

乙酰乙酸乙酯与其烯醇式是互变异构（或动态异构）现象的一个典型例子，它们是酮式和烯醇式平衡的混合物，在室温时含 92%的酮式和 8%的烯醇式。单个异构体具有不同的性质并能分离为纯态，但在微量酸碱催化下，迅速转化为两者的平衡混合物。

【仪器和试剂】

仪器：圆底烧瓶、球形冷凝管、带磁力搅拌的电热套、磁珠、干燥管、分液漏斗、减压蒸馏装置等。

试剂：金属钠、二甲苯、乙酸乙酯、50％醋酸溶液、饱和氯化钠溶液、无水硫酸钠、无水氯化钙等。

【实验内容】

1. 熔钠和摇钠

在干燥的25mL圆底烧瓶中加入0.5g金属钠和2.5mL二甲苯，装上球形冷凝管，加热使钠熔融。拆去球形冷凝管，用磨口玻塞塞紧圆底烧瓶，用力振摇得细粒状钠珠。

2. 缩合和酸化

稍经放置钠珠沉于瓶底，将二甲苯倾倒到二甲苯回收瓶中（切勿倒入水槽或废物缸，以免着火）。迅速向瓶中加入5.5mL乙酸乙酯，重新装上球形冷凝管，并在其顶端装一无水氯化钙干燥管。反应随即开始，并有氢气泡逸出。如反应很慢时，可稍加温热。待激烈的反应过后，加热，保持微沸状态，直至所有金属钠全部反应完为止。反应约需0.5h。此时生成的乙酰乙酸乙酯钠盐为橘红色透明溶液（有时析出黄白色沉淀）。待反应物稍冷后，在摇荡下加入50％的醋酸溶液，直到反应液呈弱酸性（约需3mL）。此时，所有的固体物质均已溶解。

3. 盐析和干燥

将溶液转移到分液漏斗中，加入等体积的饱和氯化钠溶液，用力摇振片刻。静置后，乙酰乙酸乙酯分层析出。分出上层粗产物，用无水硫酸钠干燥后滤入圆底烧瓶，并用少量乙酸乙酯洗涤干燥剂，一并转入圆底烧瓶中。

4. 蒸馏和减压蒸馏

先加热蒸去未作用的乙酸乙酯，然后将剩余液移入50mL圆底烧瓶中，用减压蒸馏装置进行减压蒸馏。减压蒸馏时需缓慢加热，待残留的低沸点物质蒸出后，再升高温度，收集乙酰乙酸乙酯。产量约1.1g（产率40％）。

乙酰乙酸乙酯的沸点为180.4℃，折射率$n_D^{20}=1.4199$。乙酰乙酸乙酯的红外光谱图如图5-20所示。

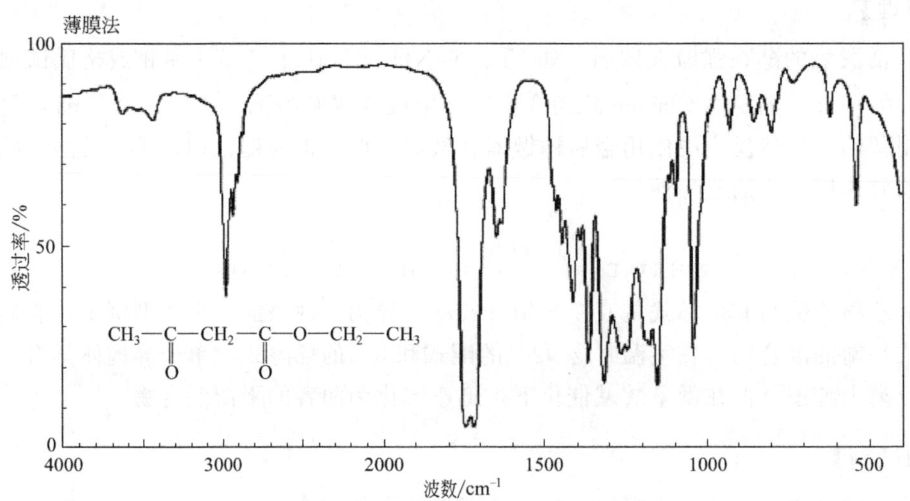

图5-20　乙酰乙酸乙酯的红外光谱图

【实验说明】

仪器干燥，严格无水。金属钠遇水即燃烧爆炸，故使用时应严格防止钠接触水或皮肤。钠的称量和切片要快，以免氧化或被空气中的水汽侵蚀。多余的钠片应及时放入装有烃溶剂（通常为二甲苯）的瓶中。

摇钠为本实验关键步骤，因为钠珠的大小决定着反应的快慢。钠珠越细越好，应呈小米状细粒。否则，应重新熔融再摇。摇钠时应用干抹布包住瓶颈，快速而有力地来回振摇，往往最初的几下有力振摇即达到要求。切勿对着人摇，也勿靠近实验桌摇，以防意外。

【思考题】

1. 什么是 Claisen 酯缩合反应中的催化剂？本实验为什么可以用金属钠代替？为什么计算产率时要以金属钠为基准？

2. 本实验中加入 50%醋酸和饱和氯化钠溶液有何作用？

3. 如何用实验证明常温下得到的乙酰乙酸乙酯是两种互变异构体的平衡混合物？

实验 38　邻苯二甲酸二丁酯的制备

【目的和要求】

1. 了解邻苯二甲酸二丁酯的制备原理和方法。

2. 训练减压蒸馏操作及分水装置的操作和应用。

【实验原理】

邻苯二甲酸二丁酯大量作为增塑剂使用，称为增塑剂 DBP，还可用作油漆、黏结剂、染料、印刷油墨、织物润滑剂的助剂。它是无色透明液体，具有芳香气味、不挥发，在水中的溶解度为 0.03%（25℃），对多种树脂都具有很强的溶解能力。

$$C_6H_4(CO)_2O + n\text{-}C_4H_9OH \xrightarrow{H_2SO_4} C_6H_4\begin{matrix}COOC_4H_9\\COOH\end{matrix} \xrightarrow[n\text{-}C_4H_9OH]{H_2SO_4} C_6H_4\begin{matrix}COOC_4H_9\\COOC_4H_9\end{matrix}$$

【仪器和试剂】

仪器：三颈烧瓶、球形冷凝管、带磁力搅拌的电热套、圆底烧瓶、温度计、分水器、磁珠、分液漏斗、减压蒸馏装置。

试剂：邻苯二甲酸酐、正丁醇、浓硫酸、5%碳酸钠溶液、饱和氯化钠溶液、无水硫酸钠等。

【实验内容】

1. 将 7.5mL 正丁醇、3g 邻苯二甲酸酐和 4 滴浓硫酸加入到 25mL 三颈烧瓶中，摇匀后固定在操作平台上。在三颈烧瓶上装上温度计（离瓶底约 0.5cm）和分水器，余下的一口用塞子塞住。分水器上口接装球形冷凝管。在分水器中加入水至支管相差 1.5cm 处。

2. 小火加热让瓶内温度缓慢上升，当温度升至 140℃时（约需 25min），停止加热，待瓶内温度降至 50℃以下时将反应液转入分液漏斗，用 10mL 5%碳酸钠溶液中和反应液，分出水层。再用饱和氯化钠溶液洗涤 2 次。彻底分除水层。有机层用少量无水硫酸钠干燥后转入 10mL 圆底烧瓶，加热先除去过量的正丁醇，再减压蒸馏。得产品 3.7g。纯产品沸点 340℃，密度（20℃）为 1.042～1.048g/mL。

【实验说明】

1. 正丁醇和水易形成共沸混合物，将水带入分水器，上层为正丁醇，下层为水，应注意根据反应产生的水量来判断反应进行的程度。

2. 反应温度不可过高，以免生成的产物在酸性条件下被分解。

3. 中和时应掌握好碱的用量，否则会影响产物的纯度及产率。

【思考题】

1. 计算本次实验反应过程应生成的水量，以判断反应进行的程度。

2. 反应中有可能发生哪些副反应？

3. 若粗产物中和程度不到中性，对后处理会产生什么不利影响？

实验 39 乙酸乙酯的制备

【目的和要求】

1. 熟悉和掌握酯化反应的特点。

2. 掌握酯的制备方法。

【实验原理】

浓硫酸催化下，乙酸和乙醇生成乙酸乙酯。

$$CH_3COOH + C_2H_5OH \xrightleftharpoons{H_2SO_4} CH_3COOC_2H_5 + H_2O$$

实验中，必须控制好反应温度，若温度过高，会产生大量的副产物乙醚。所以要得到较纯的乙酸乙酯，就必须要除掉粗产品中含有的乙醇、乙酸和乙醚。

【仪器和试剂】

仪器：圆底烧瓶、三颈烧瓶、滴液漏斗、球形冷凝管、带磁力搅拌的电热套、磁珠、分液漏斗、蒸馏装置、温度计、锥形瓶等。

试剂：冰醋酸、无水乙醇、浓硫酸、无水硫酸钠、饱和碳酸钠、饱和食盐水等。

【实验内容】

1. 粗乙酸乙酯的制备

在 50mL 三颈烧瓶中加入 8mL 无水乙醇，边振荡边缓慢加入 5mL 浓硫酸，混合均匀后，加几粒沸石。三颈烧瓶左口配一 200℃的温度计，量取 12mL 冰醋酸和 12mL 无水乙醇混合均匀后加于滴液漏斗中。接通冷凝水后，小火加热反应瓶，当温度达到 110～120℃之间后，从滴液漏斗慢慢滴入混合液，控制滴加速度与馏出速度大致相等（滴加的速度不能太快），并维持温度在 110～120℃之间。滴加完毕后，继续加热几分钟，使生成的酯尽量蒸出。接液瓶里液体即为制备的粗乙酸乙酯。

2. 乙酸乙酯的精制

（1）除乙酸　将馏出液在搅拌的同时慢慢加入饱和碳酸钠溶液，直至不再有二氧化碳气体产生或酯层不显酸性（可用 pH 试纸检验）为止。

（2）除水分　将混合液转移至分液漏斗中，充分振荡（注意放气）、充分静置后分去下层水溶液。

（3）除碳酸钠　漏斗中的酯层先用 10mL 饱和食盐水洗涤，静置分层，放去下层溶液。

（4）除乙醇　用饱和氯化钙溶液 20mL 分两次洗涤酯层。充分振荡后，静置分层，放去下层液。酯层自漏斗上口倒入一干燥的带塞锥形瓶中，加入 2～3g 无水硫酸钠。不断振荡，待酯层清亮（约 15min）后，用折叠滤纸在长颈漏斗中滤入干燥的蒸馏烧瓶中。

（5）除乙醚　在蒸馏烧瓶中加入几粒沸石，在水浴上蒸馏。将 35～40℃ 的馏分（乙醚）倒入指定的容器，收集 73～78℃ 的馏分即为乙酸乙酯，称重，计算产率。乙酸乙酯的红外光谱图如图 5-21 所示。

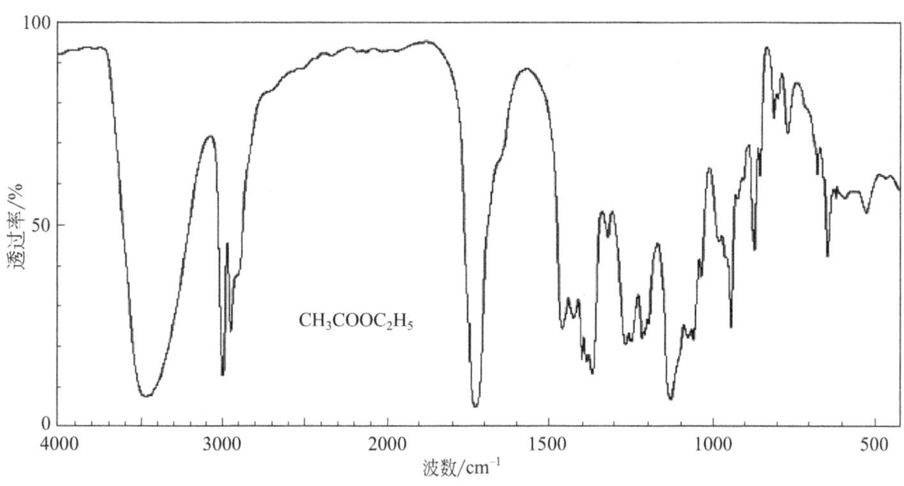

图 5-21　乙酸乙酯的红外光谱图

【实验说明】

1. 控制反应温度在 120～125℃，控制浓硫酸滴加速度。
2. 洗涤时注意放气，有机层用饱和食盐水洗涤后，尽量将水相分干净。
3. 干燥后的粗产品进行蒸馏、收集 73～78℃ 馏分。
4. 无色液体，$n=1.3728$。

【思考题】

1. 酯化反应有什么特点？本实验如何创造条件使酯化反应尽量向生成物方向进行？
2. 本实验有哪些可能的副反应？
3. 如果采用醋酸过量是否可以？为什么？
4. 为什么不用水代替饱和氯化钠溶液和饱和氯化钙溶液来洗涤？
5. 蒸馏出来的粗产品里面有哪些杂质，应该怎么样除掉它们？

实验 40　乙酸正丁酯的制备

【目的和要求】

1. 掌握乙酸正丁酯的制备原理和过程。

2. 掌握分水器分水的原理及基本操作。

【实验原理】

乙酸和正丁醇在浓硫酸催化下发生酯化反应，生成乙酸正丁酯和水。然而生成的乙酸正丁酯在酸催化下又和水发生水解反应生成乙酸和正丁醇，所以酯化反应是一个可逆反应。

$$CH_3COOH+n\text{-}C_4H_9OH \xrightleftharpoons{H_2SO_4} CH_3COOC_4H_9+H_2O$$

对于可逆反应，可通过增加反应物的量或减少生成物的量使反应向正反应方向移动，从而提高产品的收率。在制备乙酸正丁酯的实验中，通过除去生成物之一——水的方法使反应向正反应方向移动，提高乙酸正丁酯的收率。

所谓共沸，是指两组分或多组分的液体混合物以特定比例组成时，在恒定压力、较低的温度下（低于任意一种物质的沸点）沸腾，产生的蒸气组成比例与溶液相同的现象。

【仪器和试剂】

仪器：铁架台、升降台、电热套、十字夹、万能夹、铁圈、分液漏斗、普通漏斗、锥形瓶、球形冷凝管、分水器、圆底烧瓶、一次性滴管、量筒等。

试剂：正丁醇、冰醋酸、浓硫酸、10% Na_2CO_3 溶液、无水硫酸镁、沸石等。

【实验内容】

1. 在试验台上放置铁架台、升降台、电热套，将十字夹固定在铁架台上，将万能夹固定在十字夹上。

2. 取一 50mL 圆底烧瓶，向其中加入 10mL（8.10g，0.11mol）正丁醇、7mL（7.35g，0.12mol）冰醋酸和 2 滴浓 H_2SO_4，充分振摇，混合均匀。将烧瓶固定在万能夹上，再加入几粒沸石。

3. 调整升降台，使圆底烧瓶处于电热套的正中心位置，取一检漏好的分水器，通过磨口与圆底烧瓶相连，取一带有十字夹和万能夹的铁架台，用万能夹固定分水器。反应开始前，用一次性滴管向分水器的侧支沿着分水器壁加入水，注意加水的时候不要让水流入到反应烧瓶中。加水直至水的液面与分水器支管的下沿相平即可。打开活塞放出 1.96mL H_2O。

4. 取一个连接好胶皮管的球形冷凝管，通过冷凝管的下磨口与分水器相连，根据下进上出的原则，将下进水口连接在水龙头上，上出水口放入水槽。

5. 装置搭建完成后，打开冷凝水，打开加热装置，在 80℃左右加热 15min，然后提高温度使反应处于回流状态继续反应一段时间，当分水器的油层完全消失，水面和支管口下沿平齐时，反应结束。

6. 反应结束后，停止加热，将升降台降低，待反应瓶中液体冷却至室温，关闭冷凝水，取下与水管相连的胶皮管，放入水槽中，放掉冷凝管中的水。

7. 取下球形冷凝管，打开分水器的活塞，放出分水器中的水，取下分水器，取下圆底烧瓶，烧瓶中有机相备用。

8. 依次用 10mL H_2O、10mL 10% Na_2CO_3 溶液、10mL H_2O 洗涤有机相，洗涤完毕，将有机相从分液漏斗上口倒入一个干燥的锥形瓶中，用无水硫酸镁干燥。

9. 干燥 10min 后，通过过滤的方式除去干燥剂，得到产品乙酸正丁酯。

乙酸正丁酯是无色透明液体。沸点为 126.3℃，密度为 0.8825g/mL，折射率为 1.3947。

【实验说明】

1. 浓硫酸在反应中做催化剂，只需少量，不宜过多。

2. 滴加浓硫酸时要边加边摇，必要时可用冷水冷却，以免局部炭化。

3. 反应终点的判断可观察以下两种现象：分水器中不再有水珠下沉；分水器中分出的水量与理论分水量进行比较，判断反应完成的程度。

【思考题】

1. 本实验采用什么方法来提高乙酸正丁酯的产率？

2. 本实验根据什么原理移去反应中生成的水？为什么水必须被移去？

3. 能不能将碳酸钠溶液改用氢氧化钠？

实验 41　乙酰水杨酸（阿司匹林）的制备

【目的和要求】

扫一扫，可直接观看实验视频

1. 掌握重结晶和抽滤等基本操作。

2. 了解酯化反应的原理。

【实验原理】

阿司匹林也叫乙酰水杨酸，是一种历史悠久的解热镇痛药。用于治疗感冒、发热、头痛、牙痛、关节痛、风湿病，还能抑制血小板聚集，用于预防和治疗缺血性心脏病、心绞痛、心肺梗死、脑血栓的形成，也可提高植物的出芽率，应用于血管形成术及旁路移植术也有效。阿司匹林可以水杨酸为原料，利用乙酸酐进行酯化反应制得。

$$C_6H_4(OH)COOH + (CH_3CO)_2O \xrightleftharpoons{H^+} C_6H_4(OCOCH_3)COOH + CH_3COOH$$

【仪器和试剂】

仪器：带磁力搅拌的电热套、磁珠、三颈烧瓶、温度计、球形冷凝管、烧杯、布氏漏斗、抽滤瓶、升降台、铁架台、试管等。

试剂：水杨酸、乙酸酐、浓硫酸、饱和碳酸氢钠水溶液、浓盐酸、1%三氯化铁溶液等。

【实验内容】

1. 制备

将 2g 水杨酸、5mL 乙酸酐、2 滴浓 H_2SO_4 依次加入 50mL 三颈烧瓶中，装上球形冷凝管和温度计，打开冷凝水、进行搅拌和加热，当温度达到 50℃时，计时反应 30min，整个反应过程控制反应温度在 50～60℃之间。反应结束后，将反应液趁热倒入烧杯中，让其自然冷却结成固体，再加入 20mL 水，用玻璃棒将固体捣碎，抽滤，去除水溶性杂质，得到白色固体。

2. 反应后处理

将上述白色固体放入 100mL 烧杯中，并往里分批加入饱和碳酸氢钠水溶液，边加入边用玻璃棒搅拌直至无气泡产生为止。抽滤，除去上层少量絮状副产物，将滤液转移至干净烧杯中，往里滴加浓盐酸，边滴加边搅拌，同时测定溶液的 pH 值，直至 pH 值到 1～2 为止，在此过程中会有阿司匹林产品析出。最后抽滤得到阿司匹林粗产品。

3. 检验

取少量粗产品加到小试管中，再加入 10mL H_2O，滴加 1%的 $FeCl_3$ 溶液 3～4 滴，摇荡，观察其颜色，如果出现紫色说明有酚羟基存在，即混有未反应完全的原料水杨酸，可以通过乙醇和水比例为 1∶1 的混合溶剂进行重结晶再次提纯。

乙酰水杨酸的熔点为 135～138℃，沸点为 250℃。红外光谱图如图 5-22 所示。

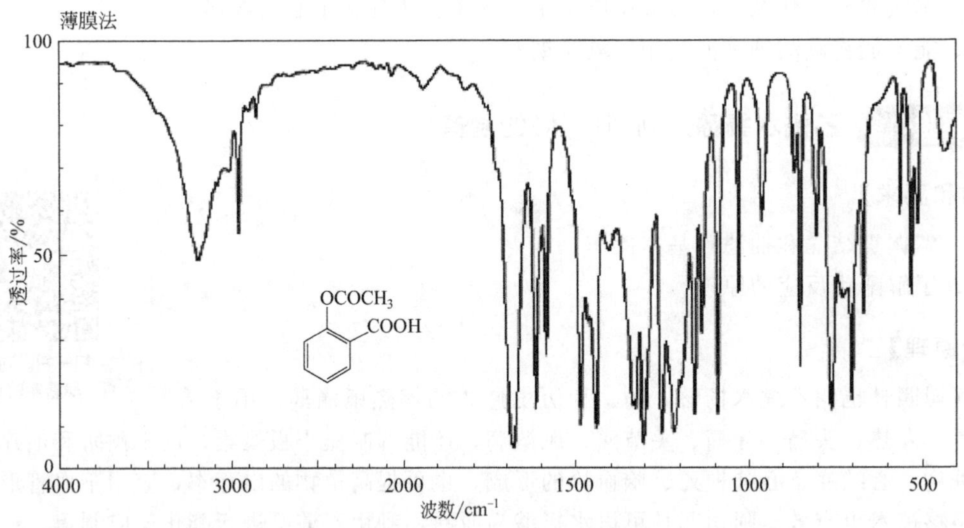

图 5-22　乙酰水杨酸的红外光谱图

【实验说明】

1. 乙酸酐会刺激眼睛，请于通风橱内倒试剂，小心操作。

2. 水杨酸是一个具有双官能团的化合物，反应温度应控制在 70℃以下，最好在 50～60℃，以防副产物的生成。

3. 反应结束后应将反应液自然冷却结成固体后再加入冷水搅拌抽滤，若在反应液未结成固体前加入冷水可能会导致无法析出固体而影响后续操作。

4. 加浓盐酸调节 pH 值时一定要调到 pH 值在 1～2 左右，否则易导致析出产品减少，影响产率。

5. 经重结晶后的产品是否纯净，可用 1% $FeCl_3$ 溶液进行检验。

【思考题】

1. 本实验采用什么原理和措施提高转化率？

2. 本实验有哪些副产物？

3. 加入浓硫酸的目的是什么？

实验 42　水杨酸甲酯(冬青油)的制备

【目的和要求】

1. 掌握水杨酸甲酯的合成原理及方法。
2. 掌握回流、蒸馏、分液等基本操作。

【实验原理】

水杨酸甲酯俗名冬青油，是无色且有香味的液体，现被广泛地用在精细品化工中做溶剂、防腐剂、固定液，也用作饮料、食品、牙膏、化妆品等的香料，以及用于生产止痛药、杀虫剂、擦光剂、油墨及纤维助染剂等。天然的冬青油是在甜桦树中发现的，但因来源有限，因此，人工合成冬青油就显得尤为重要。

$$C_6H_4(OH)COOH + CH_3OH \xrightarrow{H_2SO_4} C_6H_4(OH)COOCH_3$$

【仪器和试剂】

仪器：圆底烧瓶、球形和直形冷凝管、分液漏斗、温度计及套管、T 形蒸馏头、真空接引管、锥形瓶等。

试剂：水杨酸、甲醇、浓硫酸、10%碳酸氢钠溶液、无水硫酸镁等。

【实验内容】

1. 水杨酸甲酯的合成

在 100mL 的圆底烧瓶中加入 3.5g 水杨酸和 15mL 甲醇，然后边摇边缓缓滴入 1mL 浓硫酸摇匀，加入几粒沸石，搭好反应装置加热，85～95℃回流 1.5h。反应完后改为蒸馏装置，水浴加热，蒸去多余甲醇。

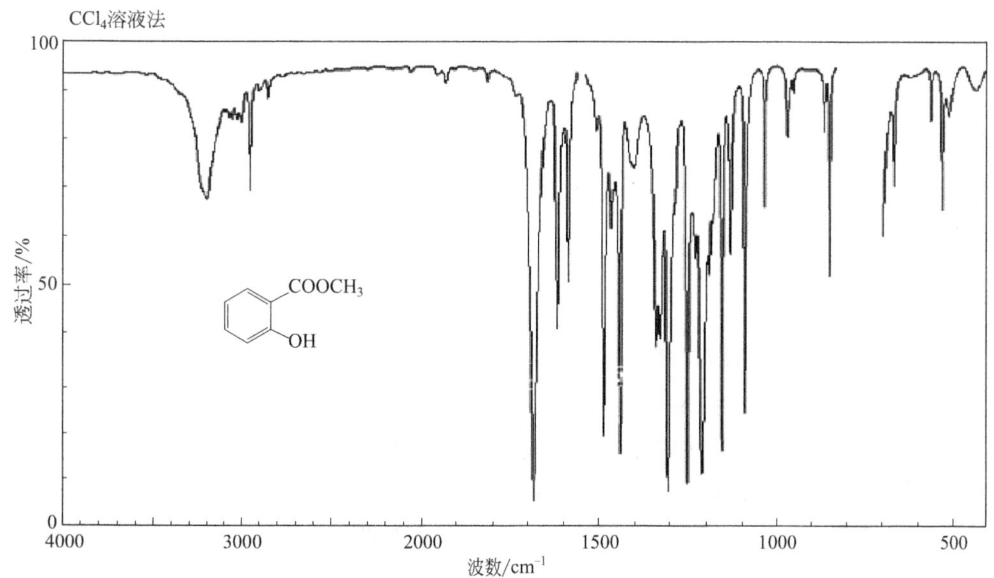

图 5-23　冬青油的红外光谱图

2. 分离与提纯

反应液冷却后倒入分液漏斗，加入 10mL 水振荡静止分层，分去水层，有机层依次用 10mL 水、10mL 10%碳酸氢钠溶液洗涤，然后水洗至中性。将分出的有机层倒入干燥的锥形瓶中，用无水硫酸镁干燥至澄清。蒸馏收集 221～224℃馏分，称量计算产率。冬青油的红外光谱图如图 5-23 所示。

【实验说明】

1. 反应仪器必须干燥，否则影响产率。
2. 反应温度不可过高，否则酯易分解。

【思考题】

1. 酯化反应有哪些特点？应如何提高产率？
2. 粗品中含有哪些杂质？如何除去？

实验 43 对氨基苯磺酰胺（磺胺）的制备

【目的和要求】

1. 通过对氨基苯磺酰胺的制备，掌握酰氯的氨解和乙酰氨基衍生物的水解反应的原理和方法。
2. 巩固回流、脱色、重结晶等基本操作。

【实验原理】

本实验从对乙酰氨基苯磺酰氯出发经下述三步反应合成对氨基苯磺酰胺（磺胺）。

$$p\text{-}CH_3CONHC_6H_4SO_2Cl \xrightarrow[H_2O]{NH_3} p\text{-}CH_3CONHC_6H_4SO_2NH_2 \xrightarrow[H_2O]{HCl} p\text{-}\overset{+}{N}H_3\overset{-}{Cl}C_6H_4SO_2NH_2 \xrightarrow{Na_2CO_3} p\text{-}NH_2C_6H_4SO_2NH_2$$

【仪器和试剂】

仪器：圆底烧瓶、烧杯、球形冷凝管、温度计、布氏漏斗、抽滤瓶、石蕊试纸等。

试剂：对乙酰氨基苯磺酰氯、浓氨水、10%盐酸、碳酸钠固体等。

【实验内容】

1. 对乙酰氨基苯磺酰胺的制备

将自制的对乙酰氨基苯磺酰氯粗品放入一个 50mL 的烧杯中。在通风橱内，搅拌下慢慢加入 35mL 浓氨水（28%），立即发生放热反应生成糊状物。加完氨水后，在室温下继续搅拌 10min，使反应完全。将烧杯置于热水浴中，于 70℃反应 10min，并不断搅拌，以除去多余的氨，然后将反应物冷至室温。振荡下向反应混合液加入 10%的盐酸，至反应液使石蕊试纸变红（或对刚果红试纸显酸性）。用冰水浴冷却反应混合物至 10℃，抽滤，用冷水洗涤。得到的粗产物可直接用于下步合成。

2. 对氨基苯磺酰胺（磺胺）的制备

将对乙酰氨基苯磺酰胺的粗品放入 50mL 的圆底烧瓶中，加入 20mL 10%的盐酸和一粒沸石。装上一球形冷凝管，使混合物回流至固体全部溶解（约需 10min），然后再回流 0.5h。将反应液倒入一个大烧杯中，将其冷却至室温。在搅拌下小心加入碳酸钠固体（约需 4g），至反应液对石蕊试纸恰显碱性（pH 值为 7～8），在中和过程中，磺胺沉淀析出。在冰水浴中将混合物充分冷却，抽滤，收集产品。用热水重结晶产品并干燥，称重，计算产率。测定熔点。

纯的对氨基苯磺酰胺（磺胺）为一白色针状晶体，熔点为 165～166℃。

【实验说明】

1. 本反应需使用过量的氨以中和反应生成的氯化氢，并使氨不被质子化。
2. 此产物对于水解反应来说已足够纯，若需纯品，可用 95%的乙醇进行重结晶，纯品的熔点为 220℃。
3. 若溶液呈现黄色，可加入少量活性炭，煮沸，抽滤。
4. 应少量分次加入固体碳酸钠，由于生成二氧化碳，每次加入后都会产生泡沫。
5. 由于磺胺能溶于强酸和强碱中，故 pH 值应控制在 7～8 之间。

【思考题】

1. 试比较苯磺酰氯与苯甲酰氯水解反应的难易。
2. 为什么对氨基苯磺酰胺可溶于过量的碱液中？

实验 44　对甲基苯磺酰胺的制备

【目的和要求】

1. 学习对甲基苯磺酰胺的制备原理和方法。
2. 掌握回流、过滤等操作。

【实验原理】

对甲基苯磺酰胺是一种重要的精细化工中间体。它不仅可用于合成氯胺-T 和氨磺氯霉素（tevenel）。还可用于合成荧光染料、制造增塑剂、合成树脂、涂料、消毒剂及木材加工光亮剂等化合物。本实验通过对甲苯磺酰氯与氨水反应制备对甲基苯磺酰胺。反应式如下。

$$CH_3C_6H_4SO_2Cl + NH_3 \cdot H_2O \longrightarrow CH_3C_6H_4SO_2NH_2$$

【仪器和试剂】

仪器：烧杯、布氏漏斗、抽滤瓶、培养皿、循环水利用真空泵等。

试剂：对甲苯磺酰氯、浓氨水等。

【实验内容】

称取 42g 对甲苯磺酰氯放入 50mL 烧杯中，在通风橱内，于搅拌下慢慢加入 35mL 浓氨水（28%，相对密度 0.9），立即起放热反应，加完氨水后继续搅拌 10min，又在水浴中于 70℃加热 10min，并不断搅拌，以除去多余的氨，冷却，抽滤，用冷水洗涤，抽干，即得到对甲基苯磺酰胺晶体。

为了鉴定产品，可用乙醇进行重结晶，然后测定其熔点，纯对甲基苯磺酰胺的熔点为 138.5～139℃。对甲基苯磺酰胺的红外光谱图如图 5-24 所示。

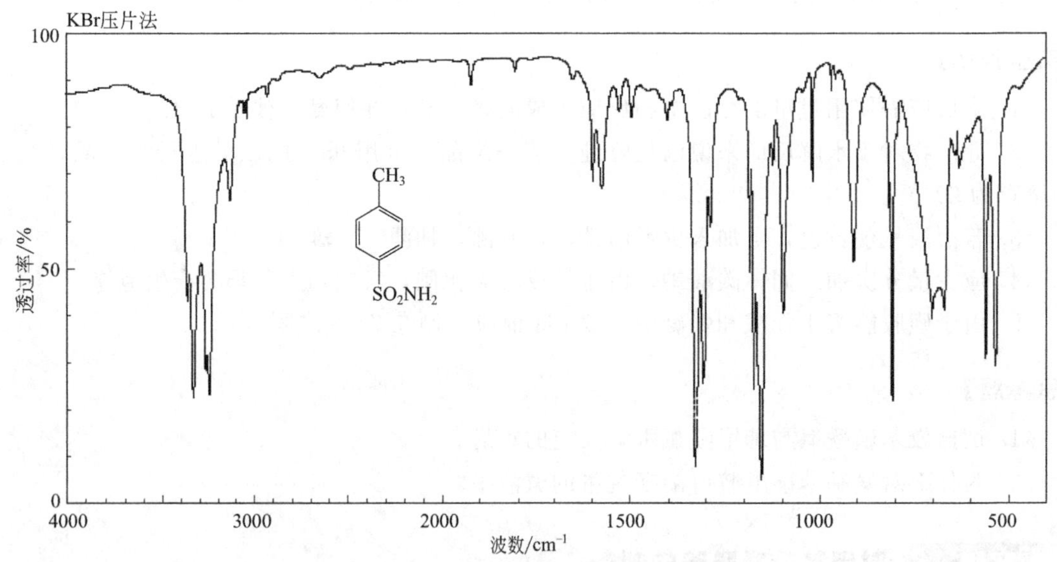

图 5-24 对甲基苯磺酰胺的红外光谱图

【实验说明】

1. 由于氨气对眼、鼻、皮肤有刺激性和腐蚀性，因此反应要在通风橱内进行。

2. 由于对甲基苯磺酰氯产品中含有游离酸根，所以氨水的量要超过理论量，使反应呈碱性。

【思考题】

本实验选用乙醇做产物重结晶的溶剂，其依据是什么？

实验 45 己内酰胺的制备

【目的和要求】

1. 学习环己酮肟的制备方法。

2. 通过环己酮肟的贝克曼（Beckmann）重排，学习己内酰胺的制备方法。

【实验原理】

酮与羟胺作用生成肟。

$$>C=O + NH_2OH \longrightarrow >C=NOH + H_2O$$

肟在酸性催化剂如硫酸、多聚磷酸、苯磺酰氯等作用下，发生分子重排生成酰胺的反应称为贝克曼重排反应。反应历程如下：

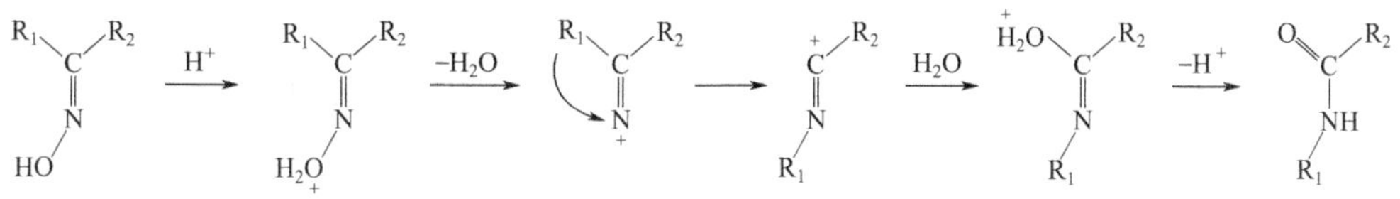

上面的反应式说明肟重排时，其结果是羟基与处于反位的基团对调位置。

贝克曼重排反应不仅可以用来测定酮的结构，而且有一定的应用价值。如环己酮肟重排得到己内酰胺，后者经开环聚合得到尼龙-6。己内酰胺是一种重要的有机化工原料，己内酰胺主要用于制造尼龙-6 纤维和尼龙-6 工程塑料，也用作医药原料及制备聚己内酰胺树脂等。

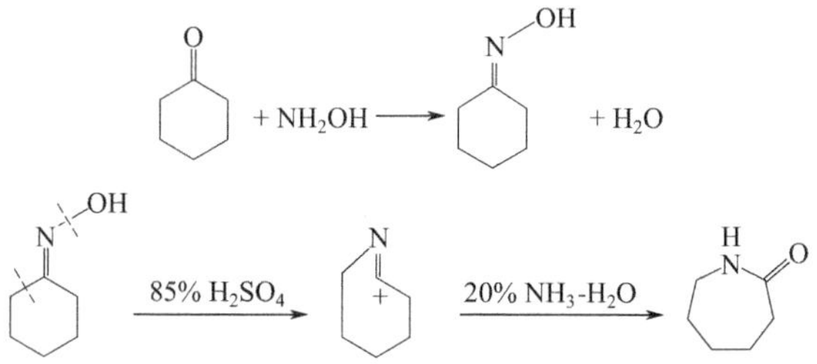

【仪器和试剂】

仪器：圆底烧瓶、烧杯、分液漏斗、带磁力搅拌的电热套、锥形瓶、磁珠、布氏漏斗、抽滤瓶、真空干燥器等。

试剂：环己酮、盐酸羟胺、结晶乙酸钠、85% H_2SO_4、20%氨水、二氯甲烷、无水硫酸钠等。

【实验内容】

1. 环己酮肟的制备

在 25mL 圆底烧瓶中加入 1g 结晶乙酸钠、0.7g 盐酸羟胺和 3mL 水，振荡使其溶解。用 1mL 吸量管准确吸取 0.75mL（7.2mmol）环己酮，加塞，剧烈振荡 2～3min。环己酮肟以白色结晶析出。冷却后抽滤，并用少量水洗涤沉淀，抽干。晾干后得 0.75～0.78g 产物，产率约 95%，熔点为 89～90℃。

2. 环己酮肟重排制备己内酰胺

在 50mL 烧杯中加入 0.5g（4.4mmol）干燥的环己酮肟，并加入 1mL 85%硫酸。边加热边搅拌至沸，立即离开热源。冷却至室温后再放入冰水浴锅中冷却。慢慢滴加 20%氨水（约 7mL）恰至呈碱性，将反应物转移至 10mL 分液漏斗中分出有机层，水层用二氯甲烷萃取二次，每次 2mL，合并有机层，并用等体积水洗涤两次后，用无水硫酸钠干燥，过滤所得滤液用已称重的锥形瓶接收，将锥形瓶在温热下，在通风柜中浓缩至 1mL 左右，放置冷却，析出白色结晶。将该锥形瓶放入真空干燥器中干燥。称量，产量约 0.2～0.3g，产率为 40%～50%。己内酰胺可用己烷进行重结晶后，测其熔点。文献值为 69～70℃。己内酰胺的红外光谱图如图 5-25 所示。

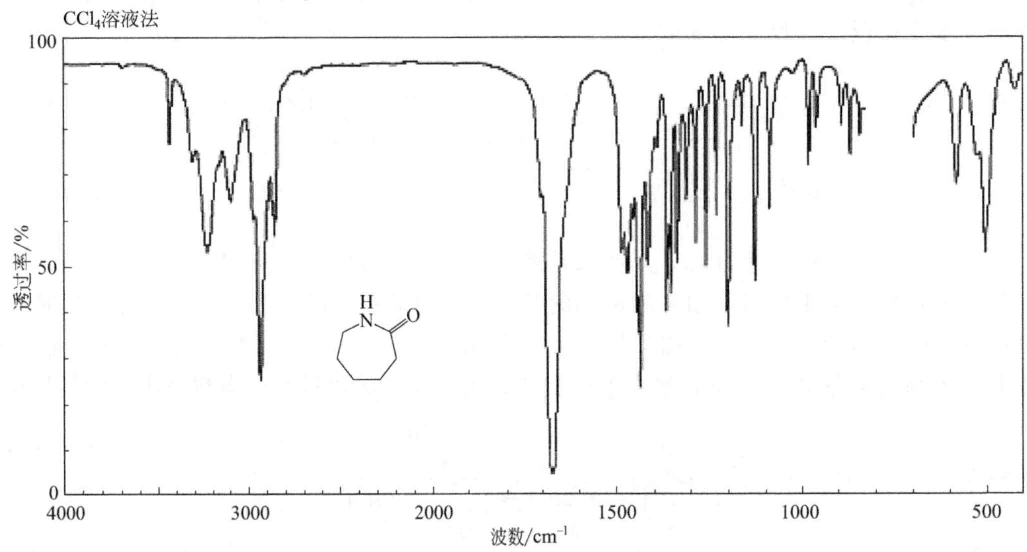

图 5-25　己内酰胺的红外光谱图

【实验说明】

1. 振荡要剧烈，如环己酮肟呈白色小球状，说明反应还未完全，还需振荡。

2. 由于重排反应进行得很激烈，故需用大烧杯以利于散热，使反应缓和。环己酮肟的纯度对反应有影响。

3. 用氢氧化铵进行中和时，开始要加得很慢，因此使溶液较黏，发热很厉害，否则温度升高，影响吸收率。

4. 己内酰胺也可用重结晶方法提纯：将粗产物转入分液漏斗，每次用 10mL 四氯化碳萃取 3 次，合并萃取液，用无水硫酸镁干燥后，滤入一干燥的锥形瓶。加入沸石后蒸去大部分溶剂，直到剩下 8mL 左右溶液为止。小心向溶液加入石油醚（30～60℃），到恰好出现混浊为止。将锥形瓶置于冰浴中冷却结晶，抽滤，用少量石油醚洗涤结晶。如加入石油醚的量超过原溶液 4～5 倍仍未出现混浊，说明开始所剩下的四氯化碳量太多。需加入沸石后重新蒸去大部分溶剂直到剩下很少量的四氯化碳时，重新加入石油醚进行结晶。己内酰胺为白色粉末或者白色片状固体。

【思考题】

1. 制备环己酮肟时，加入醋酸钠的目的是什么？

2. 反式甲基乙基酮肟经 Beckmann 重排得到什么产物？

5.2.8 胺及偶氮化合物的制备

实验 46 苯胺的制备

【目的和要求】

1. 掌握用硝基苯还原制备苯胺的原理及方法。

2. 了解水蒸气蒸馏的原理及基本操作。

3. 巩固回流、萃取、分液等基本操作。

【实验原理】

将硝基苯还原是制备苯胺的一种重要方法。实验室常用的还原剂有 Sn-HCl，SnO_2-HCl，Fe-HCl，Fe-HAc，Zn-HAc 等。用 Sn-HCl 做还原剂时，作用较快，产率高，但价格较贵，酸碱用量较多。Fe-HCl 的缺点是反应时间较长，但成本低，酸的用量仅为理论量的 1/40，如用 Fe-HAc，还原时间还能显著缩短，其反应式如下。

$$4\,C_6H_5NO_2 + 9Fe + 4H_2O \xrightarrow{HAc} 4\,C_6H_5NH_2 + 3Fe_3O_4$$

【仪器和试剂】

仪器：三颈烧瓶、球形冷凝管、水蒸气蒸馏装置、分液漏斗、空气冷凝管、石棉网、蒸馏装置等。

试剂：硝基苯、还原铁粉、冰醋酸、乙醚、精盐、粒状氢氧化钠。

【实验内容】

1. 在 250mL 三颈烧瓶中加入 20g 铁粉、20mL 水和 2mL 冰醋酸，振摇后安装回流装置，加热煮沸 10min。

2. 向反应液中分批滴加 10.5mL 硝基苯，继续回流 30min。

3. 安装水蒸气蒸馏装置，进行水蒸气蒸馏，接收馏出液。馏出液加入精盐使水层饱和，然后分液。有机层用 5mL 乙醚萃取 3 次，合并乙醚层，用粒状氢氧化钠干燥，然后进行蒸馏，收集 180～185℃产品。苯胺的红外光谱图如图 5-26 所示。

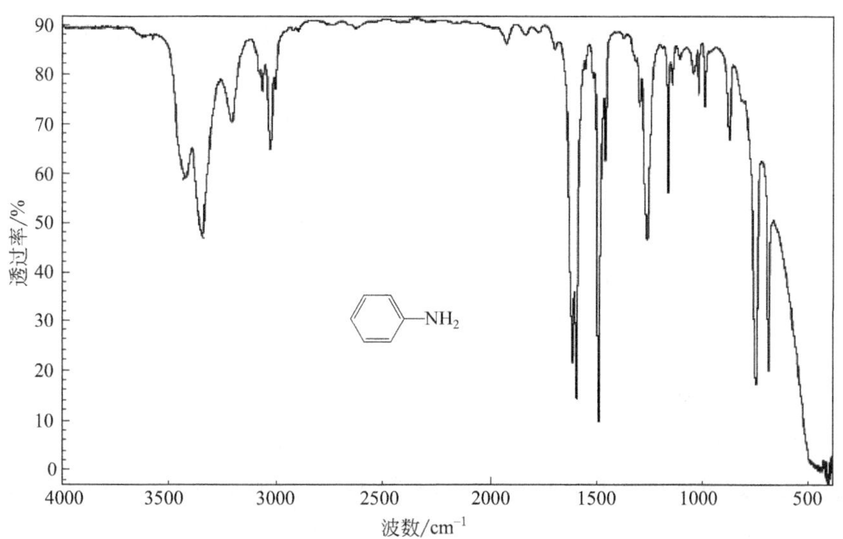

图 5-26　苯胺的红外光谱图

【实验说明】

1. 硝基苯的加入：由于反应较剧烈，硝基苯需从冷凝管上方分批加入。开始可能无现象，是因为反应尚未引发，可小心加热，一旦反应启动后即较剧烈。每加一次硝基苯均需剧烈振荡，待反应稳定后再加下一批硝基苯。如果反应液上冲很厉害，可以在冷凝管上方再加一根冷凝管。

2. 硝基苯、乙酸溶液和铁粉互不相溶，形成三相体系，充分振摇反应物是反应顺利进行的关键。

3. 苯胺有毒，一旦接触皮肤，要先用清水冲洗，再用肥皂水和温水洗。

【思考题】

1. 有机物需具备什么性质才可采用水蒸气蒸馏方法提纯？为什么？

2. 本实验根据什么原理用水蒸气蒸馏把苯胺从反应混合物中分离出来？

实验 47 苯佐卡因的合成

【目的和要求】

1. 学习多步有机合成实验路线的选择和最终产率的计算。

2. 掌握回流、过滤等操作。

【实验原理】

苯佐卡因（benzocaine）是对氨基苯甲酸乙酯的药物通用名，可作为局部麻醉药物。它是白色结晶性粉末，味微苦而麻；熔点为 88～90℃；易溶于乙醇，极微溶于水。本实验以对硝基苯甲酸为原料，通过还原、酯化两步反应得到苯佐卡因。

第一步还原反应以对硝基苯甲酸为原料，锡粉为还原剂，在酸性介质中，苯环上的硝基还原成氨基，产物为对氨基苯甲酸。这是一个既含有羧基又有氨基的两性化合物，故可通过调节反应液的酸碱性将产物分离出来。还原反应是在酸性介质中进行的，产物对氨基苯甲酸形成盐酸盐而溶于水中。还原剂锡反应后生成四氯化锡也溶于水中，反应完毕加入浓氨水至碱性，四氯化锡变成氢氧化锡沉淀可被滤去，而对氨基苯甲酸在碱性条件下生成羧酸氨盐仍溶于其中。然后再用冰乙酸中和滤液，对氨基苯甲酸固体析出。对氨基苯甲酸为两性介质，酸化或碱化时都需小心控制酸碱用量，否则严重影响产量与质量，有时甚至生成内盐而得不到产物。

$$p\text{-}O_2N\text{-}C_6H_4\text{-}COOH \xrightarrow[HCl]{Sn} p\text{-}H_2N\text{-}C_6H_4\text{-}COOH \xrightarrow{HCl} p\text{-}(H_2N\cdot HCl)\text{-}C_6H_4\text{-}COOH \xrightarrow{NH_3\cdot H_2O} p\text{-}H_2N\text{-}C_6H_4\text{-}COONH_4 \xrightarrow{CH_3COOH} p\text{-}H_2N\text{-}C_6H_4\text{-}COOH$$

$$SnCl_4 + 4NH_3\cdot H_2O \longrightarrow Sn(OH)_4 + NH_4Cl$$

第二步是酯化反应。由于酯化反应有水生成，且为可逆反应，故使用无水乙醇和过量的硫酸。酯化产物与过量的硫酸形成盐而溶于溶液中，反应完毕加入碳酸钠中和，即得苯佐卡因。

$$p\text{-}H_2N\text{-}C_6H_4\text{-}COOH \xrightarrow[H_2SO_4]{C_2H_5OH} p\text{-}(H_2N\cdot H_2SO_4)\text{-}C_6H_4\text{-}COOC_2H_5 \xrightarrow{Na_2CO_3} p\text{-}H_2N\text{-}C_6H_4\text{-}COOC_2H_5$$

【仪器和试剂】

仪器：圆底烧瓶、球形冷凝管、烧杯、布氏漏斗、吸滤瓶（250mL）、培养皿、循环水利用真空泵等。

试剂：对硝基苯甲酸、锡粉、浓硫酸、浓氨水、无水乙醇、冰醋酸、碳酸钠（固体）、10%碳酸钠溶液等。

【实验内容】

1. 还原反应

将4g（0.02mol）对硝基苯甲酸、9g（0.08mol）锡粉加入100mL圆底烧瓶中，装上球形冷凝管，从冷凝管上口分批加入20mL（0.25mol）浓硫酸，边加边振荡反应瓶，反应立即开始（如有必要可用小火加热至反应发生）。必要时可微热片刻以保持反应正常进行，反应液中锡粉逐渐减少，当反应接近终点时（约20～30min）、反应液呈透明状。稍冷，将反应液倾倒入250mL烧杯中，用少量水洗涤留存的锡块固体。反应液冷至室温，慢慢地滴加浓氨水，边滴加边搅拌，过滤，合并滤液和洗液。注意总体积不要超过55mL，若体积超过55mL，可在水浴上浓缩。向滤液中小心地滴加冰醋酸，有白色晶体析出，再滴加少量冰醋酸，有更多的固体析出。用蓝色石蕊试纸检验呈酸性为止。在冷水浴中冷却，过滤得白色固体，晾干后称重，产量约2g。

2. 酯化反应

将制得的2g（0.015mol）对氨基苯甲酸，放入100mL圆底烧瓶中，加入20mL（0.34mol）无水乙醇和2.5mL（0.045mol）浓硫酸（乙醇和浓硫酸的用量可根据得到的对氨基苯甲酸的多少而做相应调整）。将混合物充分摇匀，投入沸石，加热回流1h，反应液呈无色透明状。趁热将反应液倒入盛有85mL水的250mL烧杯中。溶液稍冷后，慢慢加入碳酸钠固体粉末，边加边搅拌，使碳酸钠粉末充分溶解，当液面有少许白色沉淀出现时，慢慢加入10%碳酸钠溶液，将溶液pH值调至呈中性，过滤得固体产品。用少量水洗涤固体，抽干，晾干后称重。产量1～2g。

苯佐卡因，无色斜方形结晶，熔点88～90℃。苯佐卡因的红外光谱图如图5-27所示。

【实验说明】

1. 还原反应中加料次序不要颠倒，加热时用小火。

2. 还原反应中，浓硫酸的量不可过量，否则浓氨水用量将增加，最后导致溶液体积过大，造成产品损失。

3. 如果溶液体积过大，则需要浓缩。浓缩时，氨基可能发生氧化而导入有色杂质。

4. 对氨基苯甲酸是两性物质，碱化或酸化时都要小心控制酸、碱用量。特别是在滴加冰醋酸时，需小心慢慢滴加。避免过量或形成内盐。

5. 酯化反应中，仪器需干燥。

6. 浓硫酸的用量较多，一是催化剂，二是脱水剂。加浓硫酸时要慢慢滴加并不断振荡，以免加热引起碳化。

7. 酯化反应结束时，反应液要趁热倒出，冷却后可能有苯佐卡因硫酸盐析出。

8. 碳酸钠的用量要适宜，太少产品不析出，太多则可能使酯水解。

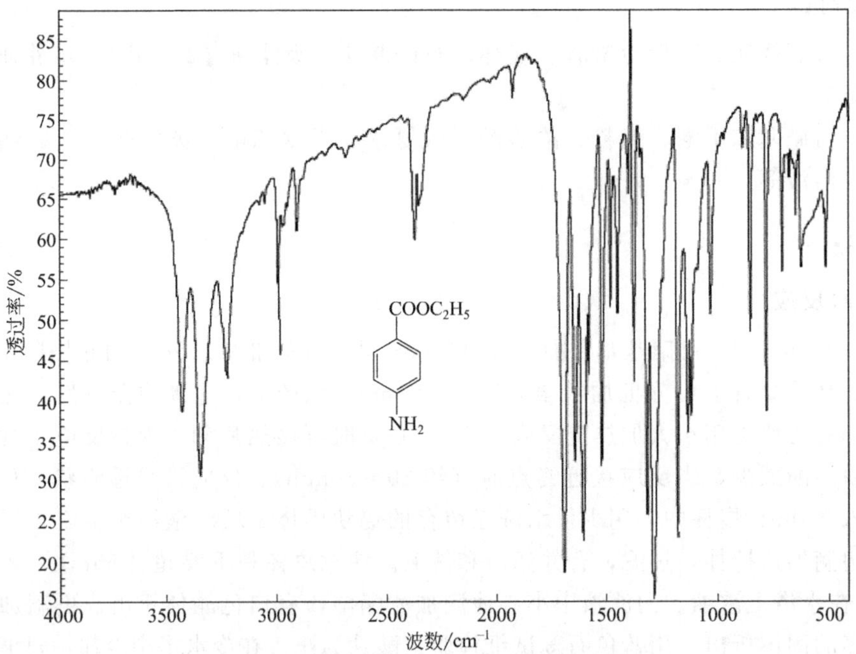

图 5-27　苯佐卡因的红外光谱图

【思考题】

1. 如何判断还原反应已经结束？为什么？
2. 酯化反应中为何先用固体碳酸钠中和，再用10%碳酸钠溶液中和反应液？

实验 48　对硝基苯胺的制备

【目的和要求】

1. 了解芳香族硝基化合物的制备方法，尤其是由芳胺制备芳香族硝基化合物的方法。
2. 掌握回流、重结晶等基本操作。

【实验原理】

主反应：

$$C_6H_5{-}NHCOCH_3 + HNO_3 \xrightarrow{H_2SO_4} O_2N{-}C_6H_4{-}NHCOCH_3 + H_2O$$

$$O_2N{-}C_6H_4{-}NHCOCH_3 + H_2O \xrightarrow{H_2SO_4} O_2N{-}C_6H_4{-}NH_2 + CH_3COOH$$

副反应：

$$C_6H_5{-}NHCOCH_3 + H_2O \xrightarrow{H_2SO_4} C_6H_5{-}NH_2 + CH_3COOH$$

$$C_6H_5{-}NHCOCH_3 + HNO_3 \xrightarrow{H_2SO_4} o\text{-}NO_2{-}C_6H_4{-}NHCOCH_3 + H_2O$$

【仪器和试剂】

仪器：圆底烧瓶、锥形瓶、球形冷凝管、布氏漏斗、抽滤瓶等。

试剂：乙酰苯胺、冰醋酸、浓硫酸、70%硫酸、浓硝酸、乙醇、20% NaOH 溶液等。

【实验内容】

1. 对硝基乙酰苯胺的制备

100mL 锥形瓶内，放入 5g 乙酰苯胺和 5mL 冰醋酸。用冷水冷却，一边摇动锥形瓶，一边慢慢地加入 10mL 浓硫酸。乙酰苯胺逐渐溶解。将所得溶液放在冰盐浴中冷却到 0～2℃。在冰盐浴中用 2.2mL 浓硝酸和 1.4mL 浓硫酸配制混酸。一边摇动锥形瓶，一边用吸管慢慢地滴加此混酸，保持反应温度不超过 5℃。从冰盐浴中取出锥形瓶，在室温下放置 30min，间歇摇荡之。在搅拌下把反应混合物以细流慢慢地倒入 20mL 水和 20g 碎冰的混合物中，对硝基乙酰苯胺立刻成固体析出。放置约 10min，减压过滤，尽量挤压掉粗产品中的酸液，用冰水洗涤 3 次，每次用 10mL。称取粗产品 0.2g（样品 A），放在空气中晾干。其余部分用 95%乙醇进行重结晶。减压过滤从乙醇中析出的对硝基乙酰苯胺，用少许冷乙醇洗涤，尽量压挤去乙醇。将得到的对硝基乙酰苯胺（样品 B）放在空气中晾干。将所得乙醇母液在水浴上蒸发到其原体积的 2/3。如有不溶物，减压过滤。保存母液（样品 C）。

2. 对硝基乙酰苯胺的酸性水解

在 50mL 圆底烧瓶中放入 4g 对硝基乙酰苯胺和 20mL 70%硫酸，投入沸石，装上球形冷凝管，加热回流 10～20min。将透明的热溶液倒入 100mL 冷水中。加入过量的 20%氢氧化钠溶液，使对硝基苯胺沉淀下来。冷却后减压过滤。滤饼用冷水洗去碱液后，在水中进行重结晶。

纯对硝基苯胺为黄色针状晶体，熔点 147.5℃。对硝基苯胺的红外光谱图如图 5-28 所示。

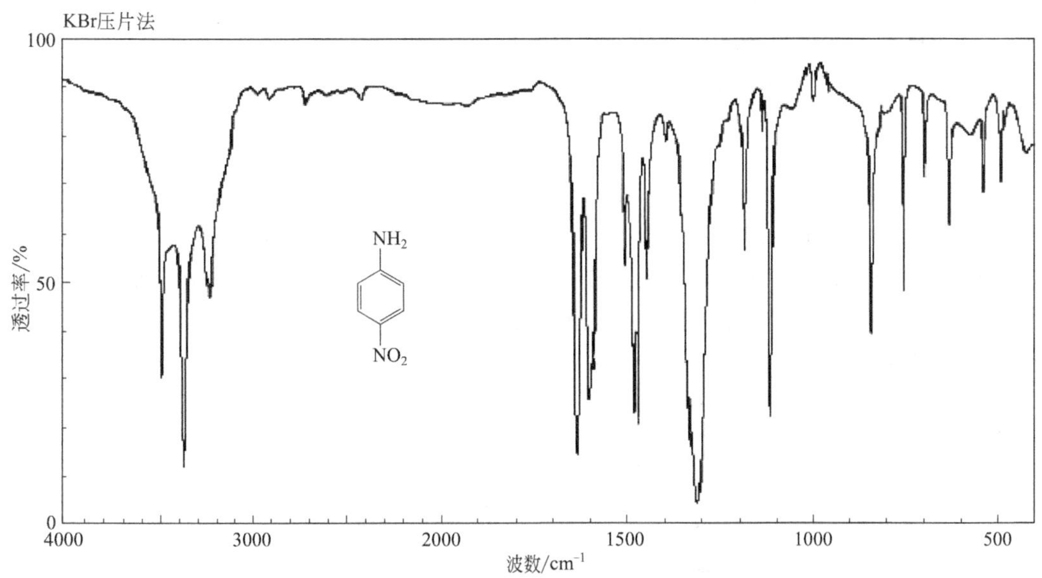

图 5-28　对硝基苯胺的红外光谱图

【实验说明】

1. 乙酰苯胺可以在低温下溶解于浓硫酸里，但速度较慢，加入冰醋酸可加速其溶解。

2. 乙酰苯胺与混酸在5℃下作用，主要产物是对硝基乙酰苯胺；在40℃下作用，则生成约25%的邻硝基乙酰苯胺。

3. 也可用以下方法除去粗产物中的邻硝基苯胺。将粗产物放入一个盛20mL水的锥形瓶中，在不断搅拌下分次加入碳酸钠粉末，直到混合液对酚酞试纸显碱性。将反应混合物加热至沸腾，这时对硝基乙酰苯胺不水解，而邻硝基乙酰苯胺则水解为邻硝基苯胺。混合物冷却到50℃时，迅速减压过滤，尽量挤压掉溶于碱液中的邻硝基苯胺，再用水洗涤并挤压去水分。取出晾干。

4. 利用邻硝基乙酰苯胺和对硝基乙酰苯胺在乙醇中溶解度的不同，在乙醇中进行重结晶，可除去溶解度较大的邻硝基乙酰苯胺。

5. 70%硫酸的配制方法。在搅拌下把4份（体积）浓硫酸小心地以细流加到3份（体积）冷水中。

6. 可取1mL反应液加到2～3mL水中，如溶液仍清澈透明，表示水解反应已完全。

7. 对硝基苯胺在100g水中的溶解度：18.5℃，0.08g；100℃，2.2g。

【思考题】

1. 对硝基苯胺是否可从苯胺直接硝化来制备？为什么？
2. 如何除去对硝基乙酰苯胺粗产物中的邻硝基乙酰苯胺？
3. 在酸性或碱性介质中都可以进行对硝基乙酰苯胺的水解反应，试讨论各有何优缺点。

实验49 4-苄氧基苯胺的制备

【目的和要求】

1. 了解硝基还原反应的机理和常用方法。
2. 熟悉水合肼还原试剂在硝基还原反应中的应用和操作。
3. 复习固体干燥和抽滤等基本操作。

【实验原理】

硝基芳烃的还原方法还有很多，如硫化碱还原法，该方法还原效率低，还会产生大量的有毒气体，对人体和环境都有害。金属氢化物还原法，常用$NaBH_4$、$LiAlH_4$等作为还原剂，多在Ni、Pd、Cu、Ag等催化剂的作用下还原硝基化合物。用水合肼还原法最早的报道是在1953年用Raney Ni为催化剂催化水合肼分解出氢气，从而还原硝基的。该还原法具有反应条件温和，收率高，选择性好、不产生废气废渣等优点。

$$4\text{-}BnO\text{-}C_6H_4NO_2 + N_2H_4 \cdot H_2O \xrightarrow[\text{EtOH，回流}]{FeCl_3 \cdot 6H_2O} 4\text{-}BnO\text{-}C_6H_4NH_2$$

【仪器和试剂】

仪器：三颈烧瓶、球形冷凝管、带磁力搅拌的电热套、磁珠、分液漏斗、布氏漏斗、抽滤瓶、减压蒸馏装置等。

试剂：4-苄氧基硝基苯、水合肼、$FeCl_3 \cdot 6H_2O$、无水乙醇、活性炭、石油醚、乙酸乙酯等。

【实验内容】

依次将4-苄氧基硝基苯4.1g（17.9mmol）、活性炭0.6g、六水合三氯化铁0.12g、无水乙醇50mL加入100mL三颈烧瓶中（配备温度计、回流冷凝管和恒压滴液漏斗并磁力搅拌），升温至乙醇回流，通过恒压滴液漏斗慢慢滴加82%水合肼4.4g（72.16mmol），约30min后滴加完毕。继续回流1h后，用石油醚和乙酸乙酯以体积比为3∶1配成展开剂，点板反应完全。将反应液冷却至30℃左右，减压过滤除去活性炭，滤液减压蒸馏除去部分溶剂乙醇后，剩余物加入冰水混合物中析出产品，抽滤得产品并进行干燥。

【实验说明】

1. 水合肼要在反应混合物加热回流后再进行滴加，滴加速度不能太快。
2. 活性炭要在混合物稍微冷却后再进行抽滤除去活性炭。
3. 水合肼在量取的时候要注意安全。

【思考题】

1. 水合肼分解产生什么？
2. 加活性炭和三氯化铁的目的是什么？
3. 除了水合肼还原还可以采用其他的什么还原剂？

实验50 甲基橙的制备

【目的和要求】

1. 熟悉重氮化反应和偶合反应的原理。
2. 掌握甲基橙的制备方法。

【实验原理】

$$H_2N-C_6H_4-SO_3H \longrightarrow H_3\overset{+}{N}-C_6H_4-SO_3^- \xrightarrow{NaOH} H_2N-C_6H_4-SO_3Na + H_2O$$

$$H_2N-C_6H_4-SO_3Na \xrightarrow[HCl]{NaNO_2} [HO_3S-C_6H_4-\overset{+}{N}\equiv N]Cl^- \xrightarrow[HOAc]{C_6H_5N(CH_3)_2}$$

$$[HO_3S-C_6H_4-\overset{+}{N}H=N-C_6H_4-N(CH_3)_2]OAc^- \xrightarrow{NaOH} NaO_3S-C_6H_4-N=N-C_6H_4-N(CH_3)_2$$

红色（酸式甲基橙）　　　　甲基橙

【仪器和试剂】

仪器：烧杯、玻璃棒、布氏漏斗、滤纸、电磁炉、水浴锅、磁珠、抽滤瓶、淀粉-碘化钾试纸等。

试剂：对氨基苯磺酸、亚硝酸钠、浓盐酸、蒸馏水、5% NaOH 溶液、N,N-二甲基苯胺、乙醇、乙醚、氢氧化钠、冰醋酸等。

【实验内容】

1. 重氮盐的制备

将 5mL 5% NaOH 溶液和 1.05g 对氨基苯磺酸晶体的混合物温热溶解，向该混合物中加入溶于 3mL 水的 0.4g 亚硝酸钠，在冰盐浴中冷至 0～5℃。在不断搅拌下，将 1.5mL 浓盐酸与 5mL 水配成的溶液缓缓滴加到上述混合溶液中，并控制温度在 5℃以下。滴加完后，用淀粉-碘化钾试纸检验，然后在冰盐浴中放置 15min，以保证反应完全。

2. 偶合

将 0.6g N,N-二甲基苯胺和 0.5mL 冰醋酸的混合溶液在不断搅拌下慢慢加到上述冷却的重氮盐溶液中。加完后继续搅拌 10min，然后慢慢加入 12.5mL 5% NaOH 溶液，直至反应物变为橙色，这时有粗制的甲基橙呈细粒状沉淀析出。将反应物在热水浴中加热 5min，然后经过冷却、析晶、抽滤，收集结晶，并依次用少量水、乙醇、乙醚洗涤、压干。若要得较纯产品，可用溶有少量氢氧化钠的沸水进行重结晶。

【实验说明】

1. 对氨基苯磺酸为两性化合物，酸性强于碱性，它能与碱作用成盐而不能与酸作用成盐。

2. 重氮化过程中，应严格控制温度，反应温度若高于 5℃，生成的重氮盐易水解为酚，降低产率。

3. 若试纸不显色，需补充亚硝酸钠溶液。

4. 重结晶操作要迅速，否则由于产物呈碱性，在温度高时易变质，颜色变深。用乙醇和乙醚洗涤的目的是使其迅速干燥。

【思考题】

1. 什么叫偶联反应？试结合本实验讨论一下偶联反应的条件。

2. 在本实验中，制备重氮盐时为什么要把对氨基苯磺酸变成钠盐？本实验如改成下列操作步骤：先将对氨基苯磺酸与盐酸混合，再滴加亚硝酸钠溶液进行重氮化反应，可以吗？为什么？

3. 试解释甲基橙在酸碱介质中的变色原因，并用反应式表示。

5.2.9 杂环化合物的制备

实验 51 2-氨基-4,6-二甲基嘧啶的制备

【目的和要求】

1. 掌握 2-氨基-4,6-二甲基嘧啶的制备方法。

2. 掌握环合反应的机理。

3. 掌握利用重结晶分离提纯化合物的技术和方法。

【实验原理】

2-氨基-4,6-二甲基嘧啶，白色至类无色结晶性粉末，熔点151～153℃。不溶于水，难溶于大部分有机溶剂，是嘧啶类化合物中极为重要的一种，它是合成磺胺二甲嘧啶、水杨酸偶氮磺胺二甲嘧啶和磺胺硝呋嘧啶等磺胺类抗生素药物以及磺酰脲类除草剂的重要中间体。近来有研究发现以2-氨基-4,6-二甲基嘧啶作为配体的一些稀土配合物也具有较好的抑菌和抗癌生物活性。

2-氨基-4,6-二甲基嘧啶是由乙酰丙酮和硝酸胍，在碱性条件下环合而得。具体的反应方程式如下。

$$CH_3COCH_2COCH_3 + H_2NC(=O)NH_2 \cdot HNO_3 \xrightarrow{Na_2CO_3} \text{2-氨基-4,6-二甲基嘧啶}$$

【仪器和试剂】

仪器：三颈烧瓶、烧杯、球形冷凝管、机械搅拌器、电热套、布氏漏斗、抽滤瓶、温度计、电子天平等。

试剂：乙酰丙酮、硝酸胍、碳酸钠、25%氯化钠水溶液、氯化钠固体、活性炭等。

【实验内容】

1. 在装有搅拌器、温度计、球形冷凝管的250mL三颈烧瓶中依次分别加入35mL水、17.5g硝酸胍、12g碳酸钠和12.5g乙酰丙酮。

2. 开动搅拌并加热，在95～100℃下搅拌反应2～3h。

3. 反应完毕后，稍冷却，加入62.5mL水稀释，冷至10℃以下，放置养晶1～1.5h。

4. 过滤，滤饼加入25%的氯化钠水溶液10g打浆30min（温度不超过10℃），再过滤。

5. 滤饼加入45g水中，搅拌加热溶解后加入0.5g活性炭，并继续升温搅拌20～30min，趁热过滤。

6. 滤液倒入烧杯中，加入12.5g氯化钠固体，搅拌15min后冷却，慢慢析出晶体，冷至15℃以下，养晶30min，过滤，冰水洗涤、50℃下真空干燥，得到产品。收率大于85%，含量大于99%（HPLC分析），熔点151～153℃。

【实验说明】

1. 加入25%的氯化钠水溶液打浆时控制温度不超过10℃。

2. 最后水洗时，需要冰水洗涤，以减少产品的损失。

【思考题】

1. 加入25%的氯化钠水溶液洗涤的目的是什么？

2. 加入12.5g氯化钠固体的作用是什么？

3. 加入活性炭的目的是什么？在加活性炭操作时应注意什么？

实验52 3-氨基三氮唑-5-羧酸的制备

【目的和要求】

1. 了解环合反应。

2. 了解杂环化合物的制备方法。

【实验原理】

3-氨基三氮唑-5-羧酸又称3-氨基-1*H*-1,2,4-三氮唑-5-羧酸，属于三氮唑类化合物，是一种用途广泛的有机化工中间体。其在医药、染料、农药领域的应用越加广泛，需求量不断上升，它的甲酯硫酸盐是合成抗病毒药利巴韦林的重要中间体。

$$\text{HOOC–COOH} + \text{HN=C(NH}_2\text{)NHNH}_2 \longrightarrow \text{3-amino-1}H\text{-1,2,4-triazole-5-COOH}$$

【仪器和试剂】

仪器：三颈烧瓶、球形冷凝管、磁珠、带磁力搅拌的电热套、石棉网、烧杯、温度计、布氏漏斗、抽滤瓶等。

试剂：氨基胍、草酸、碳酸钾、10%硫酸。

【实验内容】

1. 在250mL三颈烧瓶上配置温度计及球形冷凝管，反应瓶中加入氨基胍7.5g、水50mL，在电热套上加热到60℃，分批加入草酸9.5g。

2. 加毕，在100℃下加热搅拌反应5h，冷却到70℃，加入碳酸钾1.2g，再在100℃下继续反应5h，趁热抽滤，滤液在搅拌下加入10%的硫酸2.5mL进行酸化。

3. 析出结晶，抽滤，水洗滤饼，干燥后得产品。

4. 产品，熔点为181～182℃。

【实验说明】

1. 反应温度不能过高。

2. 草酸要分批加入，不能一次加入。

【思考题】

1. 试推测该环合反应的机理。

2. 实验中草酸为何要分批加入？

实验53 2-亚氨基-4-噻唑酮的制备

【目的和要求】

1. 了解环合反应。

2. 了解杂环化合物的制备方法。

【实验原理】

噻唑及其衍生物在化学、医学和农业很多领域是非常重要的化合物。该杂环系统具有广泛的生理活性，因而备受有机化学家和药学家的关注。2-亚氨基-4-噻唑酮就是其中的一种。

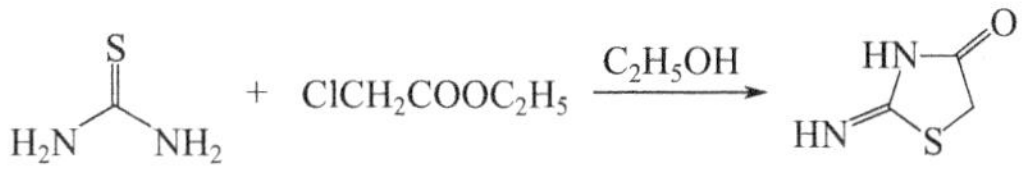

$$H_2N-C(=S)-NH_2 + ClCH_2COOC_2H_5 \xrightarrow{C_2H_5OH} \text{2-亚氨基-4-噻唑酮}$$

【仪器和试剂】

仪器：布氏漏斗、抽滤瓶、电动搅拌器、水浴锅、三颈烧瓶、球形冷凝管、烧杯、量筒等。

试剂：硫脲、氯乙酸乙酯、95%乙醇等。

【实验内容】

将 3.8g 硫脲、30mL 95%的乙醇加到配有电动搅拌器和球形冷凝管的 100mL 三颈烧瓶中，水浴加热回流 15min，使硫脲全部溶解。滴加 6.2g 氯乙酸乙酯，约 15～20min 滴毕，继续回流 2.5h，冷却至室温，析出大量白色结晶，抽滤，少量乙醇洗涤，干燥，得产品。

【实验说明】

1. 氯乙酸乙酯的滴加速度要慢。
2. 反应中产生的白色固体后搅拌需均匀。

【思考题】

1. 试推测该环合反应的机理。
2. 在反应后处理过程中闻到的臭鸡蛋味是什么物质？
3. 可否用溴乙酸乙酯代替氯乙酸乙酯？

实验 54　1,4-二氢-2,6-二甲基-吡啶-3,5-二甲酸二乙酯的合成

【目的和要求】

1. 了解杂环的制备方法、应用缩合反应的原理和条件进行吡啶衍生物的合成。
2. 巩固磁力搅拌、回流、抽滤等操作技能。

扫一扫，可直接观看实验视频

【实验原理】

乙酰乙酸乙酯与乌洛托品在乙酸铵的催化下缩合反应生成 1,4-二氢-2,6-二甲基-吡啶-3,5-二甲酸二乙酯，此反应的特点是活性亚甲基与羰基化合物等发生亲核加成反应，氨与烯醇式的羟基脱水，生成 1,4-二氢吡啶环。

反应式：

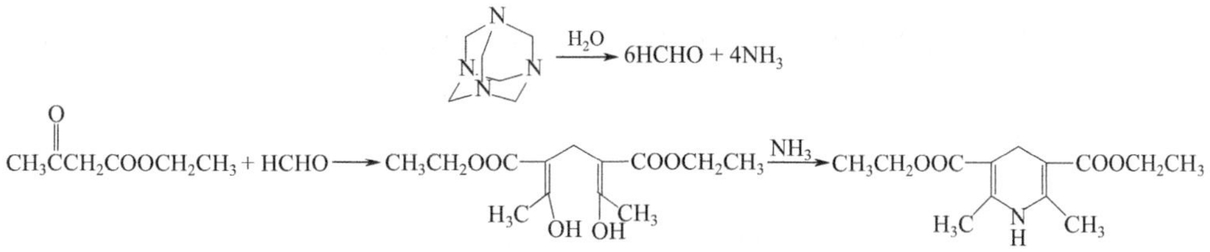

$$(CH_2)_6N_4 \xrightarrow{H_2O} 6HCHO + 4NH_3$$

$$CH_3COCH_2COOCH_2CH_3 + HCHO \longrightarrow CH_3CH_2OOC-C(=C(OH)CH_3)-CH_2-C(=C(OH)CH_3)-COOCH_2CH_3 \xrightarrow{NH_3} \text{1,4-二氢-2,6-二甲基-吡啶-3,5-二甲酸二乙酯}$$

【仪器和试剂】

仪器：带磁力搅拌的电热套、三颈烧瓶、球形冷凝管、温度计及套管、磁珠、升降台、抽滤瓶、布氏漏斗、真空玻璃塞。

试剂：乙酰乙酸乙酯、六亚甲基四胺（乌洛托品）、乙酸铵、乙醇、水。

【实验内容】

在100mL三颈烧瓶中，依次加入2.6g六亚甲基四胺、0.1g乙酸铵、3.2mL乙酰乙酸乙酯、20mL乙醇和5mL水，加入磁珠，调节升降台高度，使磁珠均匀搅拌，装上球形冷凝管，温度计和真空玻璃塞，检查无误开启冷却水，加热。控制反应温度50～55℃反应60min。溶液中有较多固体出现，停止加热搅拌。冷却至室温。抽滤，得到大量淡黄色固体。

【实验说明】

1. 控制好反应的温度。
2. 乙酰乙酸乙酯和乌洛托品为原料，在乙酸铵的催化作用下，合成杂环化合物。

【思考题】

1. 六元杂环的合成方法还有哪些？
2. 反应中要注意哪些方面？
3. 反应终点如何判断？

5.2.10 有机金属化合物的制备

实验55 二茂铁的合成

【目的和要求】

1. 学习二茂铁的制备原理和方法。
2. 学会用红外光谱、熔点测定的方法对产物进行表征。

【实验原理】

二茂铁又称双环戊二烯基铁、二环戊二烯基铁，是由两个环戊二烯基阴离子和一个二价铁阳离子组成的夹心型化合物。二茂铁与芳香族化合物相似，不容易发生加成反应，容易发生亲电取代反应，可进行金属化、酰基化、烷基化、磺化、甲酰化以及配体交换等反应，从而可制备一系列用途广泛的衍生物。

二茂铁可通过以下方法合成得到。

先让环戊二烯与氢氧化钾反应，生成双环戊二烯基钾，然后再与氯化亚铁反应即可得到二茂铁。反应式如下。

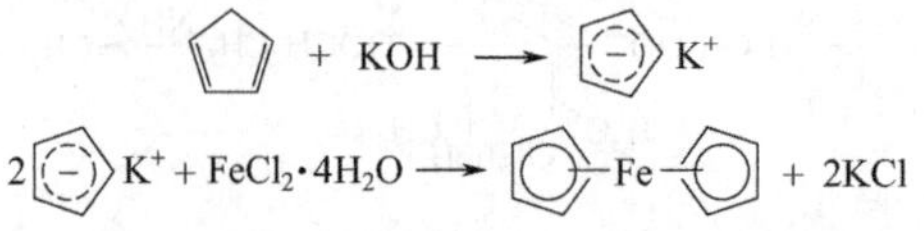

$$C_5H_6 + KOH \longrightarrow C_5H_5^{-}K^{+}$$

$$2C_5H_5^{-}K^{+} + FeCl_2\cdot 4H_2O \longrightarrow C_5H_5\text{—}Fe\text{—}C_5H_5 + 2KCl$$

【仪器和试剂】

仪器：三颈烧瓶、带磁力搅拌的电热套、滴液漏斗、布氏漏斗、抽滤瓶、烧杯、表面皿、氮气钢瓶、玻璃棒等。

试剂：环戊二烯、氢氧化钾、四水氯化亚铁、二甲亚砜、盐酸（2mol/L）等。

【实验内容】

在 50mL 三颈烧瓶中加入 0.65g KOH、15mL 二甲亚砜及 1.3mL 环戊二烯，装好滴液漏斗和氮气导管并通入氮气，开动搅拌。等形成环戊二烯钾黑色溶液后，滴加刚刚用 1.75g $FeCl_2 \cdot 4H_2O$ 和 12.5mL 二甲亚砜配制的溶液，同时强搅拌并用氮气保护，加完后再搅拌反应 10min。把反应液倒入 25g 冰-25g 水中，搅动均匀，用 2mol/L 盐酸调节反应液 pH 值至 3～5，待黄色固体完全析出后，抽滤，分四次各用 5mL 水洗滤饼，抽干烘干，产品约 1.1g。

若需进一步纯化，可将粗产品放入干净且干燥的 200mL 烧杯中，盖上表面皿，用脱脂棉塞住烧杯嘴，缓缓加热烧杯，表面皿外边用湿布冷却，如此常压 100℃升华黄色片状光亮的晶体，熔点为 173～174℃。二茂铁的红外光谱图如图 5-29 所示。

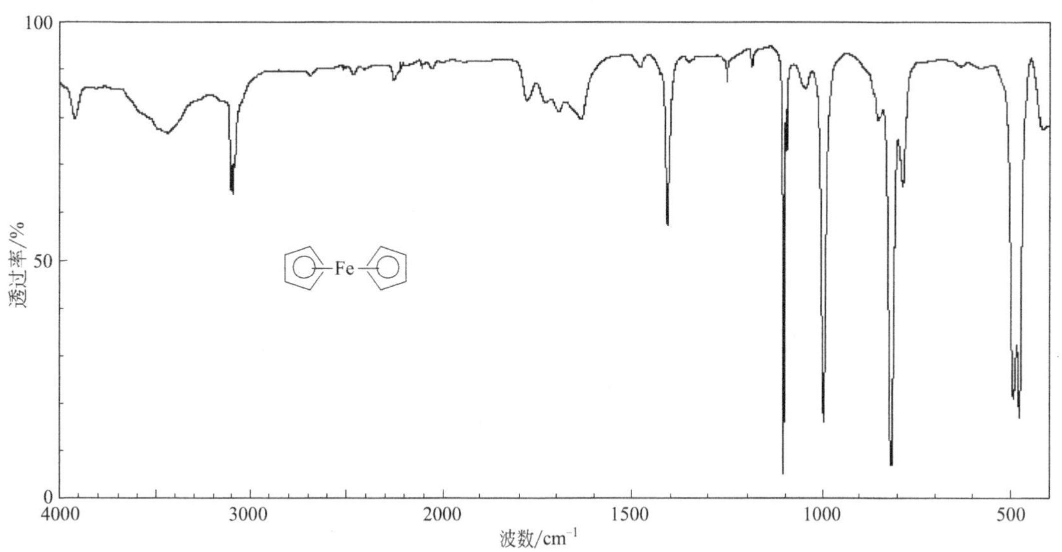

图 5-29　二茂铁的红外光谱图

【实验说明】

1. 环戊二烯在常温下发生双烯合成反应，形成环戊二烯二聚体。使用之前采用简单分馏装置，用电热套加热烧瓶，接收瓶应冷却，柱顶温度 42～44℃，环戊二烯可平稳地被蒸出。应立即使用或暂时置于冰箱低温保存。

2. 在空气中，二茂铁能被氧化成蓝色的正离子 $Fe^{3+}(C_5H_5)_2$，$FeCl_2 \cdot 4H_2O$ 在二甲亚砜中也会使 Fe^{2+} 变成 Fe^{3+}，因此要用氮气保护以隔绝空气。

3. $FeCl_2 \cdot 4H_2O$ 如果变成棕色可用乙醇或乙醚洗成淡绿色再用，用前应研细溶解。

4. KOH 应研细加入（动作要快，以防吸水）。

【思考题】

1. 二茂铁比苯更易发生亲电取代反应，但用混合酸（$HNO_3 + H_2SO_4$）来使二茂铁发生硝化反应，实验却是失败的。为什么？

2. 盐酸加得不够或过量会有何后果？

3. 二甲亚砜还可用何物质代替？它在本实验中的作用是什么？

实验 56 乙酰基二茂铁的合成

【目的和要求】

1. 学习二茂铁亲电取代反应合成乙酰基二茂铁的反应原理和方法。

2. 巩固柱色谱分离技术。

【实验原理】

二茂铁是一种很稳定而且具有芳香性的有机金属配合物。这类配合物是 1950 年以后陆续发展起来的，由于它们的出现，不仅扩大了配合物的领域，促进了化学键理论的发展，而且也有重要的实际用途。二茂铁及其衍生物可作为火箭燃料的添加剂，以改善其燃料性能，还可以作为汽油的抗震剂、硅树脂和橡胶的防老化剂及紫外线的吸收剂等。

由于二茂铁的茂基具有芳香性，其茂基环上能发生多种取代反应，特别是亲电取代反应比苯容易，如二茂铁与乙酸酐反应可以制得乙酰二茂铁，其反应条件不同，形成的产物可以是单乙酰基取代物或双乙酰基取代物。

$$\text{Fe}(C_5H_5)_2 + (CH_3CO)_2O \xrightarrow{85\%\ H_3PO_4} C_5H_5\text{Fe}C_5H_4COCH_3$$

二茂铁的茂基环上发生取代反应时，其反应条件不同会形成不同的取代产物，同时产物还会含有一定量未反应的二茂铁，利用色层分离法可以从这些混合物中分离不同的配合物，先用薄层色谱分离探索分离这些配合物的色谱条件，然后利用这些条件在柱色谱中分离而得到较纯的配合物。

【仪器和试剂】

仪器：三颈烧瓶、球形冷凝管、带磁力搅拌的电热套、干燥管、滴液漏斗、烧杯、布氏漏斗、抽滤瓶、玻璃棒、载玻片、色谱柱、旋转蒸发仪等。

试剂：二茂铁、乙酸酐、85%磷酸、碳酸氢钠、活性氧化铝（三级）、石油醚、乙醚、无水氯化钙。

【实验内容】

将 3g（0.016mol）二茂铁和 10g（9.4mL，0.1mol）的乙酸酐放入 50mL 的三颈烧瓶中，三颈烧瓶上装有带有干燥管的球形冷凝管，在搅拌下自滴液漏斗中滴加 2mL 85%的磷酸。滴加完后，在 100℃下加热 10min。另于 250mL 的烧杯中放入 40g 冰，将上述反应混合物倾入烧杯中，小心地用碳酸氢钠中和反应物（有二氧化碳逸出），将烧杯于冰水中冷却半小时，过滤收集橙黄色固体。用水洗涤，抽干后放入真空干燥器中干燥。

将上述粗产品进行柱色谱分离提纯，用三级活性氧化铝做吸附剂，用石油醚和乙醚的混合物（3∶1）做淋洗剂。首先流出的黄色部分是二茂铁，然后流出的橙黄色部分是乙酰基二茂铁。将两部分溶液分别在旋转蒸发仪上蒸除溶剂，得到二茂铁和乙酰基二茂铁。称重并计算产率。记录回收二茂铁的量，再计算乙酰基二茂铁的产率，并测定熔点（85～85℃）。乙酰基二茂铁的红外光谱图如图 5-30 所示。

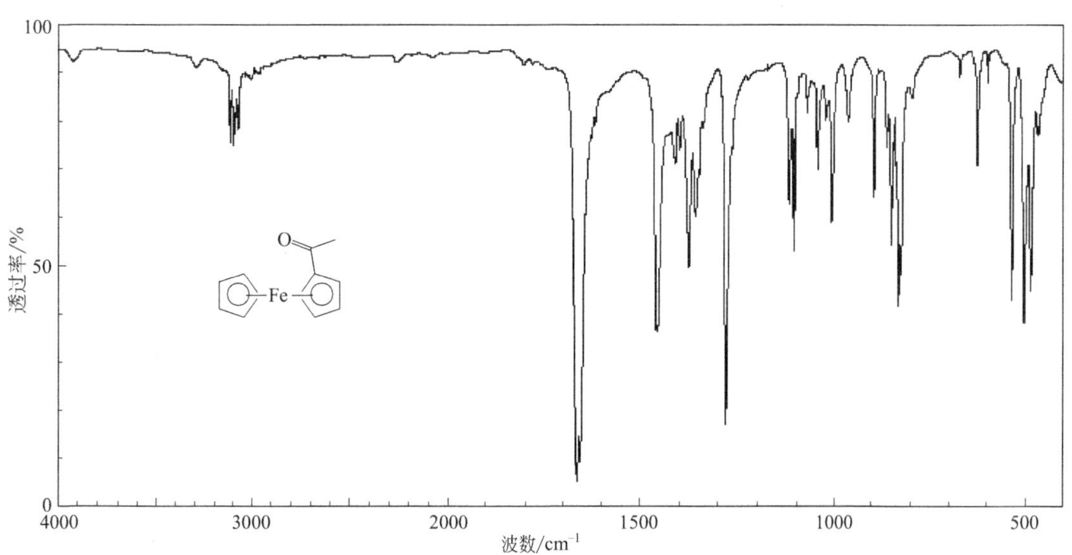

图 5-30　乙酰基二茂铁的红外光谱图

【实验说明】

1. 可用固体碳酸氢钠来中和反应液。

2. 小心加入碳酸氢钠直至无气泡冒出时，即可认为反应液已为中性，不可用试纸检验反应是否呈中性，因反应液有时呈橙色有时呈暗棕色，用试纸难以正确判定。

3. 当乙酰基二茂铁被淋洗出来之后，若改用纯乙醚做淋洗剂，可淋洗到二乙酰基二茂铁这一副产物，其为橙棕色固体，熔点为 130～131℃。

【思考题】

二茂铁乙酰化属于哪一类反应？反应中除用 85％磷酸做催化剂外，还有哪些化合物对此反应有催化作用？

5.2.11　Diels-Alder 反应

实验 57　蒽与顺丁烯二酸酐的加成

【目的和要求】

1. 通过蒽与马来酸酐的加成（Diels-Alder 反应）验证环加成反应。

2. 熟练处理固体产物的操作。

【实验原理】

蒽与顺丁烯二酸酐的加成反应是 Diels-Alder 反应的实例之一，其反应式如下。

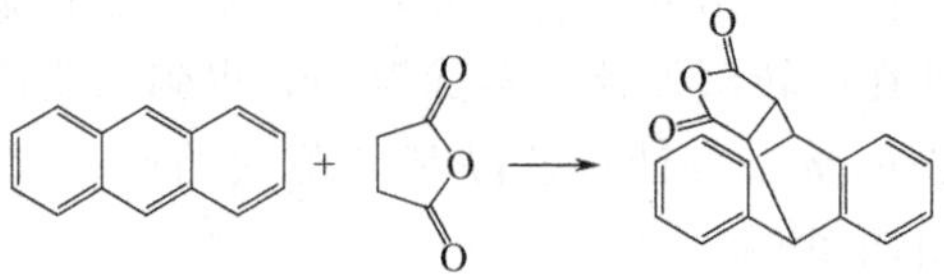

反应原料蒽在紫外光照射下可激发荧光，故可用薄层色谱法检测蒽的消耗情况，以判断反应是否达到了终点。反应是可逆的，当反应达到平衡后溶液中仍有少量的蒽，因而荧光并不能完全消失，但荧光的颜色及浓淡可作为定性判断的依据。蒽的浓溶液点在薄层板上，在紫外光下显现强烈的蓝绿色荧光，当浓度很低时则为蓝紫色荧光。

【仪器和试剂】

仪器：圆底烧瓶、球形冷凝管、干燥管、小试管、展缸、紫外灯、电吹风、干燥器、CMC-硅胶薄层板等。

试剂：蒽、顺丁烯二酸酐、二甲苯、无水氯化钙、石油醚（30～60℃）、乙醚、石蜡片、硅胶等。

【实验内容】

1. 配制体积比为 1∶1 的石油醚（30～60℃）-乙醚溶液为展开剂。

2. 在 25mL 干燥的圆底烧瓶中放置 1g（5.6mmol）蒽及 0.56g（5.7mmol）顺丁烯二酸酐，注入 13mL 二甲苯，投入两粒沸石，摇振。在瓶口安装球形冷凝管，在冷凝管上口安装无水氯化钙干燥管。

3. 在一支干燥的小试管中将少许蒽溶于约 0.5mL 二甲苯制成饱和溶液做对照。

4. 加热圆底烧瓶，回流 10min。

5. 对上述 2、3、4 中的样品进行薄层色谱分离。其中，2、3 在同一板上进行，点样后用电吹风吹干后展开，最后在 365nm 紫外光照射下显色，记下荧光颜色及浓淡变化，并用铅笔描出荧光斑点的位置及大小。

6. 重新加热回流，每过 10min 检测一次，直至蒽的紫蓝色荧光变得很淡时为止，共需回流约 30min。在回流期间需间歇摇动装置，将反应瓶内壁上结出的晶体荡入反应液中。

7. 待反应混合物冷至室温，抽滤，用玻璃塞挤压，充分抽干后可得松散的黄白色晶粉 1.2～1.3g。如有必要，可用二甲苯重结晶，得精制品约 1g，精品收率约 65%，熔点为 262～263℃。产品需保存在装有石蜡片和硅胶的干燥器中。

纯粹的产物 9,10-二氢蒽-9,10-α,β-丁二酸酐，熔点为 263～264℃。

【实验说明】

1. 顺丁烯二酸酐和生成的加成产物遇水都会水解成相应的二元酸，故所用仪器和试剂均需干燥。

2. 延长回流时间可提高收率，如回流 2h，粗品收率一般在 90%以上。此外，试剂的纯度及反应系统的干燥程度也都明显影响收率。

3. 石蜡片可吸收产品表面吸附的痕量二甲苯，硅胶吸收水汽以防产品水解。

【思考题】

1. 如何判断反应是否到达终点？

2. 什么叫周环反应？它包含哪几类反应？

实验 58 环戊二烯与马来酸酐的反应

【目的和要求】

1. 通过环戊二烯与马来酸酐的加成（Diels-Alder 反应）验证环加成反应。
2. 熟练处理固体产物的操作。

【实验原理】

环戊二烯与马来酸酐的加成反应是 Diels-Alder 反应的典型实例，反应结果生成环状产物，反应式如下。

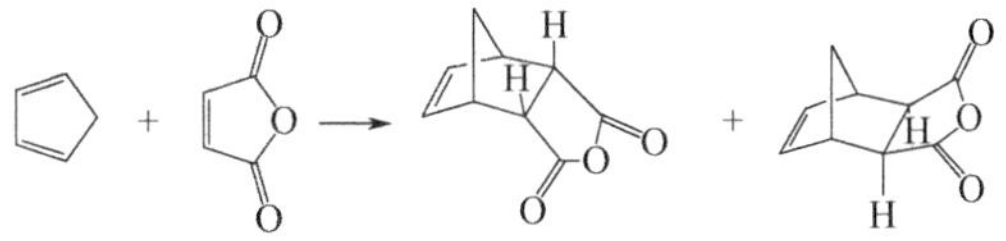

【仪器和试剂】

仪器：三角烧瓶、带磁力搅拌的电热套等。

试剂：环戊二烯、马来酸酐、乙酸乙酯、石油醚等。

【实验内容】

在 125mL 三角烧瓶中加入 6g（61mmol）马来酸酐，用 20mL 乙酸乙酯在电热套上加热使之溶解，再加入 20mL 石油醚（沸程 60～90℃），稍冷后（不得析出结晶），往此混合液中加入 4.8g（6mL，73mmol）新蒸馏的环戊二烯。振荡反应液，直到放热反应完成。产量 7.2g（产率 72%）。

加成物为一白色固体，熔点 164～165℃。

【实验说明】

1. 环戊二烯在室温容易二聚，生成环戊二烯的二聚体。因此，纯净的环戊二烯需经二聚体的解聚、蒸馏而获得。
2. 马来酸酐如放置过久，用时应重结晶。

【思考题】

如何对环戊二烯的二聚体进行解聚？

5.3 材料化学合成技术实验

实验 59 固相分解法制备 ZnO 纳米棒及其光催化性能研究

【目的和要求】

1. 了解纳米氧化锌的基本性质及主要应用。

2. 掌握固相分解法的原理与操作。

3. 掌握固相法制备纳米氧化锌的化学反应原理。

4. 了解纳米材料的表征方法。

【实验原理】

氧化锌是一种重要的宽带隙（3.37eV）半导体氧化物，常温下激发键能为60MeV。近年来，氧化锌纳米材料已经应用在纳米发电机、紫外激光器、传感器和燃料电池等领域。

固相分解法是基于碳酸盐、草酸盐、硝酸盐、醋酸盐、有机酸盐、金属氢氧化物、金属络合物等物质的热分解反应制备无机功能材料。该方法制备工艺比较简单，可大批量生产，但热分解反应不易控制，生成的粉体容易团聚，成本相对较高。本实验选用醋酸锌为锌源，利用其热分解反应大批量制备纳米ZnO。相应的热分解反应方程式如下。

$$Zn(CH_3COO)_2 \xlongequal{\triangle} ZnO + CH_3COCH_3\uparrow + CO_2\uparrow$$

【仪器和试剂】

仪器：电子天平、管式气氛炉、瓷舟、扫描电镜、X射线衍射仪、紫外-可见光谱仪等。

试剂：$Zn(CH_3COO)_2$（固体）。

【实验内容】

1. 操作步骤

在天平上称取10g $Zn(CH_3COO)_2$，放入瓷舟中，然后把瓷舟转移到管式气氛炉中，分别在400℃、500℃和600℃下煅烧2h，冷却至室温。得到的白色固体为纳米棒ZnO、称重并计算产率。

2. 实验现象、数据记录及处理

产品外观：　　　　产品质量（g）：　　　　产率（%）：

3. XRD测量

用X射线衍射仪测量下列物质的衍射图，确定固相反应的产物组成。

（1）标准 $Zn(CH_3COO)_2$（固体）

（2）标准ZnO（固体）

4. SEM表征

用扫描电镜观察产物，确定产物的形貌、尺寸以及均匀度。

5. 光催化性能测试

将0.1g ZnO纳米棒加入100mL新配制的亚甲基蓝（MB）溶液（6mg/L）中，搅拌形成悬浮液。然后将悬浮液放在10W的紫外灯下照射。大约5min取一次样，经离心除去悬浮的固体后，用紫外-可见光谱仪测定MB的浓度。光催化降解率的计算公式为：$Y=[(A_0-A)/A_0]\times100\%=[(C_0-C)/C_0]\times100\%$。其中，$C_0$ 为有机物的初始浓度；C 为反应过程中某时刻有机物的浓度；A_0 为有机物浓度为 C_0 时的吸光度；A 为有机物浓度为 C 时的吸光度。

【思考题】

1. 什么是固相分解法？本实验都涉及了哪些基本操作，应注意什么？
2. 产品可能含有的杂质是什么？怎样提纯？
3. 如何判断醋酸锌是否完全分解？

实验 60　溶剂热法制备 TiO_2 微球及其光催化性能研究

【目的和要求】

1. 了解纳米 TiO_2 的基本性质及主要应用。
2. 掌握溶剂热法的原理与反应釜的操作方法。
3. 掌握溶剂热法制备纳米 TiO_2 的化学反应原理。
4. 了解纳米材料的表征方法。

【实验原理】

TiO_2 是目前研究最为广泛的光催化材料，具有无毒、化学稳定性好、价格低廉、光催化活性高等优点，在水处理、空气净化等环境修复领域具有广阔的应用前景。纳米级 TiO_2 具有尺寸小、光生载流子分离速度快等优势，往往展现出较高的光催化活性，但是在实际应用过程中存在分离困难、易团聚失活等缺陷，严重限制了其在环境修复领域中的大规模应用。TiO_2 微球是由众多超细纳米单元组装而成的三维多孔结构，它不仅保留了超细纳米粒子的本征优势（尺寸小、光催化活性高），而且衍生出很多新颖的特性，如多孔性、光捕获效率高、易于回收等。因此，TiO_2 微球是一种易于回收分离的高效光催化材料。

目前，TiO_2 微球的制备方法主要有模板法、溶胶-凝胶法、水热-溶剂热法、回流法等。其中，模板法、溶胶-凝胶法和回流法需要精确控制反应条件，操作复杂，并且难以直接获得锐钛矿型产物；而水热-溶剂热法制备的产物粒径分布宽、尺寸大，难以获得单分散的亚微米球。因此，单分散锐钛矿型 TiO_2 亚微米球的一步法制备依然是个挑战。

本实验中，以钛酸四正丁酯为钛源，一水合柠檬酸为辅助剂，无水乙醇为溶剂，采用溶剂热法制备了单分散锐钛矿型 TiO_2 亚微米级球，并研究了其对罗丹明的光催化降解性能。

【仪器和试剂】

仪器：水热反应釜、量筒、烧杯、移量管、烘箱、电子天平、扫描电镜、X 射线衍射仪、紫外-可见光谱仪等。

试剂：一水合柠檬酸（固体）、钛酸四正丁酯（液体）、无水乙醇（液体）、罗丹明（固体）。

【实验内容】

1. 操作步骤

在天平上称取 6g 一水合柠檬酸，放入 250mL 烧杯中，加入 80mL 无水乙醇，搅拌使其溶解，用移量管量取 0.5mL 钛酸四正丁酯置于上述溶液中，搅拌均匀获得无色透明溶液。然后将此溶液转移到聚四氟乙烯高压反应釜中，200℃下反应 30h。反应结束后离心分离淡黄色固体，分别用蒸馏水和无水乙醇洗涤 3 次，40℃干燥 4h。

2. 实验现象、数据记录及处理

产品外观： 产品质量（g）： 产率（%）：

3. XRD 测量

用 X 射线衍射仪测量下列物质的衍射图，确定溶剂热反应的产物组成。

（1）标准柠檬酸（固体）

（2）标准 TiO_2（固体）

4. SEM 表征

用扫描电镜观察产物，确定产物的形貌、尺寸以及均匀度。

5. 产物的光催化性能评价

采用液相中罗丹明的降解率来评价 TiO_2 的光催化降解有机物的性能，以 10W 的紫外灯为光源（主波长 254nm，光密度为 $0.08mW/cm^2$）。把 20mg TiO_2 加入 50mL、5mg/L 的罗丹明溶液中，间隔 10min 取样，离心分离除去 TiO_2 固体，用紫外-可见光谱仪检测罗丹明浓度的变化。光催化降解率的计算公式为：$Y=[(A_0-A)/A_0]\times100\%=[(C_0-C)/C_0]\times100\%$。其中，$C_0$ 为有机物的初始浓度；C 为反应过程中某时刻有机物的浓度；A_0 为有机物浓度为 C_0 时的吸光度；A 为有机物浓度为 C 时的吸光度。

【实验说明】

1. 钛酸四正丁酯遇水立即水解，因此量取钛酸四正丁酯的移量管必须严格干燥。

2. 溶剂热反应过程中涉及高温高压，反应釜的充填度低于 80%，操作过程中正确放置垫片，确保反应釜组装紧密，反应过程中不得触摸反应釜，以防烫伤腐蚀。

【思考题】

1. 什么是溶剂热法？本实验都涉及了哪些基本操作，应注意什么？

2. 反应釜的操作注意事项有哪些？

3. 如何计算产率？

4. 如何确定钛酸四正丁酯是否反应完全？原理是什么？

实验 61 室温条件下铜（Ⅱ）化合物与 NaOH 的固相反应

【目的和要求】

1. 熟悉低热固相反应的基本知识，认识其在材料合成领域中的价值。

2. 认识固相反应与传统的液相反应的异同。

3. 掌握 XRD 表征固相反应的原理和方法。

【实验原理】

低热是指温度低于 100℃的反应温度条件。因此，低热固相反应是指在低于 100℃的条件下，有固体物质直接参加的化学反应，它包括固-固、固-液、固-气反应，常见的是低热固-固反应。

20 世纪 80 年代中后期开始，南京大学忻新泉教授课题组在低热固相反应方面开展了系统和富有开创性的工作，发现固相反应的许多规律。如在室温条件下许多固相反应就能很快完成；有些反应在液相中能够进行，而在固相中不能进行；有些反应在固相中能够进行，而在液相中不能进行；即使在固相和液相条件下都能进行，由于固相和液相反应的机理不同，有时相同的反应物还可能产生不同的产物。此外，低热固相反应还具有无化学平衡、反应存在潜伏期、拓扑效应等特殊规律。

本实验是通过铜（Ⅱ）化合物与 NaOH 的室温固-固相化学反应制备反应不同阶段的反应混合物，通过 X 射线衍射图谱（XRD）确定其组成，获得有价值的实验结果，即铜（Ⅱ）化合物与 NaOH 的室温固-固相化学反应产物为 CuO，而其相应的液相化学反应产物为 $Cu(OH)_2$。相应的化学反应方程式如下。

$$CuSO_4 \cdot 5H_2O(s) + 2NaOH(s) = CuO(s) + Na_2SO_4(s) + 6H_2O$$

【仪器和试剂】

仪器：玛瑙研钵、X 射线衍射仪、红外干燥箱、循环水真空泵等。

试剂：$CuSO_4 \cdot 5H_2O$(固体)、NaOH(固体)、CuO(固体)、Na_2SO_4(固体）等。

【实验内容】

1. 反应

称取 10mmol $CuSO_4 \cdot 5H_2O$(固体）和 20mmol NaOH(固体）分别放在两个玛瑙研钵中研磨至粉状，然后将 NaOH 加入 $CuSO_4 \cdot 5H_2O$ 中，全部加入后再研磨，立即有黑色产物生成。室温下，充分研磨 20min，反应体系的颜色由浅蓝色完全变为黑色。

2. 分离

将上述黑色混合物等分为两份。一份以 A 表示，直接用于测量表征；另一份用蒸馏水洗涤 3 次，抽滤，干燥后得黑色产物 B。

3. XRD 测量

用 X 射线衍射仪测量下列物质的衍射图谱，确定固相反应的产物组成。

（1）标准 $CuSO_4 \cdot 5H_2O$(固体)

（2）标准 CuO(固体)

（3）标准 Na_2SO_4(固体)

（4）未经处理的固相反应产物 A

（5）固相反应产物经洗涤干燥后所得黑色产物 B

【思考题】

1. 什么是低热固相反应？在本实验中你发现室温固相反应容易进行吗？试对其反应过程进行描述。

2. XRD 测量结果中，你是否可以肯定 CuO（固体）就是室温固相反应的产物，而不是在对混合物进行洗涤过程中发生液相反应的产物？

实验 62 热致变色材料的合成

【目的和要求】

1. 了解低热固态反应以及溶液低温反应。

2. 了解热致变色材料变色原理。

【实验原理】

热致变色材料是一类加热到某一温度（或温度区间），颜色发生变化，呈现出新的颜色，冷却时又能恢复到原来的颜色，颜色变化具有可逆性，具有颜色记忆功能，可以反复使用的材料。主要用途是作为示温材料和防伪材料。

室温固态反应是一种全新的合成方法，其优点是工艺简单、反应时间短、产率高、能耗低，有效避免了产物的硬团聚现象，不使用溶剂、对环境污染小，实现了绿色化学反应。

$CoCl_2 \cdot 6H_2O$ 与六亚甲基四胺（$C_6H_{12}N_4$）室温固态反应（液相法也可以合成），可以得到红色的水合配合物 $Co(C_6H_{12}N_4)_2Cl_2 \cdot 10H_2O$。将该配合物加热到一定温度后，失去部分结晶水变蓝，吸收水分后又能恢复到粉红色的十水化合物，颜色变化是可逆的，故是一种具有可逆性的示温材料。其示温性能和加热的温度及时间有关，变色温度在 40～100℃，同时由于示温性能又具有可逆性，所以该化合物又是“一种较理想的化学防伪材料”。其变色范围见表 5-9。

$$Co(C_6H_{12}N_4)_2Cl_2 \cdot 10H_2O \xrightleftharpoons[\text{冷却},+H_2O]{\text{加热},-H_2O} Co(C_6H_{12}N_4)_2Cl_2 \cdot xH_2O$$

表 5-9 $Co(C_6H_{12}N_4)_2Cl_2 \cdot 10H_2O$ 变色范围

t/℃	加热时间	颜色变化	x
31	1d	亮红，不变色	9～10
35	1h	亮红→浅蓝色	7～8
45	10min	亮红→青蓝色	6～8
50	5min	亮红→青蓝色	6～7
60	45s	亮红→天蓝色	5～7
100	10s	亮红→深蓝色	1～3

【仪器和试剂】

仪器：量筒、磁力搅拌器、烧杯、玛瑙、研钵、加热板、循环水真空泵、红外光谱仪等。

试剂：$CoCl_2 \cdot 6H_2O$（固体）、$C_6H_{12}N_4$（固体）、去离子水、甲醇、丙酮等。

【实验内容】

1. $Co(C_6H_{12}N_4)_2Cl_2 \cdot 10H_2O$ 的制备

（1）固相法合成：将固体 $CoCl_2 \cdot 6H_2O$ 与固体六亚甲基四胺（$C_6H_{12}N_4$）以 1∶2 物

质的量比混合，在室温常压下研磨，反应物由红色全部变为蓝色后，产物用甲醇和丙酮各洗涤一次，抽滤，在 30℃下干燥得 $Co(C_6H_{12}N_4)_2Cl_2 \cdot 10H_2O$ 晶体。

（2）液相法合成：将饱和氯化钴溶液与饱和六亚甲基四胺溶液以 1∶2 物质的量比混合，加热浓缩至表面有晶膜产生时，冷却结晶，晶体用少量蒸馏水洗涤 2～3 次，抽滤，在 30℃下干燥得 $Co(C_6H_{12}N_4)_2Cl_2 \cdot 10H_2O$ 晶体。

2. 配合物红外光谱测定

将合成所得化合物进行 KBr 压片，测定红外光谱。

3. 热色性测定

所制的化合物平摊在玻璃上，置于加热板上，升高温度观察颜色变化；电热板停止加热后，再观测温度下降时颜色的变化。记录现象。

【思考题】

1. 低热固相反应合成技术的优点和缺点有哪些？
2. 讨论 $Co(C_6H_{12}N_4)_2Cl_2 \cdot 10H_2O$ 可逆变色的原理。

实验 63　无机高分子絮凝剂的制备及其污水处理

【目的和要求】

1. 了解铝盐和铁盐类絮凝剂的制备方法。
2. 了解絮凝剂的性能和处理污水的方法。
3. 掌握 pH 计的工作原理和使用方法。

【实验原理】

聚合氯化铝（PAC）是 20 世纪 60 年代研制成功的优良无机高分子絮凝剂，在国内外已得到广泛应用，其化学式为 $[Al_m(OH)_n(H_2O)] \cdot Cl_{3m-n}$（$m=1 \sim 13$，$n \leqslant 3m$），其中，铝的存在形式有单核离子，如 $[Al(H_2O)_6]^{3+}$，双核离子，如 $[Al_2(H_2O)_2]^{4+}$，多核离子，如 $[Al_{13}O_4(OH)_{24}(H_2O)_{12}]^{7+}$（简称 Al_{13} 离子）等。其制备原理是：$AlCl_3$ 溶液中的 $[Al(H_2O)_6]^{3+}$ 在 NaOH 作用下发生多步水解，各步简单的水解产物通过羟基桥联等反应逐步聚合成为无机高分子离子。

$$[Al(H_2O)_6]^{3+} \xrightarrow{-H^+} [Al(OH)(H_2O)_5]^{2+} \xrightarrow{[Al(H_2O)_6]^{3+}} [Al_2(OH)_2(H_2O)_8]^{4+}$$

$$\cdots \xrightarrow{[Al(H_2O)_6]^{3+}\ [Al_{10}(H_2O)_{22}]^{8+}} [Al_{13}O_4(OH)_{24}(H_2O)_{12}]^{7+}$$

研究表明，当 $R=n(OH)/n(Al)=2.4$（其中，n 为物质的量，单位为 mol），溶液中 Al_{13} 离子组分最多；当 $R>2.6$ 时，溶液会经凝胶变为沉淀。PAC 的絮凝作用机理是：以其水解产物对水中颗粒或胶体污染物进行电中和及脱稳、吸附架桥或黏附卷扫而生成粗颗粒絮凝体，然后加以分离去除。PAC 的缺点是其生产受原料限制，成分复杂，生产过程长，反应条件不易控制，很难得到聚合度相同的产品，价格也较贵。

聚铁絮凝剂（PFC）是 20 世纪 70 年代末研制成功的无机高分子絮凝剂。PFC 可有效去除水中的悬浮物、有机物、硫化物、亚硝酸盐、胶体及金属离子。其应用 pH 值范围广、腐蚀性小、残留铁离子少、絮凝颗粒密度大、沉降迅速。但与PAC类似，PFC的相对分子质量以及絮凝架桥能力仍比有机絮凝剂差很多，而且还存在处理后的水颜色较深等问题。

复合聚合铝铁絮凝剂（PAFC）是近十年才开发研制出来的，它兼有铝盐和铁盐絮凝剂的特点，具有反应速率快、形成絮凝体大、沉降快、过滤性强等特点。聚合氯化铝和复合聚合铝铁絮凝剂均带较多的正电荷，具有较大的比表面积和吸附作用，能较好吸附水中的杂质，逐步扩大形成大的絮体而使杂质沉降下来，最终达到净化水质的目的。

【仪器和试剂】

仪器：烧杯、量筒、三颈烧瓶、磁力搅拌器、恒温水浴锅、pH计、滴液漏斗等。

试剂：$AlCl_3$溶液、$Fe_2(SO_4)_3$溶液、NaOH溶液、泥浆水、有机废水等。

【实验内容】

1. 操作步骤

（1）聚合氯化铝的制备

在250mL三颈烧瓶中加入30mL 1mol/L $AlCl_3$溶液，60℃水浴加热。磁力搅拌下，通过滴液漏斗慢慢滴加50mL 0.5mol/L NaOH溶液。滴加完毕后（大约30min），让其自然老化20min，另取1mol/L $AlCl_3$溶液30mL，用同样的方法，通过滴液漏斗慢慢滴加100mL 0.5mol/L NaOH溶液（大约40min），老化后溶液分别记为1号、2号絮凝剂。观察溶液的颜色，用pH计分别测定它们的pH值。

（2）复合聚合铝铁絮凝剂的制备

在250mL三颈烧瓶中加入30mL 1mol/L $AlCl_3$溶液和15mL 1mol/L $Fe_2(SO_4)_3$溶液，60℃水浴加热。磁力搅拌下，通过滴液漏斗慢慢滴加50mL 0.5mol/L NaOH溶液，滴加完毕后（大约30min），让其自然老化20min。另取一份30mL混合液1mol/L $AlCl_3$溶液和15mL 1mol/L $Fe_2(SO_4)_3$溶液，用同样的方法，慢慢滴加100mL 0.5mol/L NaOH溶液（大约40min），老化后溶液分别记为3号、4号絮凝剂。观察溶液的颜色，用pH计分别测定它们的pH值。

（3）污水处理实验

分别量取上述4种絮凝剂各50mL到4个烧杯中，另取一个烧杯加入50mL蒸馏水作为对比。在5个烧杯中分别加入20mL泥浆水，充分搅拌后，静置，比较沉降快慢、沉降物颗粒大小，评价沉降效果。另外，在5个烧杯中分别加入20mL有机废水，充分搅拌后，静置，比较沉降快慢、沉降物颗粒大小，评价沉降效果。

2. 实验现象、数据记录及处理

（1）沉降效果比较。

（2）根据实验数据，总结和说明PAC和PAFC处理污水的最佳pH值。

【思考题】

1. PAC和PAFC絮凝剂的区别以及各自优势？

2. 为什么pH值的控制对PAC和PAFC的制备及其污水处理性能有很大的影响？

实验 64 钼酸银纳米带的合成、组装与染料分离性能

【目的和要求】

1. 了解钼酸银纳米带的形成原理。
2. 掌握水热合成原理和基本操作。
3. 掌握钼酸银纳米带的组装方法。
4. 掌握染料分离性能的表征方法。

【实验原理】

1. 钼酸银合成原理

钼酸银是一种典型的难溶电解质，其生成与溶解可利用溶度积规则进行判断，离子积大于溶度积时，形成沉淀；离子积等于溶度积时，平衡状态；离子积小于溶度积时，沉淀溶解。在钼酸银的合成体系中，控制钼酸根离子和银离子的浓度，使其离子积远大于钼酸银溶度积常数，从而形成钼酸银。此外，在水热条件下，钼酸银晶粒沿一维方向择优生长发育，最终形成一维带状纳米结构。钼酸银纳米带的 SEM 图见图 5-31。

图 5-31 钼酸银纳米带的 SEM 图

2. 膜组装原理

钼酸银膜的构筑是基于钼酸银一维结构在固液界面的组装过程。由于钼酸银纳米带尺寸大于纤维素滤膜孔径，而水分子尺寸远小于纤维素滤膜孔径，利用纤维素滤膜过滤钼酸银悬浊液时，纤维素滤膜只允许水分子高速透过，却高效截留钼酸银纳米带，导致钼酸银纳米带在滤膜表面逐渐积累，最终层层组装形成致密的钼酸银纳米膜。

3. 膜分离原理

膜分离的核心原理是选择透过性，其中特异性吸附是滤膜实现物质选择性分离的重要驱动力之一。利用滤膜进行物质分离时，与滤膜存在强吸附作用的分子被吸附截留，与滤膜有弱作用和无吸引作用的分子自由透过，从而实现不同分子的有效分离。按照配位化学原理，

银离子和氮原子、硫原子可以发生配位作用，因此含银物质往往展示出对含氮和含硫有机物的选择性吸附功能。亚甲基蓝分子结构中存在四个可配位氮原子和一个可配位硫原子，而钼酸银结构骨架中含有银离子，当用钼酸银颗粒膜过滤亚甲基蓝溶液时，钼酸银颗粒通过配位作用快速吸附截留亚甲基蓝分子，只允许水分子自由透过，从而实现亚甲基蓝分子和水分子的完全分离。罗丹明 B 分子结构中缺乏与银离子配位的杂原子，当用钼酸银颗粒膜过滤罗丹明 B 溶液时，罗丹明 B 分子和钼酸银颗粒间没有选择性强吸附作用，不仅水分子可以自由透过，罗丹明 B 分子也可以快速透过，钼酸银薄膜无法分离罗丹明 B 分子和水分子。当用钼酸银过滤亚甲基蓝和罗丹明 B 的混合溶液时，钼酸银颗粒通过特异性吸附拦截亚甲基蓝分子，允许罗丹明 B 分子可以自由透过滤膜，从而实现亚甲基蓝和罗丹明 B 的高效分离。

【仪器和试剂】

仪器：鼓风恒温烘箱、循环水真空泵、X 射线粉末衍射仪、电子天平、水热反应釜、紫外-可见光谱仪等。

试剂：四水合钼酸铵（固体）、硝酸银（固体）、亚甲基蓝（固体）、罗丹明 B（固体）、无水乙醇等。

【实验内容】

1. 钼酸银的合成

把 0.88g 四水合钼酸铵溶于 15mL 去离子水中，获得溶液 A；把 0.42g 硝酸银溶于 10mL 去离子水中，获得溶液 B；把溶液 A 和溶液 B 混合，用 1mol/L 硝酸条件 pH 值至 2，然后转移到容积为 30mL 的水热反应釜中，140℃反应 12h。经过抽滤、洗涤并烘干（80℃烘干 0.5h）得到产品。称量产品质量，计算产率。

2. 钼酸银纳米带的结构表征

取上述所得产品，放入玻璃片中，压片，使用 X 射线粉末衍射仪进行结构表征，扫描范围 4°～40°，扫描速度 0.1°/s，保存数据；取上述所得产品，置于导电胶上，使用扫描电子显微镜进行形貌表征，保存数据。

3. 分离膜的组装与分离性能

取 0.4g 钼酸银超声分散在 15mL 去离子水中，形成均匀稳定的前驱体；利用醋酸纤维素膜减压过滤钼酸银悬浊液，即可获得钼酸银分离膜。用组装的钼酸银滤膜分别过滤 25mL 亚甲基蓝溶液、罗丹明 B 溶液、亚甲基蓝和罗丹明 B 混合溶液，记录过滤前后溶液的颜色变化、滤膜正反面的颜色变化，并利用紫外-可见光谱仪监测溶液吸光度变化，评估染料分离性能。

【实验说明】

1. 水热反应为高温反应，请在使用烘箱的时候佩戴手套，防止烫伤。
2. 超声分散促进钼酸银均匀分散在水中，从而形成均匀薄膜。
3. 操作 X 射线粉末衍射仪和扫描电子显微镜时，请严格按照实验章程。

【思考题】

1. 水热法合成的优缺点？
2. 膜分离的应用领域有哪些？

实验65 水热法合成MFI分子筛

【目的和要求】

1. 了解MFI沸石分子筛催化剂材料。
2. 掌握水热合成技术。
3. 了解在晶体生长过程中晶种的作用。
4. 掌握X射线粉末衍射表征方法。

【实验原理】

沸石分子筛材料，具有复杂的微孔孔道结构、强的酸性和氧化还原活性位点，是应用在石油化工和精细化工领域最广泛的多相催化材料。ZSM-5分子筛为MFI构型的分子筛，它属于正交晶系，骨架密度为17.9个（T原子）/1000$\mathring{A}^3$（T原子即分子筛骨架的初级结构单元四面体的中心原子），晶胞中硅铝比在较大范围内可调。MFI构型ZSM-5分子筛的结构见图5-32。

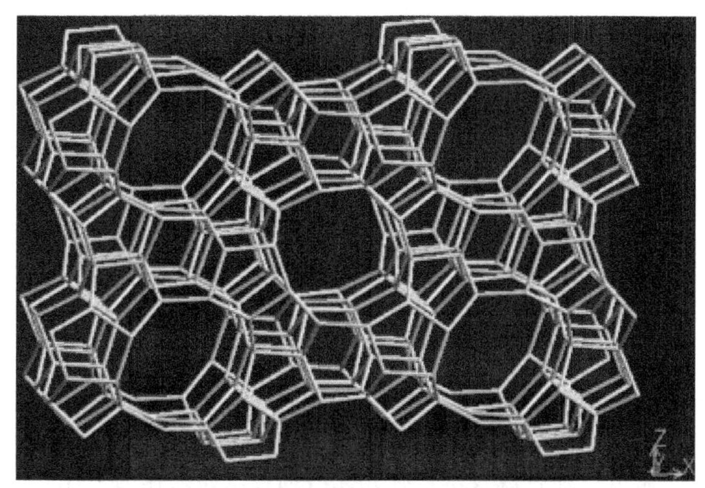

图5-32　MFI构型ZSM-5分子筛的结构

最早的、也是应用最为普遍的分子筛合成路线为水热法合成分子筛，这一方法也是人们模仿分子筛的自然形成原理而得到的。该反应需要在大量水作为溶剂的条件下，高温高压下进行。在水热合成过程中增加晶种的使用，可以减少晶体成核过程，缩短晶化时间。无溶剂法合成沸石分子筛具有增加分子筛产品的产率和消除高的自生压力的产生两个方面的优点。

【仪器和试剂】

仪器：磁力搅拌器、量筒、烧杯、磁子、反应釜、布氏漏斗、抽滤瓶、玛瑙研钵、鼓风恒温烘箱、循环水真空泵、X射线粉末衍射仪、电子天平等。

试剂：二氧化硅（固体）、九水硅酸钠（固体）、氯化铵（固体）、去离子水、四丙基溴化铵（固体）等。

【实验内容】

1. 晶种辅助下水热法合成MFI构型ZSM-5沸石分子筛催化剂

将1.98g九水硅酸钠、0.66g NH_4Cl溶于10mL水中，全部溶解后，加入0.36g四丙基溴化铵（TPABr），全部溶解后，加入 0.43g 二氧化硅，室温下搅拌 1.5h，加入 0.042g ZSM-5 晶种，室温下搅拌 0.5h，得到反应的初始凝胶。将该混合物转移至反应釜中，180℃反应 18h。经过抽滤、洗涤并烘干（120℃烘干 0.5h）得到产品。称量产品质量，计算产率。

2. MFI 构型 ZSM-5 沸石分子筛催化剂的结构表征

取上述所得产品，放入玻璃片中，压片，使用 X 射线粉末衍射仪进行结构表征，扫描范围 4°～40°，扫描速度 0.1°/s，保存数据，MFI 构型 ZSM-5 沸石分子筛的 XRD 标准图谱见图 5-33。

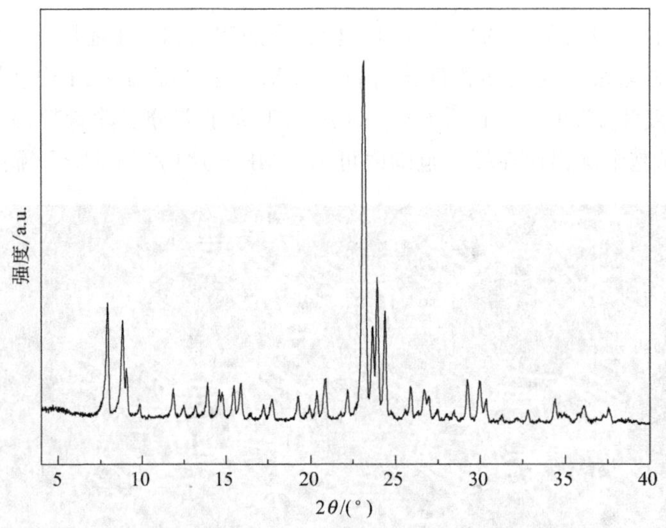

图 5-33　MFI 构型 ZSM-5 沸石分子筛的 XRD 标准图谱

【实验拓展】

为了更深入地了解分子筛合成技术，补充无溶剂合成路线作为对比，同时可以进一步了解晶种在分子筛晶化过程中的作用。

1. 无溶剂法合成 MFI 构型 ZSM-5 沸石分子筛催化剂

将 1.319g 九水硅酸钠、0.285g 二氧化硅、0.24g 四丙基溴化铵（TPABr）以及 0.46g NH_4Cl 分别称量加入至研钵中，经过 10min 的研磨，得到混合好的固体混合物。将该混合物转移至反应釜中，180℃反应 18h。经过抽滤、洗涤并烘干（120℃烘干 0.5h）得到产品。

2. 晶种辅助下无溶剂法合成 MFI 构型 ZSM-5 沸石分子筛催化剂

将 1.319g 九水硅酸钠、0.285g 二氧化硅、0.24g 四丙基溴化铵（TPABr）、0.46g NH_4Cl 以及 0.028g ZSM-5 晶种分别称量加入至研钵中，经过 10min 的研磨，得到混合好的固体混合物。将该混合物转移至反应釜中，180℃反应 18h。经过抽滤、洗涤并烘干（120℃烘干 0.5h）得到产品。称量产品质量，计算产率。

【实验说明】

1. 水热反应为高温反应，请在使用烘箱的时候佩戴手套，防止烫伤。
2. 在研磨过程中使固体原料充分混合。

3. 操作 X 射线粉末衍射仪时，请严格按照实验章程。

【思考题】

1. 水热法和无溶剂法合成的优缺点？
2. MFI 构型 ZSM-5 分子筛催化剂在石油化工领域哪几种催化反应中广泛使用？

实验 66　室温固相反应合成四氯合镍酸甲基铵

【目的和要求】

1. 理解四氯合镍酸甲基铵类材料热色性的原理。
2. 掌握四氯合镍酸甲基铵类材料合成操作技术。
3. 掌握四氯合镍酸甲基铵类材料的一般变色方法。
4. 掌握四氯合镍酸甲基铵类材料的表征方法。

【实验原理】

具有热色性的四氯合铜酸有机铵已被广泛研究，其合成方法较为简单，只要通过一般的液相反应即可制得。镍离子与卤素的配位能力与铜离子相似，四氯合镍酸有机铵也应具有热色性，实际情况确实如此。但其合成方法就困难得多，它不能通过液相反应合成。直到 1978 年 Ferraro 和 Sherren 才用真空熔融法合成了四氯合镍酸有机铵，该反应条件苛刻，反应剂量小（反应物量不超过 0.5g）。现在可以利用固相反应，在室温条件下合成了 $[Me_xNH_{4-x}]_2NiCl_4$ 型配合物。

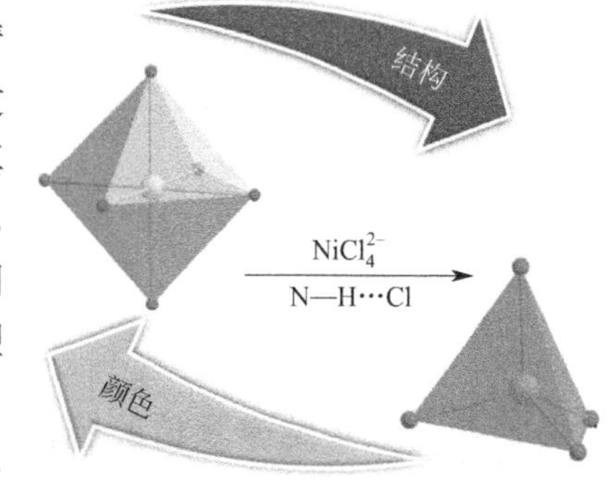

图 5-34　四氯合镍结构变化示意图

$[Me_xNH_{4-x}]_2NiCl_4$ 型配合物，在加热过程中，随着体系的温度上升，有机铵离子的热运动加剧，导致 N—H···Cl 氢键削弱，此时，空间的拥挤变得突出，$NiCl_4^{2-}$ 在某一温度（此温度即为 T_c）由八面体构型转变成四面体构型（图 5-34），伴随构型转变，吸收光谱也发生改变，从而显现热色性。

【仪器和试剂】

仪器：玛瑙研钵、加热器、电子天平、药匙、X 射线粉末衍射仪、红外光谱仪等。

试剂：盐酸甲胺（固体）、盐酸二甲胺（固体）、盐酸三甲胺（固体）、无水 $NiCl_2$（固体）、KBr（固体）等。

【实验内容】

1. 三种四氯合镍酸有机铵的合成

盐酸三甲胺、盐酸二甲胺、盐酸甲胺与无水 $NiCl_2$ 的室温固相反应得到产物 $[Me_3NH]_2NiCl_4$、$[Me_2NH_2]_2NiCl_4$ 和 $[MeNH_3]_2NiCl_4$。室温干燥空气中，将已制备的棕黄色无水 $NiCl_2$ 分别与盐酸三甲胺、盐酸二甲胺、盐酸甲胺按 1∶2 的物质的量比混合后在玛瑙研钵中研磨 10min，在板式加热器上检测其热色性。第一、二个产物从黄色变为蓝色，冷却后又恢复原色，具有可逆热色性。第三个产物加热后从黄色变成蓝色，随后立即分解，呈红褐色。

2. 三种四氯合镍酸有机铵变色前和冷却后的结构表征

取上述所得产品，放入玻璃片中，压片，使用X射线粉末衍射仪进行结构表征，扫描范围4°～80°，扫描速率10°/min，保存数据。分析产物在热色性前，以及冷却后的结构变化。讨论产物的可逆热色性情况。

3. 三种四氯合镍酸有机铵变色前和热变色后的红外光谱分析

取氯化镍和上述所得三个产品，烘干，压片，使用红外光谱仪进行光谱表征，扫描范围4000～500cm^{-1}，保存数据。分析氯化镍和产物在热色性前，以及冷却后的结构变化。讨论产物的可逆热色性情况。

【实验说明】

1. 变色实验为加热反应，请佩戴手套，防止烫伤。
2. 在研磨过程中使固体原料充分混合。
3. 操作X射线粉末衍射仪时，请严格按照实验章程。
4. 操作红外光谱仪器时，请严格按照实验章程。

【思考题】

1. 分析解释为什么三个配合物的热色性现象不一样？
2. 如果用盐酸二乙胺作为原料，与无水$NiCl_2$反应，得到的配合物，与盐酸二甲胺相比较，热色性温度有何变化？

实验67 金纳米颗粒的制备与光学性质表征

【目的和要求】

1. 掌握溶液法制备纳米金的操作方法。
2. 理解纳米金颜色的起源。
3. 了解表面等离子共振效应。

【实验原理】

柠檬酸钠结构上含有羟基，具有比较明显的还原性，可以把氯金酸还原为金单质，自身被氧化为CO_2。由于还原的Au分散均匀，反应速度比较慢，再加上剩余柠檬酸钠的保护作用，限制了金的生长，单质金只增长到纳米级，形成了金纳米颗粒。

当光线入射到由贵金属构成的纳米颗粒上时，如果入射光子频率与贵金属纳米颗粒传导电子的整体振动频率相匹配时，纳米颗粒会对光子能量产生很强的吸收作用，就会发生局域表面等离子体共振（localized surface plasmon resonance，LSPR）现象。金、银、铂等贵金属纳米粒子在紫外可见光波段展现出很强的光谱吸收，从而可以获得局域表面等离子体共振光谱。该吸收光谱峰值处的吸收波长取决于该材料的微观结构特性，例如组成、形状、结构、尺寸、局域传导率。因此，获得局域表面等离子体共振光谱，并对其进行分析，就可以研究纳米粒子的微观组成。

柠檬酸钠的结构

【仪器和试剂】

仪器：紫外-可见光谱仪、烧杯、量筒、一次性滴管、离心管、比色皿等。

试剂：氯金酸（固体）、柠檬酸钠（固体）、去离子水、稀硝酸（液体）等。

【实验内容】

1. 洗涤玻璃仪器，并在稀硝酸中浸泡 40min，然后洗净烘干。

2. 量取 1.5mL 25mmol/L 氯金酸溶液，置于 200mL 烧杯中，并用去离子水稀释至 150mL。加热煮沸，然后在搅拌条件下加入 4.5mL 34mmol/L 柠檬酸钠溶液，加热煮沸。观察反应现象。

3. 分别在溶液淡粉色、粉色和酒红色三个阶段取样 4mL，测试产物的紫外可见吸收光谱。

【实验说明】

1. 需要高温加热，注意操作安全，防止烫伤。

2. 操作紫外可见分光光度计时，请严格按照实验章程。

【思考题】

1. 分析纳米金颜色变化的原因。

2. 纳米金的应用领域有哪些？

5.4 高分子化学合成技术实验

实验 68 甲基丙烯酸甲酯的本体聚合

【目的和要求】

1. 了解自由基本体聚合的特点和实施方法。

2. 熟悉有机玻璃的制备方法，了解其工艺过程。

【实验原理】

本体聚合是在不加溶剂与介质条件下单体进行聚合反应的一种聚合方法。与其他聚合方法如溶液聚合、乳液聚合等相比，本体聚合可以制得较纯净、分子量较高的聚合物，对环境污染较低。

在本体聚合中，随着转化率的提高，聚合物的黏度增大，反应所产生的热量难以散去，同时增长链自由基末端被黏性体系包埋，很难扩散，使得双基终止速率大大降低，聚合速率急剧增加，从而导致出现“自加速现象”或“凝胶效应”。这些都将引起聚合物分子量分布增宽，并影响制品性能。

本实验以甲基丙烯酸甲酯为单体，在引发剂的存在下，通过本体聚合法，一步制备有机玻璃板。在实验中，为了避免因体系黏度增大导致的体系热量积聚、“自动加速现象”可能引起的爆聚及聚合体系体积收缩等问题，一般采用预聚合的方法，严格控制反应温度，降低聚合反应速率，从而使聚合反应安全度过“危险期”，进一步提高聚合温度，完成聚合反应。甲基丙烯酸甲酯的聚合反应方程式如下。

$$n\mathrm{CH_2{=}C(CH_3){-}COOCH_3} \xrightarrow{\mathrm{BPO}} \mathrm{{-}\!\!\left[CH_2{-}C(CH_3)(COOCH_3)\right]\!\!_n{-}}$$

【仪器和试剂】

仪器：721 型分光光度计、锥形瓶、恒温水浴锅、试管夹、胶塞或铝箔纸等。

试剂：甲基丙烯酸甲酯（MMA-单体）、引发剂过氧化二苯甲酰（BPO）等。

【实验内容】

1. 预聚合

在 50mL 锥形瓶中加入 20mL MMA 及 0.04g BPO，瓶口用胶塞盖上或直接用铝箔封口，用试管夹夹住瓶颈在 85～90℃的水浴锅中轻轻晃动，进行预聚合约 30min，注意观察体系的黏度变化，当体系黏度变大，但仍能顺利流动时（黏度近似室温下的甘油），结束预聚合。

2. 浇铸灌模

将以上制备的预聚液小心地倒入一次性纸杯，盖上盖子，浇灌时注意防止锥形瓶外的水珠滴入。

3. 后聚合

将灌好预聚液的纸杯放入 45～50℃的烘箱中反应约 48h，注意控制温度不能太高，否则易使产物内部产生气泡。然后再将烘箱升温至 100～105℃，反应 2～3h，使单体转化完全，完成聚合。

4. 样品观察

取出所得有机玻璃板，观察其透明性，是否有气泡。

5. 透光率测试

（1）试样制备

用尺子测量有机玻璃板材尺寸，用内卡尺测量其厚度。

（2）测量方法

采用 721 型分光光度计进行透光率测试。

① 接通恒压电源，调至 220V。

② 打开仪器电源，恒压器及光源开关。

③ 开启样品盖，打开工作开关，将检流计光点调至透明度点位置。

④ 调节波长为 465nm。

⑤ 将光度调节到满刻度 100%位置。

⑥ 放入试样，盖上样品盖，测得的透光率即为样品的透光率。

⑦ 逐一关闭各开关，再关闭总开关。

【思考题】

1. 本体聚合工艺中的关键是什么？采取什么措施来解决这些问题？
2. MMA 的本体聚合有何特点？制造有机玻璃的步骤有哪些？
3. 写出 MMA 聚合反应历程。

实验 69　醋酸乙烯酯的乳液聚合

【目的和要求】

1. 学习乳液聚合方法，制备聚醋酸乙烯酯乳液。
2. 了解乳液聚合机理及乳液聚合中各个组分的作用。
3. 了解聚醋酸乙烯酯乳液的性能测试。

【实验原理】

乳液聚合是指单体在乳化剂的作用下分散在介质中，加入水溶性引发剂，在搅拌或振荡下进行的非均相聚合反应。它既不同于溶液聚合，也不同于悬浮聚合。乳化剂是乳液聚合的主要成分。乳液聚合的引发、增长和终止都在胶束的乳胶粒内进行，单体液滴只是单体的储库。反应速率主要决定于胶粒数，乳液聚合具有聚合速率快与分子量高的特点。

醋酸乙烯酯乳液聚合机理与一般乳液聚合相同，采用过硫酸盐为引发剂。为使反应平稳进行，单体和引发剂均需分批加入。本实验分两步加料反应，第一步加入少许的单体、引发剂和乳化剂进行预聚合，可生成颗粒很小的乳胶粒；第二步，继续滴加单体和引发剂，在一定的搅拌条件下使其在原来形成的乳胶粒上继续长大。由此得到的乳胶粒，不仅粒度较大，而且粒度分布均匀。这样保证了胶乳在高固含量的情况下，仍具有较低的黏度。聚合中常用的乳化剂是聚乙烯醇。实际中还常把两种乳化剂合并使用，乳化效果和稳定性比采用单一乳化剂好。本实验采用聚乙烯醇和 OP-10 两种乳化剂。

【仪器和试剂】

仪器：三颈烧瓶、球形冷凝管、机械搅拌器、恒温干燥箱、恒压滴液漏斗、旋转黏度计、量筒、烧杯、温度计、恒温水浴锅等。

试剂：乙酸乙烯酯、聚乙烯醇水溶液（10%）、OP-10（烷基酚聚氧乙烯醚）、过硫酸钾（KPS）、去离子水等。

【实验内容】

1. 安装装置

按图 5-35 安装好实验装置，为保证搅拌速率均匀，整套装置安装要规范，尤其是搅拌器，安装后用手转动要求无阻力，转动轻松自如。

2. 聚醋酸乙烯酯乳液的合成

先在50mL烧杯中将0.10g KPS溶于8mL水中。另装有搅拌器、球形冷凝管和恒压滴液漏斗的三颈烧瓶中加入30mL聚乙烯醇溶液、0.8mL乳化剂OP-10、20mL去离子水、5mL乙酸乙烯酯和2mL KPS水溶液，开动搅拌，加热水浴锅，控制反应温度为70℃，在约2h内由球形冷凝管和恒压滴液漏斗分次滴加完剩余的单体（27mL）和引发剂（6mL），保持温度反应到无回流时，逐步将反应温度升到90℃，继续反应（约0.5～1h）至无回流时，撤去水浴锅，冷却至室温、出料，观察乳液外观。

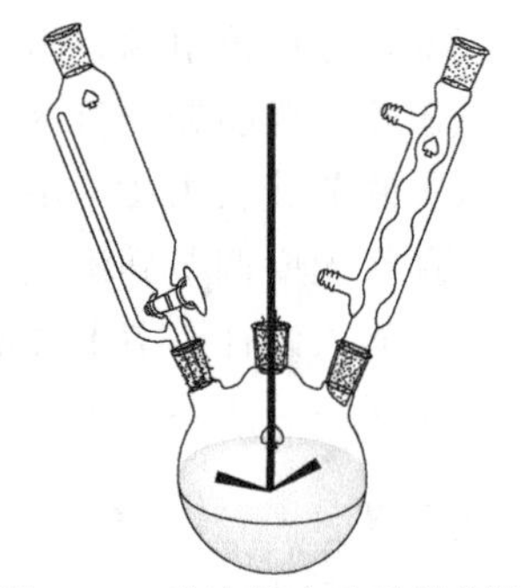

图5-35　乳液聚合实验装置图

3. 聚醋酸乙烯酯溶液的性能测试

（1）黏度测定

根据国家标准GB/T 2794—2022《胶黏剂黏度的测定》进行实验。采用旋转黏度计于一定的温度下测定乳液的黏度。

（2）乳液固含量的测定

在已恒重的称量瓶中，称取1.0～1.5g样品，放入105℃的恒温干燥箱中烘干至恒重后取出，放在干燥器中冷却至室温，称重，按下式计算乳液固含量。

$$固含量=(固体含量/乳液质量)\times 100\%$$

【实验说明】

1. 按要求严格控制单体滴加速度，如果开始阶段滴加过快，乳液中易出现块状物，使实验失败。

2. 严格控制反应各阶段的温度。

3. 反应结束后，料液自然冷却，测含固量时，最好出料后马上称样，以防止静置后乳液沉淀。

【思考题】

1. 乳化剂的作用是什么？

2. 本实验操作应注意哪些问题？

实验70　苯乙烯的悬浮聚合

【目的和要求】

1. 了解苯乙烯悬浮聚合的基本原理。

2. 通过实验掌握悬浮聚合的实施方法，了解配方中各组分的作用。

3. 通过对聚合物颗粒均匀性和大小的控制，了解分散剂、升温速度、搅拌速度等对悬浮聚合的影响。

【实验原理】

苯乙烯在水和分散剂作用下分散成液滴状，在油溶性引发剂过氧化二苯甲酰引发下进行自由基聚合，其反应历程如下。

$$C_6H_5-\overset{O}{\overset{\|}{C}}-O-O-\overset{O}{\overset{\|}{C}}-C_6H_5 \xrightarrow{\triangle} 2\ C_6H_5-\overset{O}{\overset{\|}{C}}-O\cdot$$

$$C_6H_5-\overset{O}{\overset{\|}{C}}-O\cdot + \underset{C_6H_5}{CH_2=CH} \longrightarrow C_6H_5-\overset{O}{\overset{\|}{C}}-O-CH_2-\underset{C_6H_5}{\dot{C}H}$$

$$C_6H_5-\overset{O}{\overset{\|}{C}}-O-CH_2-\underset{C_6H_5}{\dot{C}H} + \underset{C_6H_5}{CH_2=CH} \longrightarrow C_6H_5-\overset{O}{\overset{\|}{C}}-O-CH_2-\underset{C_6H_5}{CH}-CH_2-\underset{C_6H_5}{\dot{C}H}$$

$$\cdots\cdots \longrightarrow \sim\sim\sim\sim CH_2-\underset{C_6H_5}{\dot{C}H}$$

$$2\ \sim\sim\sim\sim CH_2-\underset{C_6H_5}{\dot{C}H} \longrightarrow \sim\sim\sim\sim CH_2-\underset{C_6H_5}{CH}-\underset{C_6H_5}{CH}-CH_2\sim\sim\sim\sim$$

悬浮聚合是由烯类单体制备高聚物的重要方法，由于水为分散介质，聚合热可以迅速排除，因而反应温度容易控制，生产工艺简单，制成的成品呈均匀的颗粒状，故又称珠状聚合，产品不经造粒可直接加工成型。

苯乙烯是一种比较活泼的单体，容易进行聚合反应。苯乙烯在水中的溶解度很小，将其倒入水中，体系分成两层，进行搅拌时，在剪切力作用下单体层分散成液滴，界面张力使液滴保持球形，而且界面张力越大形成的液滴越大，因此，在作用方向相反的搅拌剪切力和界面张力作用下液滴达到一定的大小和分布。而这种液滴在热力学上是不稳定的，当搅拌停止后，液滴将凝聚变大，最后与水分层，同时聚合到一定程度以后的液滴中溶有的发黏聚合物亦可使液滴相黏结。因此，悬浮聚合体系还需加入分散剂。

悬浮聚合实质上是借助于较强烈的搅拌和悬浮剂的作用，将单体分散在单体不溶的介质（通常为水）中，单体以小液滴的形式进行本体聚合，在每一个小液滴内，单体的聚合过程与本体聚合相似，遵循自由基聚合一般机理，具有与本体聚合相同的动力学过程。由于单体在体系中被搅拌和悬浮剂作用，被分散成细小液滴，因此，悬浮聚合又有其独到之处，即散热面积大，防止了在本体聚合中出现的不易散热的问题。由于分散剂的采用，最后的产物经分离纯化后可得到纯度较高的颗粒状聚合物。

【仪器和试剂】

仪器：三颈烧瓶、分析天平、球形冷凝管、机械搅拌器、温度计、恒温水浴锅、抽滤瓶、移液管、吸管、布氏漏斗、锥形瓶、培养皿、量筒等。

试剂：苯乙烯、聚乙烯醇溶液（1.5%）、过氧化二苯甲酰（BPO-引发剂）、去离子水等。

【实验内容】

1. 安装装置

按图 5-36 安装好实验装置，为保证搅拌速率均匀，整套装置安装要规范，尤其是机械搅拌器，安装后用手转动要求无阻力，转动轻松自如。

2. 加料

用分析天平准确称取 0.25～0.30g 过氧化二苯甲酰放入 50mL 锥形瓶中，再用移液管按配方量取 16mL 苯乙烯，加入锥形瓶中，轻轻振荡，待过氧化二苯甲酰（BPO）完全溶于苯乙烯后将溶液加入三颈烧瓶。再加入 20mL 1.5%的聚乙烯醇溶液，最后用 130mL 去离子水分别冲洗锥形瓶和量筒后加入三颈烧瓶中。

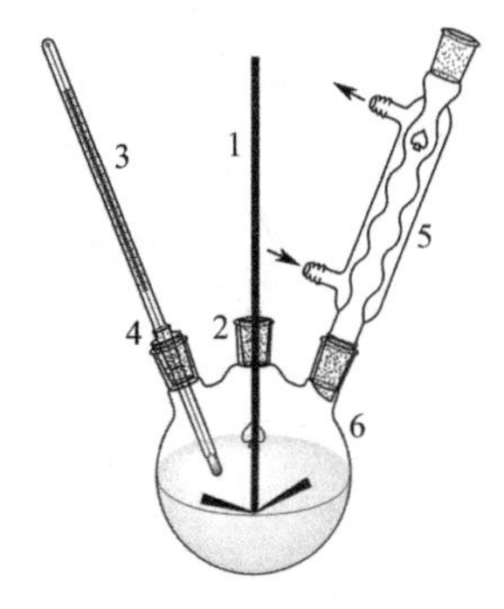

图 5-36　悬浮聚合实验装置图

1—搅拌器；2—四氟密封塞；3—温度计；4—温度计套管；5—球形冷凝管；6—三颈烧瓶

3. 聚合

通冷凝水，启动机械搅拌器并控制在一恒定转速，将温度升至 85～90℃，开始聚合反应。在反应一个多小时以后，体系中分散的颗粒变得发黏，此时一定要注意控制好搅拌速度。当反应进行到约 2h 后，用吸管取少量三颈烧瓶中的反应液滴入盛有清水的烧杯中，若有白色珠体下沉则可缓慢将水浴锅升高到 95℃，继续反应 1.5～2h，使珠状产物进一步硬化，停止加热。

4. 出料及后处理

反应结束后，撤出加热器，一边搅拌一边用冷水将三颈烧瓶冷却至室温，然后停止搅拌，取下三颈烧瓶。产品用布氏漏斗过滤，并用热水洗数次。最后产品在 105℃鼓风干燥箱中烘干，观察珠体，称重并计算产率。

【实验说明】

1. 开始时，搅拌速度不宜太快，避免颗粒分散得太细。

2. 保温反应 1h 以后，由于此时颗粒表面黏度较大，极易发生黏结。故此时必须十分仔细地调节搅拌速度，千万不能使搅拌停止，否则颗粒将黏结成块。

3. 悬浮聚合的产物颗粒的大小与分散剂的用量及搅拌速度有关，严格控制搅拌速度和温度是实验成功的关键。为了防止产物结团，可加入极少量的乳化剂以稳定颗粒。若反应中苯乙烯的转化率不够高，则在干燥过程中会出现小气泡，可利用在反应后期提高反应温度并适当延长反应时间来解决。

【思考题】

1. 结合悬浮聚合的理论，说明配方中各种组分的作用。如改为苯乙烯的本体聚合或乳液聚合，此配方需做哪些改动，为什么？

2. 分散剂作用原理是什么？如何确定用量，改变用量会产生什么影响？本实验中的聚乙烯醇可用什么替代？

3. 悬浮聚合对单体有何要求？聚合前单体应如何处理？

4. 根据实验体会，结合聚合反应机理，你认为在悬浮聚合的操作中，应特别注意哪些问题？

实验 71　醋酸乙烯酯的溶液聚合

【目的和要求】

1. 掌握溶液聚合的基本原理和特点，增强对溶液聚合的感性认识。

2. 通过实验了解聚醋酸乙烯酯的聚合特点，掌握醋酸乙烯酯的溶液聚合方法。

【实验原理】

溶液聚合一般具有反应均匀、聚合热易散发、反应速度及温度易控制、分子量分布均匀等优点。在聚合过程中存在向溶剂链转移的反应，使产物分子量降低。因此，在选择溶剂时必须注意溶剂的活性大小。各种溶剂的链转移常数变动很大，水为零，苯较小，卤代烃较大。一般根据聚合物分子量的要求选择合适的溶剂。另外，还要注意溶剂对聚合物的溶解性能，选用良溶剂时，反应为均相聚合，可以消除凝胶效应，遵循正常的自由基动力学规律。选用沉淀剂时，则成为沉淀聚合，凝胶效应显著。产生凝胶效应时，反应自动加速，分子量增大，劣溶剂的影响介于其间，影响程度随溶剂的优劣程度和浓度而定。

聚醋酸乙烯酯是涂料、胶黏剂的重要品种之一，同时也是合成聚乙烯醇的聚合物前驱体。聚醋酸乙烯酯可由本体聚合、溶液聚合和乳液聚合等多种方法制备。通常涂料或胶黏剂用聚醋酸乙烯酯由乳液聚合合成，用于醇解合成聚乙烯醇的聚醋酸乙烯酯则由溶液聚合合成。能溶解醋酸乙烯酯的溶剂很多，如甲醇、苯、甲苯、丙酮、三氯乙烷、乙酸乙酯、乙醇等，由于溶液聚合合成的聚醋酸乙烯酯通常用来醇解合成聚乙烯醇，因此，工业上通常采用甲醇做溶剂，这样制备的聚醋酸乙烯酯不需进行分离就可直接用于醇解反应。

本实验以甲醇为溶剂进行醋酸乙烯酯的溶液聚合。调整反应条件（如温度、引发剂量、溶剂等）可得到分子量从两千到几万的聚醋酸乙烯酯。聚合时，溶剂回流带走反应热，温度平稳。但由于溶剂引入，大分子自由基和溶剂易发生链转移反应使分子量降低。

由于醋酸乙烯酯自由基活性较高，容易发生链转移，反应大部分在醋酸基的甲基处反应，形成链或交链产物。除此之外，还向单体、溶剂等发生链转移反应。所以，在选择溶剂时，必须考虑溶剂对单体、聚合物、分子量的影响。

温度对聚合反应也是一个重要的因素。随着温度的升高，反应速度加快，分子量降低，同时引起链转移反应速度增加，所以，必须选择适当的反应温度。

【仪器和试剂】

仪器：三颈烧瓶、冷凝管、搅拌器、温度计、恒温水浴锅、量筒等。

试剂：乙酸乙烯酯、偶氮二异丁腈、甲醇。

【实验内容】

在装有搅拌器、球形冷凝管、温度计的 250mL 三颈烧瓶中，分别加入 50mL 乙酸乙烯酯、0.12g 偶氮二异丁腈和 30mL 甲醇，开动搅拌，加热升温，将反应物逐步升温至（62±2)℃，反应约 3h 后，升温至（65±1)℃，继续反应 0.5h 后，关闭水浴锅电源，再向反应液中加入 30mL 甲醇搅拌均匀，冷却结束聚合反应。将稀释后的溶液加入盛水的大烧杯中，待产物从水中充分析出将产物转移至培养皿中，放入烘箱烘干至恒重。烘干后的产物冷却称重并计算产率。将所得产物称重，并称取 2～3g 产物在烘箱中烘干，计算固含量与产率。

【实验说明】

反应后期，聚合物极黏稠，搅拌阻力较大，可以加入少量甲醇。

【思考题】

1. 溶液聚合的特点及影响因素？
2. 溶液聚合法如何选择溶剂？实验中甲醇的作用是什么？

实验 72 热固性脲醛树脂的制备

【目的和要求】

1. 了解热固性树脂的聚合原理。
2. 熟悉脲醛树脂的制备方法。

【实验原理】

无定形、线型的高聚物一般是热塑性的，也就是当体系的温度升高时，这种高聚物较易变形（变软），熔融后具有流动性。当线型高聚物在一定条件下交联，就形成三维空间的网状结构，所有平移运动都受到限制，这种交联的高聚物称为热固性树脂，它具有不溶、不熔及化学惰性的特征。氨基塑料是重要的热固性树脂之一，它包括脲醛树脂（UF）和三聚氰胺甲醛树脂（MF）等。

脲醛树脂是由尿素与甲醛进行缩聚反应得到的热固性树脂，合成脲醛的反应可以在酸性或碱性条件下进行，用酸催化时的反应速度高于碱催化反应速度，并且反应对 pH 值很敏感。尿素与甲醛的反应首先是形成单羟甲基脲、双羟甲基脲或三羟甲基脲。

$$H_2NCONH_2+HCHO \longrightarrow H_2NCONHCH_2OH$$
$$H_2NCONHCH_2OH+HCHO \longrightarrow HOCH_2NHCONHCH_2OH$$
$$HOCH_2NHCONHCH_2OH+HCHO \longrightarrow HOCH_2NHCON(CH_2OH)_2$$

然后这些羟甲基衍生物通过分子间脱水，发生羟基间或羟基与胺基之间的缩合。

$$\sim\sim NH_2+HOCH_2\sim\sim \longrightarrow \sim\sim NHCH_2\sim\sim + H_2O$$
$$\sim\sim CH_2OH+HOCH_2\sim\sim \longrightarrow \sim\sim CH_2OCH_2\sim\sim + H_2O$$

通过以上缩聚反应，尿素与甲醛反应逐步形成带支链结构的预聚物，最后在加热、加压或酸性催化剂作用下，进一步固化交联生成不溶不熔的网状结构的聚合物。在实际生产过程中，一般先将尿素和甲醛缩合成低相对分子量的树脂水溶液，然后将其浸渍填料，浸有树脂的填料在干燥时，树脂会进一步缩聚，在成型时，树脂又进一步缩聚，最后生成不溶不熔的固体脲醛树脂。

脲醛树脂加入填料，如纤维素、木粉、玻璃纤维、纸张等和其他助剂，可制成氨基塑料，它的强度高、刚性好，可以制成色彩鲜艳的制品。脲醛树脂还可以用作木材黏接剂、涂料等。

【仪器和试剂】

仪器：三颈烧瓶、温度计、电热套、机械搅拌器、球形冷凝管、烘箱、pH 试纸、试管、烧杯等。

试剂：尿素、甲醛、六次甲基四胺、草酸、纸浆板等。

【实验内容】

1. 脲醛树脂的合成

将甲醛水溶液加入装有温度计、球形冷凝管、机械搅拌器的三颈烧瓶中，然后加入六次甲基四胺，搅拌 15min，调节 pH 值为 7～8。在搅拌的情况下，分批加入尿素，使其溶解，并将温度控制在 50～55℃反应 60min 后，再加入草酸，检验 pH 值，使反应完的脲醛水溶液的 pH 值控制在 5.5～6.5。

2. 脲醛附胶材料的制备

将纸浆板裁成所需形状，放于搪瓷盆中浸渍脲醛树脂水溶液（可两面翻动），浸渍时注意，作为外层料应浸渍时间长一些，使其含有的树脂量多些，压出的制品表面光洁度较高。内层则浸渍时间稍短，树脂含量相对较少。浸渍好的纸浆板用夹子夹好挂在温度为 50～60℃的烘箱内进行干燥，干燥后（用手摸上去不发黏，且纸浆板发脆），将纸浆板放于干燥器内备用。

【实验说明】

1. 在脲醛树脂缩聚中要严格控制 pH 值在 5.5～6.5 之间。每隔 10min 用玻璃棒蘸取反应液观察 pH 值。在 50～55℃反应下，反应约 1h，当 pH 值接近 5.5 时，应立刻停止反应。

2. 干燥温度必须控制在 50～60℃，过高会使脲醛树脂交联度变大，从而使在压制时失去流动性。干燥时，必须经常翻动物料，避免其产生局部过热。

【思考题】

1. 写出合成脲醛树脂的反应方程式。

2. 为什么在脲醛树脂缩聚反应中要严格控制反应的 pH 值？

实验73 聚乙烯醇缩醛（维尼纶）的制备

【目的和要求】

1. 加深对高分子化学反应基本原理的理解。

2. 掌握聚乙烯醇缩醛的制备方法。

3. 了解缩醛化反应的主要影响因素。

【实验原理】

聚乙烯醇缩甲醛是由聚乙烯醇在酸性条件下与甲醛缩合而成的。其反应方程式如下。

$$CH_2O + H^+ \rightleftharpoons H_2\overset{+}{C}OH$$

$$-\underset{OH}{\underset{|}{CH}}-CH_2-\underset{OH}{\underset{|}{CH}}- + H_2\overset{+}{C}OH \underset{极慢}{\overset{缓慢}{\rightleftharpoons}} \sim\sim -\underset{\overset{+}{O}CH_2}{\underset{|}{CH}}-CH_2-\underset{OH}{\underset{|}{CH}}- + H_2O$$

$$-\underset{\overset{+}{O}CH_2}{\underset{|}{CH}}-CH_2-\underset{OH}{\underset{|}{CH}}- \underset{极慢}{\overset{迅速}{\rightleftharpoons}} -CH\!\!<\!\!\overset{CH_2}{}\!\!>\!\!CH- + H^+ \quad (\text{环：}-\underset{|}{CH}(-O-CH_2-O-)\underset{|}{CH}-)$$

由于概率效应，聚乙烯醇中邻近羟基成环后，中间往往会夹着一些无法成环的孤立的羟基，因此缩醛化反应不能完全。为了定量表示缩醛化的程度，定义已缩合的羟基量占原始羟基量的百分数为缩醛度。

由于聚乙烯醇溶于水，而反应产物聚乙烯醇缩甲醛不溶于水，因此，随着反应的进行，最初的均相体系将逐渐变成非均相体系。本实验是合成水溶性聚乙烯醇缩甲醛胶水，实验中要控制适宜的缩醛度，使体系保持均相。如若反应过于猛烈，则会造成局部高缩醛度，导致不溶性物质存在于胶水中，影响胶水的质量。因此，反应过程中，要特别严格控制催化剂用量、反应温度、反应时间及反应物比例等因素。

【仪器和试剂】

仪器：三颈烧瓶、球形冷凝管、机械搅拌器、温度计、恒温水浴锅、量筒等。

试剂：聚乙烯醇、甲醛溶液、稀盐酸（0.25mol/L）、NaOH 溶液、去离子水等。

【实验内容】

在装有机械搅拌器、球形冷凝管、温度计的 250mL 三颈烧瓶中加入 90mL 去离子水，开动搅拌，加入 10g 聚乙烯醇，加热至 95℃，保温，直至聚乙烯醇全部溶解，降温至 80℃，加入 4mL 甲醛溶液，搅拌 15min，滴加 0.25mol/L 稀盐酸，控制反应体系 pH 值为 1～3，继续搅拌，反应体系逐渐变稠。当体系中出现气泡或有絮状物产生时，立即迅速加入 1.5mL 8%的 NaOH 溶液，调节 pH 值为 8～9，冷却，出料，得无色透明黏稠液体，即为一种化学胶水。

【思考题】

1. 为什么缩醛度增加，水溶性会下降？
2. 为什么以较稀的聚乙烯醇溶液进行缩醛化？
3. 聚乙烯醇缩醛化反应中，为什么不生成分子间交联的缩醛键？
4. 产物最终为什么要把 pH 值调到 8～9？试讨论缩醛对酸和碱的稳定性。

实验 74 尼龙-66 的制备

【目的和要求】

1. 掌握尼龙-66 的制备方法。
2. 了解双官能团单体缩聚的特点。

【实验原理】

双官能团单体 a-A-a、b-B-b 缩聚生成高聚物，其分子量主要受三方面因素的影响。一是 a-A-a 和 b-B-b 的物质的量比，其定量关系式可表示为：

$$\mathrm{DP}=\frac{100}{q}$$

式中，DP 为缩聚物的平均聚合度；q 为 a-A-a（或 b-B-b）过量的摩尔分数。二是 a-A-a、b-B-b 的反应程度。如果两反应单体等物质的量，此时反应程度 p 与缩聚物分子量的关系为：

$$\overline{X}_n=\frac{1}{1-p}$$

式中，$\overline{X}_n$ 为以结构单元为基准的数均聚合度；p 为反应程度。第三个影响因素是缩聚反应本身的平衡常数。若 a-A-a、b-B-b 等物质的量，生成的高聚物分子量与 a-A-a、b-B-b 反应的平衡常数 K 的关系为：

$$\overline{X}_n=\sqrt{\frac{K}{[ab]}}$$

式中，[ab] 为缩聚体系中残留的小分子（如 H_2O）的浓度。K 越大，体系中小分子 [ab] 越小，越有利于生成高分子量的缩聚物。由于己二酸与己二胺在 260℃时的平衡常数为 305，比较大，所以即使产生的 H_2O 不排除，甚至外加一部分水存在时，亦可以生成具有相当分子量的缩聚物，这是制备高分子量尼龙-66 有利的一面。但另一方面，有己二酸、己二胺制备尼龙-66，由于己二胺在缩聚温度 260℃时易升华损失，以致很难控制配料比，所以实际上是先将己二酸与己二胺制得 66-盐，它是一个白色晶体，熔点为 196℃，易于纯化。用纯化的尼龙，但 66-盐直接进行缩聚，可以解决反应的配料比，由于 66-盐中的己二胺在 260℃高温下仍能升华（与单体己二胺相比，当然要小得多），故缩聚过程中的配料比还会改变，从而影响分子量，甚至得不到高分子量聚合物。本实验采用降低缩聚温度（200～210℃）以减少二胺损失的方法进行预缩聚，反应 1～2h 后，再将缩聚温度提高到 260℃或 270℃进行进一步的聚合反应。这种办法不能完全排除己二胺升华的损失，所以得到的分子量不可能很大，也不容易达到拉丝成纤的程度。

己二酸、己二胺生成 66-盐，及其再缩聚成尼龙-66 的反应式可以表示如下：

$$HOOC(CH_2)_4COOH+H_2N(CH_2)_6NH_2\xrightarrow{\text{乙醇}}[H_3\overset{+}{N}(CH_2)_6\overset{+}{N}H_3][^-OOC(CH_2)_4COO^-]$$

$$n[H_3\overset{+}{N}(CH_2)_6\overset{+}{N}H_3][^-OOC(CH_2)_4COO^-]+CH_3COOH\longrightarrow$$
$$CH_3CO\text{+}HN(CH_2)_6NHCO(CH_2)_4CO\text{+}_nOH+2nH_2O$$

【仪器和试剂】

仪器：带侧管的试管、电炉、石棉网、温度计、烧杯、玻璃棒、水浴锅、锥形瓶等。

试剂：己二酸、己二胺、无水乙醇、高纯氮气、硝酸钾、亚硝酸钠等。

【实验内容】

1. 己二酸己二胺盐（66-盐）的制备

在 250mL 锥形瓶中加入 7.3g（0.05mol）己二酸及 50mL 无水乙醇，在水浴锅上温热溶解。另取一锥形瓶，加 5.9g（0.051mol）己二胺及 60mL 无水乙醇，在水浴锅上温热溶解。稍冷后，将己二胺溶液搅拌下慢慢倒入己二酸溶液中，反应放热，可观察到有白色沉淀产生。冷却后过滤，漏斗中的 66-盐结晶用少量无水乙醇洗涤 2～3 次，每次用乙醇 4～6mL，将 66-盐转入培养皿中于 40～60℃真空烘箱干燥，得到 66-盐结晶约 12～13g，熔点 196～197℃。若结晶有颜色，可用体积比为 3∶1 的乙醇和水混合溶剂加活性炭重结晶脱色。

2. 66-盐缩聚

取一带侧管的 20mm×150mm 试管作为缩聚管，加 3g 66-盐，用玻璃棒尽量压至试管底部。缩聚管侧口作为氮气出口，连一橡皮管通入水中（见图 5-37）。通氮气 5min，排除管内空气，将缩聚管放入 200～210℃熔融盐浴（小心！不要打翻盐浴）。试管放入盐浴后，66-盐开始熔融，并有气泡上升。将氮气流尽量调小，约一秒钟一个气泡，在 200～210℃预缩聚 2h。期间不要打开塞子。

2h 后，将熔融盐浴温度逐渐升至 260～270℃，再缩聚 2h 后，打开塞子。用玻璃棒蘸取少量缩聚物，实验是否可以拉丝。若能拉丝，表明分子量已经很大，可以成纤。若不能拉丝，取出试管，待冷却后破坏玻璃管，得白色至土黄色韧性固体，熔点 265℃，可溶于甲酸和间甲苯酚。若得到的固体较脆，表明缩聚得不好，分子量不高。

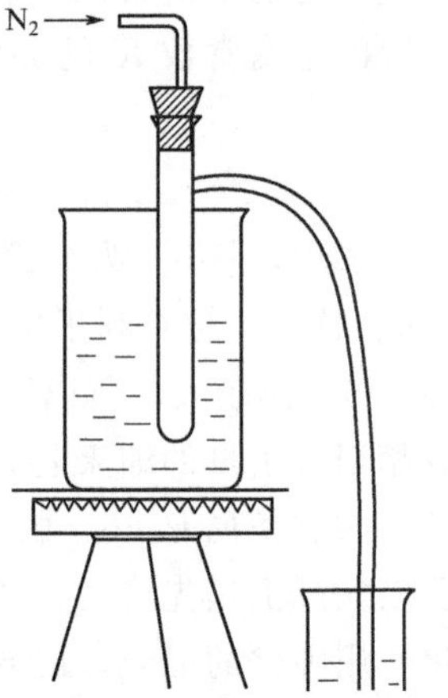

N_2

图 5-37　缩聚实验装置图

【实验说明】

1. 熔融盐浴制备方法如下：取 250mL 干净烧杯，检查无裂痕。加入 130g 硝酸钾和 130g 亚硝酸钠，搅匀后于 600W 电炉加热至所需温度。

2. 熔融盐浴的温度很高，使用时应小心，实验结束后，戴上手套，趁热将熔融盐倒入回收铁盘或旧的搪瓷盘，待冷后，将其保存在干燥器中，下次实验备用。

3. 66-盐缩聚时仍有少量己二胺升华，在接氮气出口水中加入几滴酚酞，水将变红，表明有少量己二胺带出。由于通氮气是为了维持反应体系无氧，并且为了防止带出己二胺，因此氮气通入速度要慢（开始赶体系中空气除外），否则会增加己二胺带出量，则分子量更上不去。

4. 氮气的纯度在本实验中至关重要，必须使用高纯氮气（氧含量＜5mg/L），若用普通氮气，体系呈现褐色，并得不到高黏度产物，用高纯氮气，体系始终无色，且能拉出长丝。

5. 如果没有高纯氮气，按以下方法可以将普通氮气中的 O_2 含量降至 20mg/L 以下，将普通氮气通过 30%焦性没食子酸的 NaOH 溶液（10%水溶液）吸收 O_2，再通过 H_2SO_4、$CaCl_2$ 等干燥后，经过加热至 200～300℃的活性铜柱进一步吸氧，所得氮气可以满足本实验的要求。

【思考题】

1. 将 66-盐在密封体系 220℃进行预缩聚，实验室中所遇到的主要困难是什么？本实验是如何解决的？工业上又是如何解决的？

2. 通氮气的目的是什么？本实验中 N_2 的纯度为何影响特别大？

3. 为什么在合成尼龙-66 时要先制备 66-盐？

第6章 化学综合合成技术实验

实验 75 多吡啶配体及其铁配合物的合成及表征

【目的和要求】

1. 掌握席夫碱反应的原理及配合物合成方法。
2. 掌握柱色谱分离纯化有机物及重结晶纯化配合物的方法和操作规范。
3. 掌握有机配体和金属配合物的表征方法。

【实验原理】

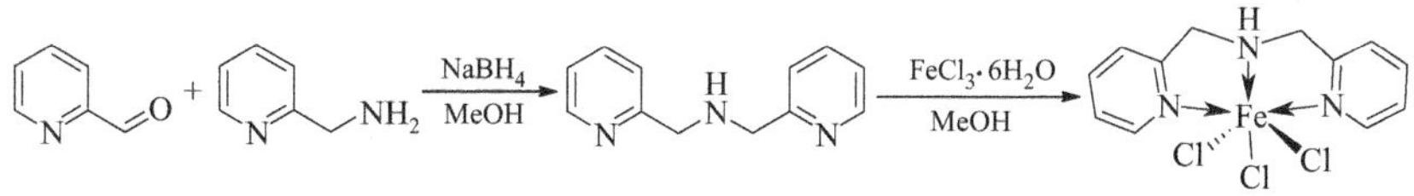

$NaBH_4$ / MeOH；$FeCl_3 \cdot 6H_2O$ / MeOH

以 2-氨甲基吡啶和 2-醛基吡啶为起始原料，通过席夫碱反应和硼氢化钠还原，制备得到多吡啶配体——二(吡啶-2-基甲基)胺，将其与六水合氯化铁发生配位反应，即可高产率合成得到铁配合物。

【仪器和试剂】

仪器：圆底烧瓶、分液漏斗、磁力搅拌器、玻璃色谱柱、旋转蒸发仪等。

试剂：2-氨甲基吡啶、吡啶-2-甲醛、硼氢化钠、六水合氯化铁、甲醇、乙酸乙酯、乙醚、三乙胺、硅胶等。

【实验内容】

1. 多吡啶配体——二(吡啶-2-基甲基)胺的合成与表征

称取 2-氨甲基吡啶（0.535g，5.0mmol）、吡啶-2-甲醛（0.541g，5.0mmol）加入 100mL 的圆底烧瓶中，然后加入 15mL 甲醇使其溶解，室温搅拌 2h。随后称取过量的硼氢化钠（0.466g，12.3mmol）在冰浴下加入反应瓶中，室温下搅拌 4～6h。薄层色谱检测，确定反应结束后，抽干溶剂，加入少量水，用二氯甲烷萃取。收集有机相，用饱和食盐水洗涤 2～3 次，加入无水硫酸钠干燥半小时。过滤除去固体硫酸钠，收集滤液，采用旋转蒸发仪旋蒸除掉溶剂，通过柱色谱（展开剂组成：乙酸乙酯：甲醇：三乙胺比例为 5：1：0.1）分离得到产物，记录质量和产率，并对其进行核磁（^{1}H-NMR 和^{13}C-NMR）、红外光谱和紫外光谱表征。

2. 含 N 多吡啶配体配位的铁配合物的合成与表征

称取上述配体（199mg，1.0mmol）溶解在甲醇溶剂（2mL）中，再称取等物质的量的 $FeCl_3 \cdot 6H_2O$（270mg，1.0mmol）溶解在甲醇溶液（3mL）中，搅拌下将三价铁的甲醇溶液逐滴加入配体的甲醇溶液中，滴加过程中有大量黄色固体产生，室温下搅拌反应 2h 后通过薄层色谱点板监测配体是否反应完全。待反应完全后，停止反应，置于水泵上抽掉一部分溶剂甲醇，过滤得到淡黄色固体先后用乙醚和乙酸乙酯洗涤黄色固体。然后将其溶解在适量乙腈中，并向溶液中慢慢加入乙醚，通过乙醚扩散到乙腈溶液中后得到黄色粉末固体，记录质量和产率，对其进行红外和紫外光谱表征。

【数据记录及处理】

1. 记录产品形貌、颜色和产率。
2. 对产品的核磁、红外光谱和紫外光谱数据进行分析。

【实验说明】

加入硼氢化钠必须保证低温，最好采用少量多次加入的方式，同时不能将反应瓶密封，确保产生的气体及时排出。

【思考题】

1. 硼氢化钠的作用是什么？能否用其他类似的试剂代替？
2. 柱色谱分离注意事项有哪些？
3. 如何纯化金属配合物？
4. 比较分析配体与配合物的红外和紫外光谱图，对其差别进行解释说明。

实验 76 乙酰丙酮钴（Ⅱ）配合物的合成及其在 CO_2 资源化中的应用

【目的和要求】

1. 掌握金属配合物的合成方法。
2. 掌握气液反应实验方法。
3. 了解固体金属配合物的表征手段与方法。
4. 了解化学反应在线监测分析手段及方法的建立。

【实验原理】

工业革命以来，化石燃料的大量燃烧使大气中 CO_2 含量急剧增加。一方面，随着温室效应导致的全球变暖等环境问题的加剧，CO_2 化学越来越引起科学家的关注。另一方面，CO_2 又是储量丰富、无毒、不可燃的可再生资源，其作为环境友好的介质和原料在燃料、材料合成及化工产品的生产中有广泛的应用。

CO_2 捕获与使用，将 CO_2 作为 C1 资源回收，用于制备化学产品，不仅有利于 CO_2 的减排，解决环境问题，也能减少人类对化石原料的依赖，为实现碳源的循环，推进人类的可持续发展具有重要意义。

二氧化碳与环氧化合物反应制备环碳酸酯（图 6-1），是二氧化碳减排并高效利用碳的

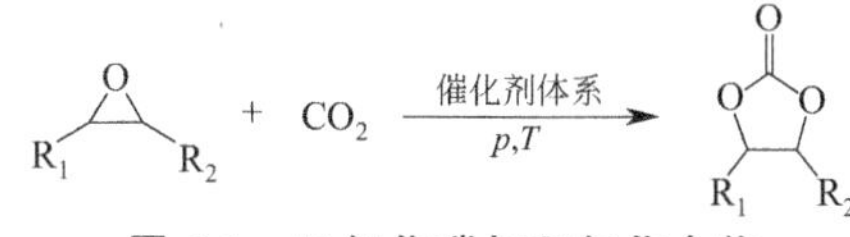

图 6-1　二氧化碳与环氧化合物反应制备环碳酸酯

一条重要途径，其原子利用率为 100%，是一个符合绿色化学标准的原子经济反应。环碳酸酯被广泛应用于纺织、印染、高分子合成以及电化学方面，同时在药物和精细化工中间体的合成中也占据重要的地位。

金属配合物作为一种催化剂被广泛应用于各种催化反应。β-二酮是一个双齿配体，能够通过它的羰基氧原子与金属离子配位，形成稳定的配合物。乙酰丙酮是典型的β-二酮，价格低廉，且因其简单且对称的特殊结构而被大量应用。乙酰丙酮金属配合物具有潜在的催化二氧化碳与环氧化合物反应制备环碳酸酯的性能。

【仪器和试剂】

仪器：真空烘箱、红外光谱仪、质谱仪（可选）、原子吸收光谱仪（可选）、元素分析仪（可选）、紫外-可见光谱仪（可选）、气相色谱仪（可选）、液相色谱仪（可选）、磁力搅拌器/恒温水浴磁力搅拌器、圆底烧瓶、Schlenk 反应管、抽滤装置（砂芯漏斗＋配套锥形瓶）、气囊、称量纸、滴管、表面皿、玻璃棒等。

试剂：四水合醋酸钴（Ⅱ）、乙酰丙酮、四丁基溴化铵、浓氨水、乙醇、去离子水、氧化苯乙烯、二氧化碳气体等。

【实验内容】

1. 乙酰丙酮钴（Ⅱ）配合物的合成

称取适量四水合醋酸钴（Ⅱ）（1.37g，5.50mmol），置于 50mL 圆底烧瓶中，放入磁珠，加 5mL 去离子水并搅拌使之完全溶解（若没有完全溶解，再加适量水）。称取适量乙酰丙酮（1.00g，10.0mmol），用 3mL 左右乙醇溶解后，滴加到上述醋酸钴溶液中，记录现象。用约 3mol/L 的氨水（注：用浓氨水粗略配制），调节反应液的 pH 值至 7～8，记录现象。继续搅拌，1.5h 后停止反应，记录现象。将反应混合物抽滤，用水和乙醇交替分别洗涤滤饼 2 次（最后一次用乙醇）。将产物 80℃真空过夜干燥，称重，计算产率，并对其进行红外和紫外光谱表征。

2. 乙酰丙酮钴（Ⅱ）催化二氧化碳环加成反应制备环状碳酸酯

称取乙酰丙酮钴（Ⅱ）（0.0257g，0.10mmol，摩尔分数为 0.5%用量），四丁基溴化铵（0.161g，0.50mmol，摩尔分数为 2.5%用量），置于反应管中，接着加入氧化苯乙烯（2.40g，20.0mmol）（可称量，也可计算出体积后移取），加入磁珠。取一气囊充满 CO_2，使用先抽真空，后充入 CO_2 的方式，置换反应管中的气体 3 次，使反应管中充满 CO_2。搭好反应装置，打开磁力搅拌器，设置反应温度为 40℃，加热到预设温度后，接通二氧化碳气囊，开始反应。反应中途每隔一段时间取样一次，约 24h 后停止实验。

取底物和相应的环状碳酸酯标准品，采用气相色谱或液相色谱对其混合物进行分析，摸索分析条件，确立定量分析条件和方法。对反应混合物进行定量表征，分析催化反应的结果。

【数据记录及处理】

1. 记录四水合醋酸钴（Ⅱ）产品形貌、颜色和产率，对其表征数据进行分析。

2. 记录二氧化碳环加成反应后产品的性状，并对定量表征结果进行分析，计算产率。

【实验说明】

二氧化碳环加成反应制备环状碳酸酯实验中，不同小组可采用不同的催化剂用量、不同的反应温度、使用不同助催化剂（四丁基氯化铵、四丁基碘化铵）等进行实验，最后总结数据，进行横向比较，得出反应条件对反应活性的影响。

【思考题】

1. 在乙酰丙酮钴（Ⅱ）配合物合成过程中，氨水起的作用是什么？
2. 实验过程中采用了哪些表征手段说明了以下问题：

（1）配体发生了转化；

（2）生成了目标金属配合物；

（3）金属配合物的纯度。

除了本实验中实际使用的表征手段外，还可以使用哪些手段？

实验 77　单茂铁羰基化合物的合成及其表征

【目的和要求】

1. 学习并掌握 Schlenk line 实验技术。
2. 掌握利用薄层色谱方法判断反应的终点及柱色谱分离纯化产物的技术和操作规范。
3. 学习金属有机化合物的制备方法、分离、纯化方法和表征技术。

【实验原理】

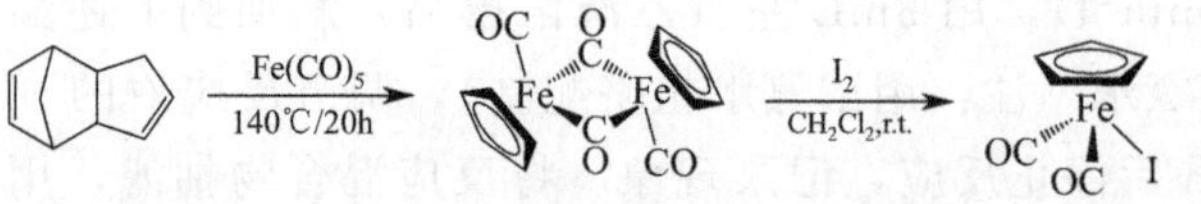

在 140℃高温条件下将二聚环戊二烯解聚，然后与 $Fe(CO)_5$ 发生配位反应得到二羰基茂铁二聚体 $[Fe(\eta^5\text{-Cp})(\mu\text{-CO})(CO)]_2$，再通过单质碘的氧化作用得到碘代单茂铁配合物 $[Fe(\eta^5\text{-Cp})(cis\text{-CO})_2I]$。

【仪器和试剂】

仪器：Schlenk 反应瓶、圆底烧瓶、分液漏斗、磁力搅拌器、玻璃色谱柱、双排管、真空油泵、旋转蒸发仪等。

试剂：二聚环戊二烯、五羰基铁、碘、二氯甲烷、正己烷、乙酸乙酯、石油醚、$Na_2S_2O_3$ 溶液、H_2O_2、硅胶等。

【实验内容】

1. 二羰基茂铁二聚体 $[Fe(\eta^5\text{-Cp})(\mu\text{-CO})(CO)]_2$ 的制备及表征

往 250mL 的 Schlenk 反应瓶中加入 20mL 二聚环戊二烯和 5mL 的 $Fe(CO)_5$ 以及搅拌子，置换成 Ar 气氛后于 140℃搅拌回流 20h。反应液冷却至室温，加入正己烷 80mL 析出固体，放 4℃冰箱冷藏过夜得粗产物（黑色固体），重结晶可得纯品，记录质量和产率。产品通过核磁（^1H-NMR 和^{13}C-NMR）和红外光谱进行表征。

2. 碘代单茂铁配合物 [Fe(η^5-Cp)(*cis*-CO)$_2$I] 的制备及表征

在无水无氧条件下，往 100mL 的圆底烧瓶中加入 1.0g 的 [Fe(η^5-Cp)(μ-CO)(CO)]$_2$、50mL 的二氯甲烷和搅拌子，然后逐滴加入 1.0g 碘单质的二氯甲烷溶液（50mL），并在室温下继续反应 2h（薄层色谱法检测无原料即停止反应）。有机相用 30mL 的 5%的 $Na_2S_2O_3$ 溶液萃取 2 次，再用 30mL 的 5%的 H_2O_2 溶液萃取一次，有机相经无水 Na_2SO_4 干燥，经旋蒸蒸发除掉溶剂后得黑色的粗产物。粗产物经硅胶柱层析（洗脱剂组成：石油醚∶乙酸乙酯比例为 4∶1）提纯得纯品，记录质量和产率。产品通过核磁（^1H-NMR 和^{13}C-NMR）和红外光谱进行表征。

【数据记录及处理】

1. 记录产品形貌、颜色和产率。
2. 对产品的核磁和红外光谱数据进行分析。

【实验说明】

二聚环戊二烯、五羰基铁有较强挥发性且有一定毒性，必须在通风橱里面取用、处理、反应。

【思考题】

1. 合成含碘的单茂铁羰基化合物时，用 $Na_2S_2O_3$ 溶液、H_2O_2 溶液洗涤的目的是什么？
2. 柱色谱方法需注意哪些事项？

实验 78　2, 5-二苯基噻吩的设计合成与表征

【目的和要求】

1. 学习设计合成 2,5-二苯基噻吩的路线。
2. 掌握目标化合物提纯的方法。
3. 学习用核磁表征分析目标化合物。

【实验原理】

2,5-二苯基噻吩具有很好的性能，比如光敏剂、分子探针和药物等。近些年，随着有机合成的快速发展和绿色化学发展的趋势，2,5-二苯基噻吩不断有新的合成方法报道。本实验拟采用廉价铜作为催化剂，空气中的氧气为氧化剂，绿色催化氧化苯乙炔自身偶联生成 1,4-二苯基丁二炔，然后在碱性条件下与黄原酸钾反应合成 2,5-二苯基噻吩，如下图所示。

CuCl(20%)　DMSO,100℃　5h, 空气

KOH(5 eq)　$KSCSOC_2H_5$　DMSO,120℃　18h, 空气

S

【仪器和试剂】

仪器：玻璃色谱柱、烧杯、反应管圆底烧瓶、玻璃塞子、分液漏斗、旋转蒸发仪、循环水真空泵、磁力搅拌器等。

试剂：苯乙炔、无水氯化亚铜、黄原酸钾、无水硫酸钠、氢氧化钾、乙酸乙酯、石油醚、二甲基亚砜、硅胶、薄层色谱硅胶板（G254）等。

【实验内容】

1. 1,4-二苯基丁二炔的合成与表征

称取苯乙炔（0.21g）、无水氯化亚铜（40mg）和5mL二甲基亚砜加入反应管中，100℃下搅拌反应5h。待反应结束后，冷却至室温，加入10mL水，然后用乙酸乙酯萃取三次（10mL×3），收集有机相并用10mL水反萃取，干燥有机相，柱色谱分离产物1,4-二苯基丁二炔（洗脱剂为石油醚），称重并计算产率，所得产品通过核磁进行鉴定。

2. 2,5-二苯基噻吩的合成与表征

称取0.20g上述制备的1,4-二苯基丁二炔、0.48g黄原酸钾和0.076mg氢氧化钾加入反应管中，然后加入3mL二甲基亚砜，于120℃下搅拌反应18h。待反应结束后，冷却至室温，往其中加入10mL水，然后用乙酸乙酯萃取三次（10mL×3），收集有机相并用10mL水反萃取，加入适量无水硫酸钠干燥有机相，旋干溶剂后出产品通过柱色谱进行纯化分离（洗脱剂组成：石油醚∶乙酸乙酯比例为20∶1），称重并计算产率，所得产品通过核磁进行鉴定。

【数据记录及处理】

1. 记录产品产率、颜色、R_f值、溶剂配比值。
2. 在核磁谱图对产品的特征峰进行标注和归属。

【思考题】

1. 是否可以一锅法合成2,5-二苯基噻吩？为什么？
2. 哪些步骤操作不当会影响2,5-二苯基噻吩的产率？

实验79 过氧化氢可视化传感器的制备与应用

【目的和要求】

1. 掌握高度均一的金纳米棒的制备方法。
2. 初步掌握利用纳米材料制备光化学传感器的设计原理与检测方法。
3. 了解光化学传感器在现代生物医学领域的应用。

【实验原理】

本实验通过设计制备一种新型的可视化传感器，该传感器在目标分子存在条件下，能够根据目标分子的浓度显示出不同的颜色，从而实现目测定量。该传感器以金纳米棒作为传感元件。金纳米棒是一种尺度从几纳米到上百纳米的棒状金纳米颗粒，金纳米棒的表面等离子体共振波长可以随长径比变化，从可见光（550nm）到近红外光（1550nm）连续可调。与此相对应，长径比不同的金纳米棒溶液也呈现出不同的颜色。本传感器正是基于此原理构建的。目标分子（过氧化氢）能够从两端氧化金纳米棒，从而使金纳米棒的长径比缩短，溶液颜色发生一系列变化。以下是相关反应的方程式：

$$2Au + 3H_2O_2 + 6H^+ + 8Br^- \longrightarrow 2[AuBr_4]^- + 6H_2O$$

但是，以上反应在过氧化氢浓度低于10mmol/L时，反应速率非常缓慢，需要超过24h反应才能够达到完全。为了加速过氧化氢对金纳米棒的氧化进程，可以在反应体系中加入Fe^{2+}作为催化剂，Fe^{2+}能够催化过氧化氢分解为氧化性更强的羟基自由基，从而大大加速金纳米棒的氧化进程，具体的反应方程式如下：

$$Fe^{2+} + H_2O_2 \longrightarrow Fe^{3+} + \cdot OH + OH^-$$

$$Fe^{3+} + H_2O_2 \longrightarrow Fe^{2+} + \cdot OOH + H^+$$

过氧化氢化学式为H_2O_2，俗称双氧水。由于过氧化氢也具有非常重要的生理功能，许多酶促反应都需要有过氧化氢的参与，因此，简单、快速、准确地测定溶液中过氧化氢含量具有非常重要的意义。

【仪器和试剂】

仪器：圆底烧瓶、塑料离心管、比色管、水浴锅、烧杯、玻璃棒、分析天平、磁珠、移液枪、比色皿、擦镜纸、离心机、紫外-可见光谱仪等。

试剂：$HAuCl_4$溶液（0.01mol/L）、十六烷基三甲基溴化铵（CTAB，0.2mol/L）、$FeSO_4$、抗坏血酸、硝酸银、硼氢化钠（0.01mol/L，新制冷冻）、氢溴酸、过氧化氢（30%）、去离子水等。

【实验内容】

1. 金纳米棒溶液的制备

（1）金核的合成

将CTAB溶液（5mL，0.2mol/L）加入50mL的圆底烧瓶中，放在30℃的水浴锅中，磁力搅拌。然后往圆底烧瓶中加入4.75mL的去离子水和0.25mL 0.01mol/L的$HAuCl_4$溶液。调节磁力搅拌机转速为1200r/min，将新制冷冻的0.6mL 0.01mol/L的$NaBH_4$加入上述溶液中，溶液呈棕黄色。持续搅拌2min后，停止搅拌，将磁珠从溶液中取出，将此反应液静置于30℃水浴锅中30min备用（制备得到的金核溶液必须在2h内使用）。

（2）纳米金棒生长

将CTAB溶液（12.5mL，0.2mol/L）加入25mL的比色管中，再加入9.675mL的水，使CTAB溶解完全。往上述溶液中加入0.15mL 0.01mol/L的$AgNO_3$溶液，混合均匀，静置5min，随后加入1.0mL 0.01mmol/L的$HAuCl_4$溶液。剧烈上下振摇反应液后，并加入1.6mL 0.01mol/L的抗坏血酸溶液，混合均匀后，加入50μL的金核。剧烈振荡20s后，室温静置24h。

2. 金纳米棒的表征

扫描UV-Vis光谱，记录光谱峰位置及纵向吸收峰的半峰宽。

3. 过氧化氢标准溶液的配制

使用30%的过氧化氢标准溶液配制一系列浓度为0、0.05mmol/L、0.1mmol/L、0.2mmol/L、0.3mmol/L、0.4mmol/L、0.5mmol/L、0.6mmol/L、0.7mmol/L、

0.8mmol/L、0.9mmol/L、1mmol/L、2mmol/L、5mmol/L 的过氧化氢溶液。

4. 过氧化氢标准溶液的测定

取 0.5mL 步骤 1 中合成的金纳米棒溶液于 1.5mL 离心管中，加入 0.3mL 步骤 3 配制的过氧化氢溶液、0.15mL 2mol/L HBr 水溶液、0.05mL 0.02mmol/L $FeSO_4$溶液，振荡摇匀，置于暗处反应 10min。观察溶液颜色变化，并用相机拍照作为标准对照。

5. 医用过氧化氢含量的测定

实际样品的检测方法与步骤 4 检测过氧化氢标准溶液的方法相同，只是将过氧化氢标准溶液换成待测样品溶液。

所得到的溶液颜色与步骤 4 中的标准对照组进行对比，溶液与哪一组溶液颜色最接近，则可以判定实际样品与该标准溶液中所含过氧化氢含量一致；如果溶液颜色介于两组标准溶液之间，则取这两组标准溶液浓度的平均值作为该实际样品中过氧化氢的含量。

【实验说明】

1. 制备纳米金的所有容器必须先用自来水反复冲洗，然后用去离子水洗净。
2. 氯金酸和 H_2O_2 均具有强腐蚀性，操作时一定要小心并戴防护手套。
3. 制备的金纳米棒的长径比及均一性直接决定后面传感器所显示的颜色，因此合成过程必须严格按照文献所述方法进行操作。

【数据记录及处理】

1. 金纳米棒合成质量评价：利用金纳米棒溶液纵向吸收峰的峰宽，纵向吸收峰与横向吸收峰的比值来对金纳米棒的均一性进行初步评价。
2. 对不同过氧化氢含量的标准溶液与金纳米棒反应后的溶液进行目测，拍照，扫吸收光谱图，讨论溶液颜色与吸收光谱形状及峰位置的关系。
3. 通过标准溶液的颜色变化确定本方法对过氧化氢的检测限及动态检测范围。
4. 通过与标准溶液颜色进行对比，确定实际样品中过氧化氢的含量，并与产品标示值进行对比。

【思考题】

1. 已知过氧化氢酶能够高效催化过氧化氢分解为水和氧气，试分析如何应用本实验所述传感器检测过氧化氢酶。
2. 为什么高效液相色谱法可用于过氧化氢的检测？相对高效液相色谱法检测过氧化氢，本可视化传感器用于过氧化氢的检测有什么优缺点？

实验 80　7,4′-二甲氧基黄酮的合成

【目的和要求】

1. 学习多步有机合成实验路线的选择和最终产率的计算。
2. 掌握回流、过滤等操作。

【实验原理】

7,4′-二甲氧基黄酮是一类具有强烈生物活性的黄酮类化合物，具有防治糖尿病、抗癌、抗炎、抗氧化、抗诱变以及心血管等作用。由于天然 7,4′-二甲氧基黄酮化合物受自然界含量的限制，并且分离和提纯也有一定的难度。因此，7,4′-二甲氧基黄酮的化学合成研究具有重要的现实意义。

第一步酯化反应以丹皮酚和 4-甲氧基苯甲酰氯为原料，三乙胺为缚酸剂，发生酯化反应。

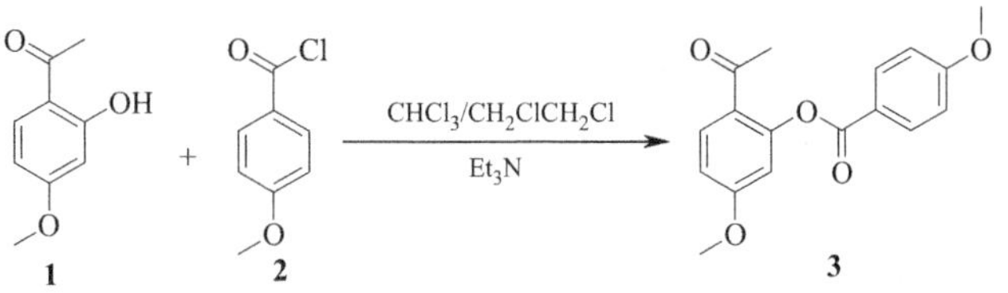
O
OH
O
O
Cl
+
$CHCl_3/CH_2ClCH_2Cl$
Et_3N
O
O
O
O
O
1
2
3

第二步是酮酯缩合反应，也称为贝克-文卡塔拉曼重排反应。采用氢氧化钾/吡啶或者叔丁醇钾/四氢呋喃反应体系都可以，考虑到吡啶的臭味及毒性，建议采用叔丁醇钾/四氢呋喃体系。

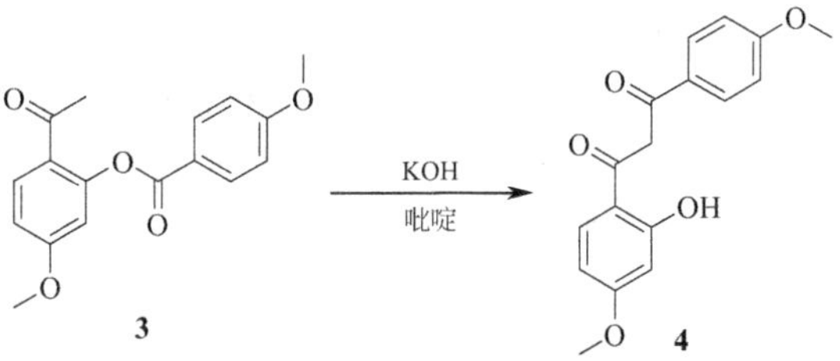
KOH
吡啶
OH
3
4

第三步是 1,3-二酮结构在酸性条件下发生异构化形成烯醇式，再与酚羟基发生脱水生成醚，得目标产物。

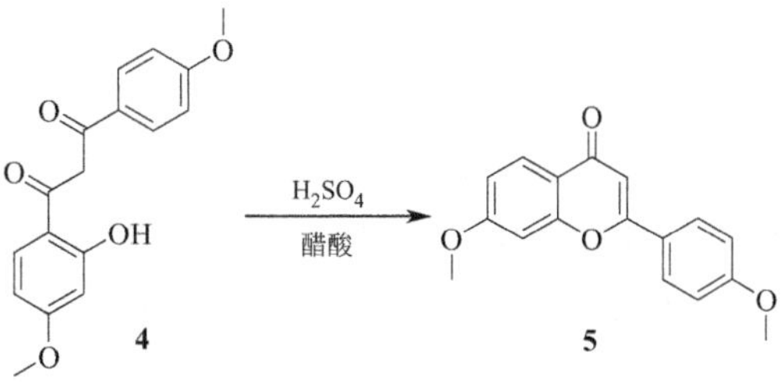
H_2SO_4
醋酸
OH
4
5

【仪器和试剂】

仪器：三颈烧瓶、圆底烧瓶、恒压滴液漏斗、真空干燥箱、磁力搅拌器、抽滤装置、温度计及套管、球形冷凝管、烧杯、布氏漏斗、抽滤瓶、培养皿、循环水真空泵等。

试剂：对甲氧基苯甲酰氯、丹皮酚、三乙胺、三氯甲烷、叔丁醇钾、四氢呋喃、无水硫酸镁、浓硫酸、冰醋酸、HCl、无水乙醇等。

【实验内容】

1. 酯化反应

称取对甲氧基苯甲酰氯 10.01g（58mmol）于 50mL 烧杯中，加入干燥过的三氯甲烷 40mL，用玻璃棒搅拌溶解，再转移到恒压滴液漏斗中。三颈烧瓶（配温度计、磁力搅拌器、恒压滴液漏斗）中依次加入 8.02g（48mmol）丹皮酚、20mL 三氯甲烷溶剂和 7.01g（70mmol）三乙胺，从恒压滴液漏斗中缓慢滴加对甲氧基苯甲酰氯溶液，控制 30min 滴完。温度会升高，控制反应温度在 40℃左右，滴加完毕后继续搅拌。（此时溶液呈浅黄色）搅拌 2～4h（反应过程中去溶液有黏稠现象），从搅拌 2h 开始，每隔 0.5h 点板，检测丹皮酚是否反应完全。2.5h 检测得原料反应完全。

反应完毕后加 30mL 水搅拌 0.5h 后分液，上层为水层，下层为有机层。有机相再加 30mL 水洗涤分液后，转入锥形瓶中加入一定量的无水硫酸镁进行干燥。抽滤除去干燥剂，滤液转入单口瓶中，在 40℃下，减压蒸馏除去溶剂得产品，产品在干燥箱干燥 12h 后取出称重，计算产率并进行核磁检测鉴定。

2. 酮酯缩合反应

在三颈烧瓶（配温度计、磁力搅拌器、球形冷凝管、干燥管）中加第一步反应产物 **3**（酚酯）2.00g（6.7mmol），加入 0.90g（8.1mmol）叔丁醇钾，再加入 40mL 四氢呋喃，磁力搅拌升温至 60℃左右。搅拌 30min 左右，溶液会变黏稠（黄色），继续反应 2～5h，2h 后每隔 1h 点板检测原料是否反应完全。5h 检测后，原料反应完全。将其转移到 100mL 圆底烧瓶中，冷却反应液至室温。在 30℃下，减压蒸馏除去溶剂 THF（呈现黄色固体），加入 20mL 蒸馏水，固体溶解（溶液呈红棕色）。慢慢加入 3mol/L HCl 酸化至溶液呈酸性，pH 值为 4 左右。会出现大量黄色沉淀，抽滤，并用水洗涤产物，放入真空干燥箱干燥 12h，得粗产品并称重计算产率。

将粗产品转入 100mL 圆底烧瓶中（配磁力搅拌器、冷凝管、干燥管），再加 10mL 无水乙醇，搅拌下加热至 80℃左右，（溶液变红棕色），继续搅拌 1h 后缓慢降温，边降温边搅拌，几分钟后观察到油大量淡黄色固体析出。温度降至 30℃左右后，将圆底烧瓶置于冰浴中，静置结晶。30min 后抽滤，沉淀用少量无水乙醇洗涤，沉淀干燥 3h 后得产品，称重计算产率并进行核磁检测鉴定。

3. 异构化缩合反应

三颈烧瓶（配温度计、机械搅拌）中加入第二步产品 **4**（1,3-二酮化合物）1.00g（3.3mmol）和 50mL 冰醋酸，机械搅拌下慢慢滴加 0.5g 浓硫酸，升温至 60℃，30min 左右溶液会变黏稠（明黄色）。继续反应 1～2h，点板检测原料是否反应完全（液相色谱分析需要对反应液进行处理，取少许反应液加水振荡，加乙酸乙酯萃取，有机相进行液相色谱分析）。

反应完毕后冷却反应液至室温，加入冰-水混合物 200mL，有固体生成，搅拌 10min。抽滤并用水洗涤沉淀，在 50℃下真空干燥箱干燥 12h 得产品，计算产率并进行核磁检测鉴定。

【实验说明】

1. 酯化反应中对甲氧基苯甲酰氯的滴加速度不能太快，速度过快导致反应温度过高。

2. 酮酯缩合中，反应体系要保持干燥。

3. 异构化醚化反应中，浓硫酸具有很强的腐蚀性，量取时注意安全。

【思考题】

1. 酯化反应中加入三乙胺的主要作用是什么？反应后处理为什么用水洗操作？

2. 酮酯缩合反应中，为什么会出现大量固体？

3. 异构化醚化反应中反应液变黏稠是什么原因？反应能否高温反应？

附　　录

附录 1　常见溶剂的氢谱化学位移（常见溶剂的¹H 在不同氘代溶剂中的化学位移值）

物质	信号峰类型	氘代溶剂							
		$CDCl_3$	$(CD_3)_2CO$	$(CD_3)_2SO$	C_6D_6	CD_3CN	CD_3OD	D_2O	C_5D_5N
残余溶剂峰		7.26	2.05	2.50	7.16	1.94	3.31	4.79	7.20 7.57 8.72
水峰	brs	1.56	2.84	3.33	0.40	2.13	4.87	4.79	4.96
$CHCl_3$	s	7.26	8.02	8.32	6.15	7.58	7.90		
$(CH_3)_2CO$	s	2.17	2.09	2.09	1.55	2.08	2.15	2.22	
$(CH_3)_2SO$	s	2.62	2.52	2.54	1.68	2.50	2.65	2.71	
C_6H_6	s	7.36	7.36	7.37	7.15	7.37	7.33		
CH_3CN	s	2.10	2.05	2.07	1.55	1.96	2.03	2.06	
CH_3OH	CH_3,s OH,s	3.49 1.09	3.31 3.12	3.16 4.01	3.07	3.28 2.16	3.34	3.34	
C_5H_5N	CH(2),m CH(3),m CH(4),m	8.62 7.29 7.68	8.58 7.35 7.76	8.58 7.39 7.79	8.53 6.66 6.98	8.57 7.33 7.73	8.53 7.44 7.85	8.52 7.45 7.87	8.72 7.20 7.57
$CH_3COOC_2H_5$	CH_3,s CH_2,q CH_3,t	2.05 4.12 1.26	1.97 4.05 1.20	1.99 4.03 1.17	1.65 3.89 0.92	1.97 4.06 1.20	2.01 4.09 1.24	2.07 4.14 1.24	
CH_2Cl_2	s	5.30	5.63	5.76	4.27	5.44	5.49		
正己烷	CH_3,t CH_2,m	0.88 1.26	0.88 1.28	0.86 1.25	0.89 1.24	0.89 1.28	0.90 1.29		
C_2H_5OH	CH_3,t CH_2,q	1.25 3.72	1.12 3.57	1.06 3.44	0.96 3.34	1.12 3.54	1.19 3.60	1.17 3.65	

附录 2 常见溶剂的碳谱化学位移(常见溶剂的^{13}C在不同氘代溶剂中的化学位移值)

物质	氘代溶剂							
	$CDCl_3$	$(CD_3)_2CO$	$(CD_3)_2SO$	C_6D_6	CD_3CN	CD_3OD	D_2O	C_5D_5N
溶剂峰	77.16	206.26 29.84	39.52	128.06	1.32 118.26	49.00	—	123.44 135.43 149.84
$CHCl_3$	77.36	79.19	79.16	77.79	79.17	79.44		
$(CH_3)_2CO$	207.07 30.92	205.87 30.60	206.31 30.56	204.43 30.14	207.43 30.91	209.67 30.67	215.94 30.89	
$(CH_3)_2SO$	40.76	41.23	40.45	40.03	41.31	40.45	39.39	
C_6H_6	128.37	129.15	128.30	128.62	129.32	129.34		
CH_3CN	116.43 1.89	117.60 1.12	117.91 1.03	116.02 0.20	118.26 1.79	118.06 0.85	119.68 1.47	
CH_3OH	50.41	49.77	48.59	49.97	49.90	49.86	49.50	
C_5H_5N	149.90 123.75 135.96	150.67 124.57 136.56	149.58 123.84 136.05	150.27 123.58 135.28	150.76 127.76 136.89	150.07 125.53 138.35	149.18 125.12 138.27	
$CH_3COOC_2H_5$	21.04 171.36 60.49 14.19	20.83 170.96 60.56 14.50	20.68 170.31 59.74 14.40	20.56 170.44 60.21 14.19	21.16 171.68 60.98 14.54	20.88 172.89 61.50 14.49	21.15 175.26 62.32 13.92	
CH_2Cl_2	53.52	54.95	54.84	53.46	55.32	54.78		
正己烷	14.14 22.70 31.64	14.34 23.28 32.30	13.88 22.05 30.95	14.32 23.04 31.96	14.43 23.40 32.36	14.45 23.68 32.73		

附录 3 核磁共振^{1}H化学位移图表

质子类型	化学位移值
烷烃质子	(1)—C—C—H　δ0.9～1.5mg/L
	(2)—C═C—CH —C≡C—CH　} δ1.6～2.1mg/L
	(3)与 N、S、C═O、—Ar 相连　δ2.0～2.5mg/L
烯烃质子	(4)与 O、卤素相连　δ3～4mg/L δ4.5～8.0mg/L 利用^{1}H-NMR 可有效确定双键的取代及构型。 Rcs(H)C═C(Rtrans)(Rgem)　δH＝5.28＋Zgem＋Zcis＋Ztrans
炔烃质子 炔烃质子	δ4.5～8.0mg/L 利用^{1}H-NMR 可有效确定双键的取代及构型。 不特征，δ1.8～3.0mg/L，与烷烃重叠，应结合 IR 解析。

续表

芳烃质子	^{1}H-NMR 信息非常特征　δ6.5～8.0mg/L，未取代芳环 δ7.26mg/L，呈现单峰
其他质子	醛基—CO—H　δ9.0～10.0δmg/L
	羟基 R—OH　δ0.5～1.0mg/L（稀溶液） δ4～5.5mg/L（浓溶液） Ar—OH　δ3.5～7.7mg/L δ10～16mg/L（分子内氢键） —COOH　δ10.5～13mg/L

附录 4　常见官能团红外吸收特征频率表

化合物类型	官能团	吸收频率/cm^{-1}					备注
		4000～2500	2500～2000	2000～1500	1500～900	900 以下	
烷基	$—CH_3$	2960，尖[70] 2870，尖[30]			1460，[<15] 1380，[15]		1. 甲基氧、氨原子相连时，2870 的吸收移向低波数。 2. 借二甲基使 1380 的吸收产生双峰
	$—CH_2$	2925，尖[75] 2825，尖[45]			1470，[8]	725～720[3]	1. 与氧、氨原子相连时，2850 吸收移向低波数。 2. $—(CH_2)_n—$中，$n>4$ 时方有 725～720 的吸收，当 n 小时往高波数移动
	三元碳环	3000～3080 [变化]					三元环上有氢时，方有此吸收
不饱和烃	$—CH_2$	3080，[30] 2975，[中]					
	—CH—	3020，[中]					
	C—C			1675～1600 [中～弱]			共轭烯移向较低波数
	$—CH—CH_2$				990，尖[50] 910，尖[110]		
	$—\overset{\vert}{C}═CH_2$					895， 尖[100～150]	
	反式二氢				965，尖[100]		
	顺式二氢					800～650， [40～100]	常出峰于 730～675
	三取代烯					840～800， 尖[40]	
	≡CH	3300，尖[100]					
	—C≡C—		2140～2100				末端炔基
			2260～2190				中间炔基

续表

化合物类型	官能团	吸收频率/cm^{-1}					备注
		4000～2500	2500～2000	2000～1500	1500～900	900 以下	
苯环及稠芳环	C—C			1600，尖[<100] 1580[变] 1500，尖[<100]	1450，[中]		
	—CH	3030[<60]					
醚	C—O—C				1150～1070，[强]		
	—C—O—C				1275～1200，[强]		
					1075～1020，[强]		
	$\overset{O}{\triangle}$	3050～3000[中、弱]					环上有氢时方有此吸收峰
					1250，[强]	950～810，[强]	
						840～750，[强]	
酮	链状饱和酮			1725～1705，尖[300～600]			
	环状酮						
	大于七元环			1720～1700，尖[极强]			
	六元环			1725～1705，尖[极强]			
	五元环			1750～1740，尖[极强]			
	四元环			1775，尖[极强]			
	三元环			1850，尖[极强]			
	不饱和酮						
	α,β-不饱和酮			1685～1665，尖[极强]			羰基吸收
				1650～1600，尖[极强]			烯键吸收
	Ar—CO—			1700～1680，尖[极强]			羰基吸收
	Ar—CO—Ar $\alpha,\beta,\alpha',\beta'$-不饱和酮			1670～1660，尖[极强]			羰基吸收
	α-取代酮 α-卤代酮			1745～1725，尖[极强]			
	α-二卤代酮			1765～1745，尖[极强]			

续表

化合物类型	官能团	吸收频率/cm^{-1}					备注
		4000～2500	2500～2000	2000～1500	1500～900	900 以下	
酮	二酮： $-\overset{\overset{O}{\|}}{C}-\overset{\overset{O}{\|}}{C}-$			1730～1710，尖[极强]			当两个羰基不相连时，基本上回复到链状饱和酮的吸收位置
	醌： 1,2-苯醌			1690～1660，尖[极强]			
	1,4-苯醌						
	革酮			1650，尖[极强]			
醛	饱和醛	28020[弱]，2720[弱]		1740～1720，尖[极强]			
	不饱和醛 α,β-不饱和醛 α,β,γ,δ-不饱和醛 Ar—CHO			1705～1680，尖[极强] 1680～1660，尖[极强] 1715～1695，尖[极强]			
羰酸	饱和羰酸	3000～2500，宽		1760[1500] 1725～1700[1500]	1440～1395[中，强] 1320～1210[强] 920 宽[中]		1760 为单体吸收 1725～1700 为二聚体吸收，可能见到两个吸收，分别为单体及二聚体吸收
	α,β-不饱和羧酸			1720[极强] 1715～1690[极强]			分别为单体及二聚体吸收
	Ar—COOH			1700～1680[极强]			
	α-卤代羰酸			1740～1720[极强]			
酸酐	饱和，链状酸酯			1820[极强] 1760[极强]	1170～1045[极强]		
	α,β-不饱和酸酐			1775[极强] 1720[极强]			
	六元环酸杆			1800[极强] 1750[极强]	1300～1175[极强]		
	五元环酸酐			1865[极强] 1785[极强]	1300～1200[极强]		
羰酸酯	饱和链状羧酸酯			1750～1730，尖[500～1000]	1300～1050（两个峰）[极强]		

续表

化合物类型	官能团	吸收频率/cm^{-1}					备注
		4000～2500	2500～2000	2000～1500	1500～900	900 以下	
羰酸酯	α,β-不饱和羰酸酯				1730～1715[极强]	1300～1250[极强] 1200～1050[极强]	
	α-卤代羰酸酯				1770～1745[极强]		
	Ar—COOR				1730～1715[极强]		
	CO—O—C═C—				1770～1745[极强]	1300～1250[极强] 1180～1100[极强]	
	CO—O—Ar				1740[极强]		
	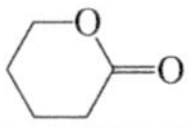				1750～1735[极强]		
	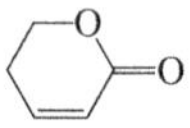				1720[极强]		
	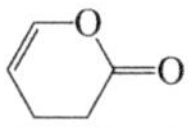				1760[极强]		同时还有 C═C 吸收峰(1685)
羰酸酯	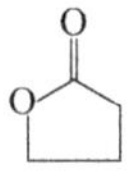			1780～1760[极强]			
羧酸盐	$—COO^-$			1610～1550[强]	1450～1300[强]		
酰氯	饱和酰氯			1815～1770,尖[极强]			$\overset{O}{\overset{\Vert}{—C—}}$F 在较高波数处，$\overset{O}{\overset{\Vert}{—C—}}$Br，$\overset{O}{\overset{\Vert}{—C—}}$I 在较低波数处
	α,β-不饱和酰氯			1780～1750,尖[极强]			
酰胺	伯酰胺—$CONH_2$		3500,3400,双峰[强](3350～3200,两个峰)				N—H 吸收 (1)圆括号内数值为络合状态的吸收峰。(2)内酰胺的吸收位置随着环的减小而移向高波数方向

参 考 文 献

[1] 吴庆银．现代无机合成与制备化学．北京：化学工业出版社，2010.

[2] 强根荣等．综合化学实验．北京：化学工业出版社，2010.

[3] 南京大学．无机及分析化学及实验．北京：高等教育出版社，2006.

[4] 薛叙明．精细有机合成技术．北京：化学工业出版社，2005.

[5] 范如霖．有机合成特殊技术．上海：上海交通大学出版社，1987.

[6] 郭生金．有机合成新方法及其应用．北京：中国石化出版社，2007.

[7] 徐家业．高等有机合成．北京：化学工业出版社，2005.

[8] 傅春玲．有机化学实验．杭州：浙江大学出版社，2000.

[9] 曾昭琼．有机化学实验．北京：高等教育出版社，2008.

[10] 罗冬冬．有机化学实验．北京：化学工业出版社，2012.

[11] 李明．有机化学实验．北京：科学出版社，2010.

[12] 李兆陇．有机化学实验．北京：清华大学出版社，2001.

[13] 程青芳．有机化学实验．南京：南京大学出版社，2006.

[14] 马敬中．有机化学实验．北京：化学工业出版社，2010.

[15] 龙盛京．有机化学实验教程．北京：高等教育出版社，2011.

[16] 杨黎明．精细有机合成实验．北京：中国石化出版社，2011.

[17] 何巧红等．大学化学实验．北京：高等教育出版社，2012.

[18] 李珺等．综合化学实验．北京：科学出版社，2011.

[19] 潘祖仁．高分子化学．第五版．北京：化学工业出版社，2011.

[20] 赵德仁．高聚物合成工艺学．第二版．北京：化学工业出版社，1997.

[21] 梁晖．卢江．高分子化学实验．北京：化学工业出版社，2005.

[22] Tian C，Zhang Q，Wu A，et al. Chemical Communications，2010，48，2858.

[23] Guo Y，Cao X，Lan X，et al. The Journal of Physical Chemistry C，2008，112，8832.

[24] 李巧娜，陆晓晓，沈莉，等．单分散锐钛矿型 TiO_2 亚微米球的制备与光催化性能研究．物理化学进展，2014，3，17.

[25] 周益明，忻新泉．低热固相合成化学．无机化学学报，1999，15 (3)：273-292.

[26] 贾殿赠，杨立新，夏熙．铜（Ⅱ）化合物与 NaOH 室温条件下固-固相化学反应的 XRD 研究．化学通报，1997，(4)：51-52.

[27] 贾殿赠，俞建群，夏熙．一步室温固相化学反应法合成 CuO 纳米粉体．科学通报，1998，(4)：172-174.

[28] 陈昌云，周志华，薛蒙伟，等．热色性材料变色机理及应用．南京晓庄学院学报，2002.18 (4)：20-22.

[29] 丁士文，柴佳，冯春燕，等．室温固态反应制备纳米 $Bal\text{-}xSr_xTiO_3$ 固溶体及其结构与介电性能研究．化学学报，2006，64 (12)：1243-1247.

[30] 栾兆坤，汤鸿霄．我国无机高分子絮凝剂产业发展现状与规划．工业水处理，2000，20 (11)：1-6.

[31] 郑怀礼，刘克万．无机高分子絮凝剂的研究进展及发展趋势．水处理技术，2005，30 (6)：315-319.